NUBER · WÄRMETECHNISCHE BERECHNUNGEN

Wärmetechnische Berechnung der Feuerungs- und Dampfkessel-Anlagen

Taschenbuch mit den wichtigsten Grundlagen, Formeln, Erfahrungswerten und Erläuterungen für Büro, Betrieb und Studium

von

Friedrich Nuber

Fach-Ingenieur

Zwölfte Auflage
Mit 41 Abbildungen

VERLAG VON R. OLDENBOURG

MÜNCHEN

Druck- und Buchbinderarbeiten:
R. Oldenbourg, Graph. Betriebe G.m.b.H., München.

INHALT

VORWORT ZUR 12. AUFLAGE

Im Jahre 1921 erschien die 1. Auflage dieses Taschenbuches, es kann somit auf ein 30jähriges Bestehen zurückblicken, und diese Tatsache ermutigte den Verfasser, den von Anfang an gewählten Aufbau, die zusammenfassende Kürze der Erläuterungen, die Einfachheit und damit Übersichtlichkeit der Berechnungen und den weitgehenden Verzicht auf Bequemlichkeits-Tabellen beizubehalten.

Das Taschenbuch kann und soll nicht ausführlichere und wissenschaftlich höherstehende Werke und Lehrbücher ersetzen, sondern soll in erster Linie dem Manne in der Praxis, dem Konstrukteur und dem Betriebsmann ein schnell bereiter und umfassender Helfer sein. Darüber hinaus kann das Taschenbuch dem weniger Vorgebildeten oder dem diesem Gebiete Fernstehenden die Einarbeitung ermöglichen und kann dem Studierenden zur Einordnung seines erworbenen vielseitigen Wissens, wie auch als Wegweiser in die Praxis dienen. Da der Verfasser selbst seit mehr als 40 Jahren auf diesem Fachgebiet berufstätig ist und die während dieser Zeitspanne erfolgte außerordentliche Aufwärtsentwicklung mitmachte, glaubt er sagen zu dürfen, daß das Buch die gestellte Aufgabe bisher erfüllt hat.

Den Aufbau des Buches leitete das Bestreben, den Rechner stets die Zusammenhänge erkennen zu lassen, damit er nicht mechanisch, sondern mit vollem Verständnis rechne. Aus diesem Grunde wurde auch darauf verzichtet, in möglichst vielen Tabellen die Berechnungs-Ergebnisse niederzulegen, denn dadurch würde die klare Erkenntnis des Rechnungsvorganges verflachen.

Das Buch wird eröffnet mit einer kurzen Wiedergabe der notwendigen Allgemeinen Grundlagen, gibt sodann eine Beschreibung der Eigenschaften des zu erzeugenden Wasserdampfes und eine Aufzählung der wichtigsten Heizmittel zur Dampferzeugung. Sinngemäß folgen dann die Beschreibung und Berechnung der Verbrennung und anschließend das Kapitel über das Verbrennungsprodukt, die sog. Rauchgase, nebst der Berechnung der Feuertemperatur.

Von selbst ergibt sich nunmehr die Notwendigkeit, die Wärmeverluste und den Wirkungsgrad zu behandeln, um den Brennstoffverbrauch ermitteln zu können.

Die hierauf folgende Auswertung eines einfachen Verdampfungsversuches ermöglicht die Nachprüfung der nach den bisherigen Kapiteln angestellten Berechnungen.

Damit schließt der erste Teil des Buches als selbständiges Ganzes ab; er enthält im wesentlichen das, was der Betriebsmann benötigt.

Der Konstrukteur dagegen braucht außerdem den II. Teil, der folgerichtig mit der Wärmeübertragung und mit der Berechnung der Kessel-Überhitzer und Nachschaltheizflächen fortgesetzt wird.

Das anschließende Kapitel zeigt die Veränderung in der Heizflächen-Verteilung mit steigendem Dampfdruck an Hand eines Beispiels. Schließlich kommen dann noch die ergänzenden Kapitel über Wärmeaustauscher, Wärmemischung, Wärmespeicher, Rostfläche und Feuerungsgröße, Feuerzüge, Schornstein, Ventilatorzug und Unterwindgebläse und Rohrleitungen.

Der III. Teil des Taschenbuches beginnt mit dem Kapitel über Dampfkrafterzeugung, dessen Inhalt dem Verfasser besonders wichtig erscheint, denn er bringt die Erkenntnis und rechnerische Erfassung der großen wirtschaftlichen Vorteile von Dampfdruck- und Dampftemperatur-Steigerung, Anzapfdampfverwertung und Gegendruckbetrieb.

Das Kapitel über Wärmewirtschaftliche Betriebsüberwachung beschränkt sich bewußt auf die einfachste Überwachung und Feststellung der Dampfkosten, dieses Mindestmaß müßte aber in jedem Betriebe, bei dem das Kohlenkonto eine Rolle spielt, eingehalten werden.

Das Kapitel über die Neuere Entwicklung der Dampfkesselanlage kennzeichnet den zur Zeit des Abschlusses der vorliegenden Auflage gegebenen Entwicklungsstand in kurzen Worten, und der Schluß bringt eine Anzahl von Gesamtberechnungen, die in Form von Beispielen die Anwendungsmöglichkeiten des Buches zeigen und richtungweisend für eigene Berechnungsaufgaben sein können.

Der IV. Teil enthält eine Anzahl von Tabellen und Diagrammen, die für den Gebrauch benötigt werden.

Französische Auflagen wurden von den Verlagen Dunod, Paris und H. Vaillant-Carmanne, Liège 1943 und 1946 herausgegeben.

Düsseldorf, August 1951. Friedrich Nuber

BEZEICHNUNGEN

A = Arbeit, Leistung, Aschengehalt
a = Abstand.
b = Barometerstand, Zahlenwert.
B = Brennstoffmenge.
c = spez. Wärme eines Körpers oder einer Flüssigkeit
C = Strahlungszahl in kcal/m² h °C.
c_p = spez. Wärme von Gas, Luft oder Dampf, bezogen auf kg und gleichbleibenden Druck (c_{px}, c_{py}, c_{p1}, c_{p2}).
C_p = spez. Wärme von Gas, Luft oder Dampf, bezogen auf Nm³ und gleichbleibenden Druck (C_{pg}, C_p', C_p'', C_{px}, C_{py}).
C_{ph} = wie C_p spez. für Heißluft verwendet.
d = Durchmesser, Wanddicke, Taschenbreite ($d_{\text{hyd.}}$).
D = Dampfmenge und Wassermenge (D_{I} bis D_{V}).
D_{th} = theoretischer Dampfverbrauch einer Maschine
D_e = effektiver Dampfverbrauch einer Maschine.
e = Grundzahl der natürlichen Logarithmen.
f = Durchgangsquerschnitt, Querschnitt.
F = Heizfläche, F_1, F_2 usw.
F_s = direkt bestrahlte Heizfläche, F_s', F_s'' usw.
G = wirkliche Gasmenge.
G_1 = theoretische trockene Gasmenge.
G_2 = Wasserdampfmenge im Gas.
G_3 = theoretische Gasmenge einschl. Wasserdampf.
h_s = Schornsteinhöhe über der Rostfläche.
h_1, h_2, h_3, h_x = Luft- oder Gaspressung.
H_u = unterer, H_0 oberer Heizwert.
H_t = Heizwert getrockneter Kohle
i = Flüssigkeitswärme des Dampfes (i', i'' = verschiedene Flüssigkeitswärmen).
i_w = Speisewasserwärme (i_{I} — i_{V}).
i_d = Gesamtwärme des Dampfes allgemein (i_d').
i_1 = Gesamtwärme des Sattdampfes im Kessel.
i_2 = ,, ,, Heißdampfes hinter Überhitzer (i_2').
i
i_3 = ,, ,, Heißdampfes an der Maschine
i_x = ,, ,, Dampfes in beliebigem Zustand ($i_{x\text{I}}$ — $i_{x\text{V}}$).
i_0 = ,, ,, Abdampfes beim Enddruck p_0.
J = mechanisches Wärmeäquivalent und Rauchgaswärme.
K = Brennstoffkosten.
k = Wärmedurchgangszahl und Kohlensäuregehalt.
$k_{\max}$ = theoretischer Kohlensäuregehalt.
l = Länge (l_1), Liter.
L = Wirkliche Luftmenge.
L_1 = theoretische Luftmenge.
M = Molekulargewicht und Meereshöhe, Mark.

n	= Zahlenwert und Umdrehungszahl.
N	= Kraftbedarf oder Leistung in PS oder kW.
p	= absoluter Druck (p', $p_I - p_V$).
p_0	= absoluter Enddruck.
P	= Kraft.
q	= q_I bis q_V Wärmeabgabe/kg Anzapfdampf.
Q	= Wärmemenge, Gasmenge (Q_1 und Q_2 verschiedene Mengen).
r	= Verdampfungswärme.
R	= Herdrückstände.
s	= Entropie, Gasschichtstärke, Wandstärke, Sekunde.
S	= Strahlungswärme.
t	= Temperatur in °C (t', t_x, t_y), Tonne = 1000 kg.
t_1	= ,, des Sattdampfes, Wassereintrittstemperatur.
t_2	= ,, des Heißdampfes, Wasseraustrittstemperatur.
t_a	= Anfangstemperatur für Gas oder Luft.
t_e	= Endtemperatur für Gas oder Luft.
t_m, t_u, t_o	= mittlere, untere und obere Schornsteintemp.
t_m	= mittlere Temperatur, Mischungstemperatur (T_m).
t_l	= Kesselhaus- oder Außenlufttemperatur.
t_f	= Feuerraumtemperatur.
t_v	= theoretische Verbrennungstemperatur.
t_k	= Kesselabgastemperatur.
t_h	= Heißlufttemperatur.
t_w	= Wandungstemperatur, Wandtemperatur.
t_d	= mittlere log. Temperaturdifferenz.
t_g	= Brennstofftemperatur bei Gas.
T	= absolute Temperatur.
$ü$	= Luftüberschuß.
U	= Umfang, Unverbranntes.
U/min	= Umdrehungen in der Minute.
v	= Geschwindigkeit, Volumen (v', v'').
v_0	= reduzierte Geschwindigkeit (s. S. 62 u. 64).
v_1	= spez. Volumen für Sattdampf.
v_2	= ,, ,, ,, Heißdampf.
V	= Volumen eines Gases (V_t, V_t').
V_1 bis V_8	= Wärmeverluste, desgl. V_u, V_g, V_r, V_l, V_s, V_a, V_k.
V_u	= Verlust durch Unverbranntes.
W	= Wassermenge, Wassergehalt (W_1, W_2 verschiedene Mengen).
x	= Verdampfungsziffer, Dampfgehalt des Naßdampfes.
z	= Anzahl, Druckverlust.
Z	= Zugstärke.
α	= Längenausdehnungszahl, Wärmeübergangszahl (α_1, α_2, α_g, α_b, α_l, $\alpha_ü$, α_w, α_{bg}, α_s).
γ	= spez. Gewicht (γ_1 und γ_2 verschiedene spez. Gew.).
η	= Wirkungsgrad.
η_1	= Feuerungswirkungsgrad.
η_2	= Heizflächenwirkungsgrad.

η_r, η_h = Rohrleitungswirkungsgrad.
η_g = Gütegrad der Dampfkraftmaschine.
η_m = mechanischer Wirkungsgrad der Dampfkraftmaschine.
η_{td} = thermodynamischer Wirkungsgrad der Dampfkraftmaschine.
η_e = effektiver (wirklicher) Wirkungsgrad der Dampfkraftmaschine.
$\eta_{ges.}$ = Gesamtwirkungsgrad der Dampfkraft-Anlage.
ϱ = innere Verdampfungswärme.
ψ = äußere Verdampfungswärme.
$\sim$ = rund, $<$ kleiner, $>$ größer.
λ = Wärmeleitzahl.
E = Elastizitätsmaß.
σ = Zug- oder Druckspannung.
$\div$ = bis.
ϕ = Durchmesser.

ABKÜRZUNGEN

mm = Millimeter.
cm = Zentimeter.
dm = Dezimeter.
m = Meter.
cm^2 = Quadrat-Zentimeter.
dm^2 = Quadrat-Dezimeter.
m^2 = Quadrat-Meter (qm).
cm^3 = Kubik-Zentimeter.
dm^3 = Kubik-Dezimeter.
m^3 = Kubik-Meter (cbm). — Nm^3 = Normal-Kubikmeter (0 °C u. 760 mm QS).
mg = Milligramm.
kg = Kilogramm.
t = Tonne (1000 kg).
°C = Grad Celsius.
kcal = Kilogrammkalorie (gleichbedeutend mit WE = Wärmeeinheit).
h = Stunde.
m, min = Minute.
s = Sekunde.
kW = Kilowatt.
mkg = Meterkilogramm.
PS = Pferdestärke.
kWh = Kilowattstunde.
PSh = Pferdekraftstunde.
log = Logarithmus.
ln = Logarithmus naturalis.
N = Numerus.
e = Grundzahl der natürlichen Logarithmen
at = Atmosphäre, metrische (techn.).
ata = Atmosphäre abs.
atü = Atmosphäre Überdruck.
QS = Quecksilbersäule.
WS = Wassersäule.
lw = Lichtweite.

CHEMISCHE ZEICHEN

C = Kohlenstoff.
H_2 = Wasserstoff.
O_2 = Sauerstoff.
N_2 = Stickstoff.
S = Schwefel.
H_2O = Wasser, Wasserdampf.
CO = Kohlenoxyd.
CO_2 = Kohlensäure.
SO_2 = schweflige Säure.
CH_4 = Methan.
C_2H_4 = Äthylen.
NaOH = Ätznatron.
Na_2CO_3 = Soda.

I. Teil

1. Allgemeine Grundlagen

a) Temperaturen

Alle Temperaturen werden nachfolgend in **Grad Celsius**, °C, eingesetzt und mit t bezeichnet. Daneben kommt noch die sogenannte **absolute Temperatur** T vor; sie beginnt 273° unter dem Nullpunkt der Celsiusskala, d. h. der **absolute Nullpunkt** liegt bei —273° und die absolute Temperatur ist $T = t + 273°$.

(Beispiel: $t = 30°$, $T = 30 + 273 = 303°$.)

b) Druck

1 metrische (technische) **Atmosphäre** ist = **1 at** = **1 kg/cm²** = Luftdruck bei 735,5 mm QS (Quecksilbersäule) und 0° C = 10 m WS (Wassersäule) bei + 4° C.

Der Teil des Gesamtdruckes, der mehr als 1 at (Luftdruck) beträgt, wird mit **Überdruck** und der Gesamtdruck mit **absoluter Druck** bezeichnet.

In der Wärmetechnik wird stets mit dem absoluten Druck **ata** und in der Kesselpraxis mit dem Überdruck **atü** gerechnet.

(Beispiel: 12 ata = 11 atü.)

Der atmosphärische **mittlere Luftdruck** b (Barometerstand) beträgt in Höhe des Meeresspiegels 760 mm QS und für die Höhenlagen M über dem Meeresspiegel ist

M	=	0	100	200	300	400	500	600	700 m
b	=	760	751	742	733	724	716	708	700 mm QS
M	=	800	900	1000	1500	m			
b	=	692	684	676	636	mm QS.			

1 physikalische Atmosphäre = 1 Atm. = 1,033 kg/cm² = Luftdruck bei 760 mm QS und 0° C = 10,33 m WS bei + 4°C.

Wird nachfolgend mit der phys. Atm. gerechnet, so ist stets vermerkt „bei 0° und 760 mm QS“, während bei Anwendung der metrischen Atmosphäre die Zeichen at, ata, atü eingesetzt werden.

So erfolgen die Berechnungen auf der Gasseite stets mit 0° und 760 mm QS, auf der Dampf- und Wasserseite dagegen mit at, ata und atü.

c) Gasvolumen, Normalkubikmeter

Bei —273° ist das Volumen (Rauminhalt) eines Gases $V = 0$ m³.

Wird Gas erwärmt, so dehnt es sich bei jedem Celsiusgrad Temperaturerhöhung um $\frac{1}{273}$ (= 0,00367) seines Volumens aus, das es bei **0° und 760 mm QS** einnimmt. Erwärmt man

1 m³ Gas dieses Zustandes, das man **Normal-Kubikmeter** = **Nm³** nennt, so dehnt es sich bei t^0 aus auf

$$V_t = 1 + 0{,}00367 \cdot t \text{ m}^3 \quad \ldots\ldots\ldots \quad (1)$$

Bei anderem Luftdruck (Barometerstand) b ist

$$V_t' = V_t \cdot \frac{760}{b} \text{ m}^3 \quad \ldots\ldots\ldots \quad (2)$$

Beispiel 1: a) 3000 Nm³ Gas werden auf 200° erwärmt und erhalten dadurch ein Volumen von

$$3000 \cdot (1 + 0{,}00367 \cdot 200) = 5202 \text{ m}^3.$$

b) Bei einer Meereshöhe von M = 500 m, d. h. bei b = 716 mm und 0° nehmen die 3000 Nm³ ein Volumen ein von

$$3000 \cdot \frac{760}{716} = 3180 \text{ m}^3.$$

c) Erwärmt man die 3000 Nm³ in dieser Höhenlage auf 200°, so wächst das Volumen an auf

$$5202 \cdot \frac{760}{716} = 5520 \text{ m}^3.$$

Bem.: Der Begriff Nm³ ermöglicht den Vergleich verschiedener Gase miteinander. Auch Luft ist ein Gas.

d) Wärmemengen-Einheit

Als technische Einheit der Wärmemenge gilt die **Kilogrammkalorie, kcal,** das ist die Wärmemenge, die erforderlich ist, um 1 kg Wasser von 14,5° auf 15,5° zu erwärmen (bei 760 mm QS).

(An Stelle von kcal wurde früher auch der Ausdruck WE = Wärmeeinheit gebraucht.)

e) Wärme und Arbeit

Der erste Hauptsatz (aufgestellt von Robert Mayer 1842, der Thermodynamik, d. h. der mechanischen Wärmelehre) lautet „**Wärme und Arbeit sind gleichwertig** (äquivalent)" d. h.

$$Q = J \cdot A \text{ kcal} \quad \ldots\ldots\ldots \quad (3)$$

Darin ist

Q = zu- bzw. abgeführte Wärme in kcal,

J = mechanisches Wärmeäquivalent = $\frac{1}{427}$.

A = Arbeit (Leistung) in mkg,
= aufgewandte Kraft in kg × Weg in m.

1 kcal = 427 mkg und 1 mkg = $\frac{1}{427}$ kcal,

1 PS = 75 mkg/s = 0,736 kW,
1 kW = 102 mkg/s = 1,36 PS,

$$1 \text{ PSh} = 75 \cdot 3600 = 270\,000 \text{ mkg} = 270000 \cdot \frac{1}{427} = 632{,}3 \text{ kcal},$$

$$1 \text{ kWh} = 102 \cdot 3600 = 367\,000 \text{ mkg} = 367000 \cdot \frac{1}{427} = 860 \text{ ,, }.$$

Bem.: Die Arbeit des elektrischen Stromes wird in Watt gemessen; Watt = Volt × Ampere; 1000 Watt = 1 Kilowatt (kW).

f) Spezifische Wärme

Die spez. Wärme c eines festen Körpers oder einer Flüssigkeit ist diejenige Wärmemenge in kcal, die erforderlich ist, um 1 kg davon um 1° C zu erwärmen.

Für **Wasser** ist c $\sim$ **1,** jedenfalls kann dieser Wert bei mäßigen Temperaturen mit genügender Genauigkeit = 1 gesetzt werden. Genaue Werte s. Tabelle 31, S. 230.

Die **spez. Wärme eines Gases oder Dampfes** wird bei gleichbleibendem Druck

bezogen auf 1 kg mit c_p und

„ „ 1 Nm³ „ C_p bezeichnet.

c_p ist diejenige Wärmemenge in kcal, die erforderlich ist, um 1 kg des Gases oder Dampfes um 1° zu erwärmen.

C_p ist diejenige Wärme in kcal, die erforderlich ist, um 1 Nm³ des Gases oder Dampfes um 1° zu erwärmen.

Bem.: Die spez. Wärme von Gasen und Dampf, bezogen auf konstantes Volumen, c_v und C_v kommt hier nicht vor.

Die spez. Wärme ändert sich mit der Temperatur der Körper, der Flüssigkeiten, Gase oder des Dampfes; für Wasser kann jedoch im allgemeinen, wie schon erwähnt, die Veränderlichkeit vernachlässigt werden. Es erfordert z. B. die Erwärmung von 300 auf 301° mehr Wärme als die Erwärmung von 10 auf 11°.

Um diese Veränderlichkeit zu berücksichtigen, rechnet man mit der **mittleren spezifischen Wärme** zwischen 0 und t°, d. h. man rechnet mit dem Durchschnittswert von c, c_p und C_p bei der Erwärmung von 0 auf t° oder der Abkühlung von t auf 0°.

g) Wärmeinhalt, Wärmeaufnahme, Wärmeabgabe

Ein fester Körper oder eine Flüssigkeit von x kg und t° hat einen Wärmeinhalt von

$$\boldsymbol{Q = x \cdot t \cdot c} \text{ kcal} \quad \ldots \ldots \ldots \ldots \quad (4)$$

x kg eines Gases von t° haben einen Wärmeinhalt von

$$\boldsymbol{Q = x \cdot t \cdot c_p} \text{ kcal} \quad \ldots \ldots \ldots \ldots \quad (5)$$

(auch für überhitzten Dampf gültig)

x Nm³ eines Gases von t° haben einen Wärmeinhalt von

$$\boldsymbol{Q = x \cdot t \cdot C_p} \text{ kcal} \quad \ldots \ldots \ldots \quad (6)$$

Beispiel 2:

a) Erwärmt man 1500 kg Wasser mit c = 1 von 30° auf 100°, so ist die Wärmeaufnahme

$Q = 1500 \cdot 1 \cdot 100 - 1500 \cdot 1 \cdot 30 = 1500\,(100 - 30) = 105\,000$ kcal.

b) Kühlt man 20 000 Nm³ Gas von 600° mit $C_p = 0{,}324$ auf 200°, so ist C_p noch = 0,316, die Wärmeabgabe beträgt $Q = 20\,000 \cdot 0{,}324 \cdot 600 - 20\,000 \cdot 0{,}316 \cdot 200 = 2\,624\,000$ kcal.

h) Mischungstemperaturen

Allgemein gilt hier Wärmeaufnahme = Wärmeabgabe und somit für **Wassermischung** ($c \sim 1$) die Gleichung

$$\boldsymbol{x\,(t_x - t_m) = y\,(t_m - t_y)} \quad \ldots \ldots \ldots \quad (7)$$

Hierin bedeuten x und y die zu mischenden Wassermengen

mit den zugehörigen Temperaturen t_x und t_y[1]) und t_m ist die Mischungstemperatur. Aus der Gleichung erhält man z. B. die Formel für die Mischungstemperatur zu

$$t_m = \frac{x \cdot t_x + y \cdot t_y}{x + y} \, {}^\circ\mathrm{C} \quad \ldots\ldots\ldots \quad (8)$$

Ist die Mischtemperatur vorgeschrieben und die Wassermenge x nicht bekannt, so benötigt man eine Wassermenge von

$$x = \frac{y \cdot (t_m - t_y)}{t_x - t_m} \, \mathrm{kg} \quad \ldots\ldots\ldots \quad (9)$$

um die Mischtemperatur t_m zu erzielen.

Bei **Gasmischungen** ist die verschiedene spez. Wärme zu berücksichtigen und es gilt daher bei Rechnung **in kg** für die Gasmengen x und y mit den spez. Wärmen c_{px} und c_{py} und den Gastemperaturen t_x, t_y und t_m

$$x \cdot c_{px} \cdot (t_x - t_m) = y \, c_{py} \cdot (t_m - t_y) \quad \ldots\ldots \quad (10)$$

Somit

$$t_m = \frac{x \cdot c_{px} \cdot t_x + y \cdot c_{py} \cdot t_y}{x \cdot c_{px} + y \cdot c_{py}} \, {}^\circ\mathrm{C} \quad \ldots\ldots \quad (11)$$

und

$$x = \frac{y \cdot c_{py} \cdot (t_m - t_y)}{c_{px} \, (t_x - t_m)} \, \mathrm{kg} \quad \ldots\ldots\ldots \quad (12)$$

Rechnet man bei Gasmischungen **mit Nm³**, so sind bei Mischung von x Nm³ mit y Nm³ die entsprechenden spez, Wärmen C_{px} und C_{py} einzusetzen und es ist

$$x \cdot C_{px} \cdot (t_x - t_m) = y \cdot C_{py} \cdot (t_m - t_y), \quad \ldots\ldots \quad (13)$$

somit

$$t_m = \frac{x \cdot C_{px} \cdot t_x + y \cdot C_{py} \cdot t_y}{x \cdot C_{px} + y \cdot C_{py}} \, {}^\circ\mathrm{C} \quad \ldots\ldots \quad (14)$$

bzw.

$$x = \frac{y \cdot C_{py} \cdot (t_m - t_y)}{C_{px} \cdot (t_x - t_m)} \, \mathrm{Nm}^3 \quad \ldots\ldots\ldots \quad (15)$$

Beispiel 3:

a) 600 kg Wasser von 100° werden mit 1000 kg Wasser von 40° vermischt. Die Mischungstemperatur ist somit nach Formel (8)

$$t_m = \frac{600 \cdot 100 + 1000 \cdot 40}{600 + 1000} = 62{,}5^\circ.$$

b) 8000 kg Gas von 600° und $c_p = 0{,}259$ werden mit 2000 kg Gas von 200° und $c = 0{,}252$ gemischt. Man erhält die Mischungstemperatur nach Formel (11) zu

$$t_m = \frac{8000 \cdot 0{,}259 \cdot 600 + 2000 \cdot 0{,}252 \cdot 200}{8000 \cdot 0{,}259 + 2000 \cdot 0{,}252} = 523^\circ.$$

c) 6000 Nm³ Gas von 600° und $C_p = 0{,}324$ werden mit 3000 Nm³ Gas von 200° und $C_p = 0{,}316$ gemischt, wobei sich nach Formel (14) die Mischungstemperatur zu

$$t_m = \frac{6000 \cdot 0{,}324 \cdot 600 + 3000 \cdot 0{,}316 \cdot 200}{6000 \cdot 0{,}324 + 3000 \cdot 0{,}316} = 470^\circ$$

ergibt.

---

[1]) $t_x > t_y$.

i) Spezifisches Gewicht

1 dm^3 Wasser von $+ 4^\circ$ wiegt 1 kg, d. h. sein spez. Gewicht ist $\gamma = 1$.

Das spez. Gewicht von festen Körpern und Flüssigkeiten, bezogen auf Wasser mit $\gamma = 1$, ist das Gewicht von 1 dm^3 dieses Stoffes.

Für Eisen z. B. ist $\gamma = 7{,}8$, d. h. 1 dm^3 Eisen wiegt 7,8 kg

Bei Gasen und Wasserdampf wird das spez. Gewicht γ auf Nm^3 im Verhältnis zu 1 dm^3 Wasser von $+4^\circ$ bezogen. So ist z. B. für trockene Luft bei 0° und 760 mm $\gamma = 1{,}293$, d. h. 1 Nm^3 Luft dieses Zustandes wiegt 1,293 kg. Für Wasserdampf ist γ bezogen auf 0° und 760 mm $= 0{,}804$, d. h. 1 Nm^3 Wasserdampf wiegt 0,804 kg. Man findet für Gase und Wasserdampf das spez. Gewicht auch einfach dadurch, daß man ihr **Molekulargewicht** durch 22,4 dividiert (s. S. 21).

Nach dem Gesetz von Avogadro enthalten 22,4 Nm^3 jedes Gases dieselbe Anzahl von Molekülen (kleinste Teile) und man versteht unter Molekulargewicht das Gewicht dieser 22,4 Nm^3 (Molekularvolumen). Z. B. wiegen 22,4 Nm^3 N_2 28 kg, d. h. das Molekulargewicht von N_2 ist 28 und somit sein spez. Gewicht $\gamma = 28 : 22{,}4 \sim 1{,}25$.

Ist das spez. Volumen v bekannt, so ist $\gamma = \frac{1}{v}$.

Das spez. Gewicht eines Gases bezogen auf Luft $= 1$ bezeichnet man als „**Dichte**", d. h.

Gasdichte $= \frac{\gamma}{1{,}293}$ bei 0° und 760 mm.

Das Gewicht eines Körpers oder einer Flüssigkeit von x dm^3 ist $= x \cdot \gamma \ldots.$kg. Das Gewicht eines Gases oder von Wasserdampf von x Nm^3 ist ebenfalls $= x \cdot \gamma \ldots.$kg.

k) Spezifisches Volumen

Das Volumen (Rauminhalt) von 1 kg eines festen Körpers, einer Flüssigkeit, eines Gases oder Wasserdampf nennt man das spez. „Volumen" v.

$v = \frac{1}{\gamma}$, d. h. 1 kg nimmt $\frac{1}{\gamma}$ dm^3 bzw. $\frac{1}{\gamma}$ Nm^3 Raum ein.

Für Eisen ist z. B. $\gamma = 7{,}8$ und $v = \frac{1}{7{,}8} = 0{,}128$, d. h. 1 kg Eisen hat ein Volumen von 0,128 dm^3.

Für trockene Luft ist $\gamma = 1{,}293$ und $v = \frac{1}{1{,}293} = 0{,}773$, d. h. 1 kg Luft hat ein Volumen von 0,773 Nm^3.

Das Volumen eines Körpers oder einer Flüssigkeit von x kg ist $= x \cdot v \ldots.dm^3$ und das Volumen von x kg eines Gases oder Dampfes ist $= x \cdot v \ldots.Nm^3$.

l) Längenänderung fester Körper bei Temperaturerhöhung, Wärmespannung

Unter **Längenausdehnungszahl** α eines festen Körpers versteht man die Längenzunahme bei 1° Temperaturerhöhung.

Wird ein fester Körper mit der Länge l cm von $t_1{}^0$ auf $t_2{}^0$ erwärmt, so ist seine

$$\text{Längenzunahme} = l \cdot \alpha\,(t_2 - t_1)\ \text{cm} \quad .. \ (17)$$

(s. auch Tabelle 35, S. 232).

Die Längenausdehnungszahl α verändert sich mit der Temperatur; sie beträgt

bei Erwärmung von 0° auf 1°	und bei Erwärmung von $t_1{}^0$ auf $t_2{}^0$
für Flußstahl 0,000 011 181	0,000 011 181 + 0,000 000 0053 $(t_1 + t_2)$
„ Gußeisen 0,000 009 794	0,000 009 794 + 0,000 000 0057 $(t_1 + t_2)$

So ist z. B. bei Erwärmung von 0° auf 100° für Flußstahl

$$\alpha = 0{,}000011181 + 0{,}0000000053 \cdot (0 + 100) = 0{,}00001171$$

und bei 20° auf 100°

$$\alpha = 0{,}000011181 + 0{,}0000000053 \cdot (20 + 100) = 0{,}000011817$$

Bezeichnet man die durch die Erwärmung entstandene vergrößerte Länge mit l_1, so ist

$$l_1 = l + l \cdot \alpha \cdot (t_2 - t_1)\ \text{cm} \quad \ldots\ldots (18)$$

oder bei Abkühlung von t_2 auf $t_1{}^0$, d. h. wenn l_1 bekannt ist, erhält man

$$l = \frac{l_1}{1 + \alpha\,(t_2 - t_1)}\ \text{cm} \quad \ldots\ldots\ldots (19)$$

Beispiel 4:

a) Ein Flußeisenstab von 600 cm Länge wird von 20° auf 100° erwärmt, dabei vergrößert sich seine Länge um

$$600 \cdot 0{,}000011817 \cdot (100 - 20) = 0{,}567216\ \text{cm},$$

d. h. $l_1 = 600 + 0{,}567 = 600{,}567$ cm.

b) Ein Flußeisenstab hat bei 100° eine Länge von 600,567 cm und wird auf 20° abgekühlt, dabei geht das Längenmaß auf

$$l = \frac{600{,}567}{1 + 0{,}000011817\,(100 - 20)} = 600\ \text{cm zurück.}$$

Die Verkürzung bei der Abkühlung beträgt also 0,567 cm.

Die Größe der **Wärmespannung** σ, die auftritt, sofern die Ausdehnung bei Erwärmung bzw. die Zusammenziehung bei Abkühlung verhindert wird, ist unabhängig von Länge und Querschnitt des Stabes, sie ist

$$\sigma = \alpha \cdot (t_2 - t_1) \cdot E\ \text{kg/cm}^2 \quad \ldots . (20)$$

Dabei ist E der sog. Elastizitätsmodul, der für Flußstahl 2100000 und für Gußeisen 750000 bis 1050000 kg/cm² beträgt. Die Kraft, die die Widerlager aufnehmen müssen, um die Längenänderung zu verhindern, ist

$$P = \sigma \cdot f\ \text{kg} \quad \ldots\ldots\ldots\ldots (21)$$

wobei f = Stabquerschnitt in cm² ist.

Beispiel 5:

a) Wird ein Flußeisenstab von 20° auf 100° erwärmt und wird die Ausdehnung durch Widerlager verhindert, so tritt im Stab eine Druckspannung von

$$\sigma = 0{,}000011817 \cdot (100 - 20) \cdot 2100000 \sim 1985\ \text{kg/cm}^2\ \text{auf.}$$

b) Wird umgekehrt der Stab von 100° auf 20° abgekühlt und die Zusammenziehung verhindert, so tritt im Stab eine Zugspannung von derselben Größe auf.

c) Hat der Stab einen Querschnitt von 5 cm², so müssen die Widerlager die Kraft

$$P = 1985 \cdot 5 = 9925 \text{ kg aufnehmen.}$$

Liegt t_1 unter dem Nullpunkt, so setzt man in den Formeln (17), (18), (19) und (20) nicht $(t_2 - t_1)$ sondern $(t_2 + t_1)$ und bei der Berechnung von a nicht $(t_1 + t_2)$ sondern $(t_2 - t_1)$.

Beispiel 6:

Ein Lokomobilkessel von 4,5 m Länge hat bei 10 atü eine Temperatur von etwa 180°, während der Rahmen, auf dem der Kessel gelagert ist, im Winter — 20° haben kann.

In diesem Falle ist

$$a = 0{,}000011181 + 0{,}0000000053 \cdot (180 - 20) = 0{,}000012029$$

und damit die Längenausdehnung des Kessels gegenüber dem kalt bleibenden Rahmen

$$l_1 = l - 450 \cdot 0{,}000012029 \cdot (180 + 20) = 1{,}0826 \text{ cm.}$$

Der Kessel muß sich also auf dem Rahmen um rd. 11 mm schieben können, da sonst die unzulässig hohe Spannung im Kessel als Druck und im Rahmen als Zug, mit

$$\sigma = 0{,}000012029 \cdot (180 + 20) \cdot 2100000 \sim 5052 \text{ kg/cm}^2$$

entstehen müßte.

Man erkennt aus diesen Beispielen, wie wichtig es ist, den bei Temperaturveränderungen auftretenden Spannungen durch elastische Verbindungen, Federausgleich, Ausdehnungsspalten u. dgl. zu begegnen, um Schäden zu vermeiden.

2. Wasserdampf [1])

Wasser, dem Wärme zugeführt wird, fängt an unter dem Druck von 1 ata bei 100° (genauer 99,1°) zu verdampfen; steht das Wasser unter höherem oder niedrigerem Druck, so liegt seine **Verdampfungstemperatur** ebenfalls höher oder niedriger. So setzt z. B. die Verdampfung beim Druck von 7 ata mit 164°, dagegen beim Druck von 0,5 ata schon mit 81° ein.

Während der ganzen Verdampfung bleibt die Temperatur auf gleicher Höhe und sie ist sowohl für das siedende Wasser als auch für den schon ausgeschiedenen Dampf gleich hoch.

Eine Steigerung der Wärmezufuhr beschleunigt wohl die Verdampfung, erhöht aber nicht die Temperatur.

Während der Erwärmung des Wassers bis zum **Siedepunkt** (Sattdampf- oder Verdampfungstemperatur) nimmt das Wasser je 1° Erwärmung ~ 1 kcal auf. Mit der Wassertemperatur nimmt allerdings die spez. Wärme leicht zu, so daß z. B. für die Erwärmung von 0° auf 99,1° (1 ata) wohl ~ 99,1 kcal/kg Wasser aufgenommen werden, dagegen müssen

[1]) Dampftabellen 27 u. 28, S. 224 u. 226.

aber für 0° auf 229° (28 ata) bereits 235 kcal/kg Wasser zugeführt werden (s. Dampftabelle S. 224).

Ist alles Wasser verdampft, so hat man „**gesättigten Dampf**" oder „**Sattdampf**" (s. S. 13), dessen Volumen bei niedrigem Druck weit über dem Volumen der Wassermenge liegt, aus der er erzeugt wurde. Bei zunehmendem Druck nimmt dieser Volumenunterschied jedoch allmählich ab und bei dem Druck von 226 ata endlich ist der Unterschied = 0, d. h. die Verdampfung erfolgt hier ohne Volumenzunahme.

Bild 1. ***i p*-Diagramm für Wasserdampf**
(pk = kritischer Druck)

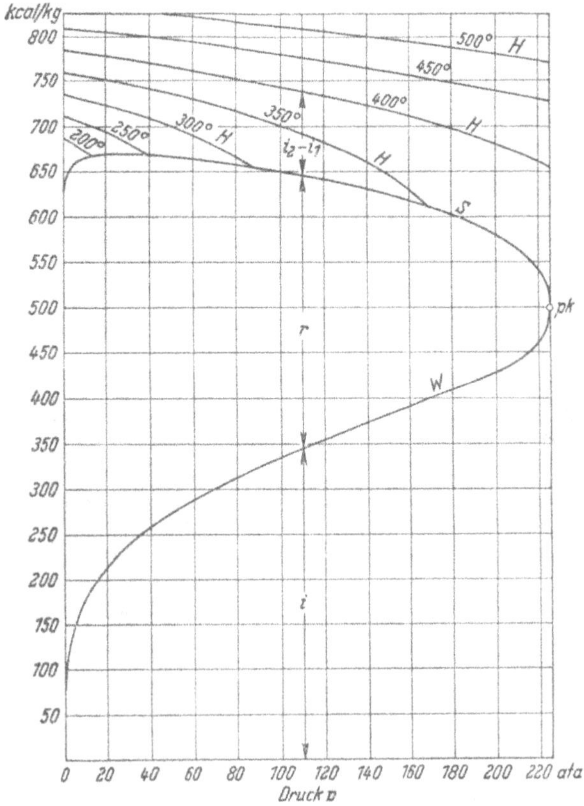

Dieser Grenzzustand, bei dem der Sattdampf die Temperatur von 374° annimmt, wird mit „**kritischer Druck**" bezeichnet; über diesen Druck hinaus kann bei Wärmezufuhr kein Wasser mehr bestehen.

Führt man dem erzeugten Sattdampf weiter Wärme zu, so erhöht man seine Temperatur über die seinem Druck entsprechende Sattdampftemperatur, d. h. man „überhitzt" den Dampf, der in diesem Zustand „**überhitzter Dampf**" oder „**Heißdampf**" genannt wird.

Beim Überhitzen vergrößert sich das Volumen des Dampfes und 1 kg Heißdampf hat daher stets ein größeres Volumen als 1 kg Sattdampf gleichen Druckes. Diese Volumenzunahme ist natürlich um so größer, je weiter die Heißdampftemperatur durch Wärmezufuhr gesteigert wird. Die Wärmemenge, die man 1 kg Wasser von 0° zuführen muß, bis die dem Druck entsprechende Siedetemperatur erreicht ist, heißt „**Flüssigkeitswärme**". und die Wärmemenge, die erforderlich ist, um das auf Siedetemperatur gebrachte kg Wasser ganz zu verdampfen, heißt „**Verdampfungswärme**". Um 1 kg Wasser von 0° in Sattdampf zu verwandeln, ist die

Sattdampfwärme = Flüssigkeitswärme + Verdampfungswärme

aufzubringen. Mit steigendem Druck nimmt die Flüssigkeitswärme zu und die Verdampfungswärme ab; beim kritischen Druck ist schließlich die Verdampfungswärme = 0, d. h. Sattdampfwärme = Flüssigkeitswärme. Die Verdampfungswärme zerfällt in die „**innere und äußere Wärme**". Zur Erklärung diene folgendes Beispiel: Das Volumen von 1 kg Wasser beträgt vor der Verdampfung $v' = 0{,}001$ m³. Steht diese Wassermenge in einem Zylinder von 1 m² Querschnitt, so ist die Höhe der Wassersäule = 0,001 m. Ein Kolben, der auf dieser Wassersäule ruht, ist beim Außendruck von beispielsweise 1 ata = 1 kg/cm² = 10000 kg/m² mit 10000 kg belastet, da der Querschnitt 1 m² beträgt.

Bei der Verdampfung unter dem gleichbleibenden Druck von 1 ata wächst das Volumen an auf $v'' = 1{,}725$ m³, die Volumenzunahme beträgt somit

$$v'' - v' = 1{,}725 - 0{,}001 = 1{,}724 \text{ m}^3.$$

Bei der Volumenzunahme mußte somit der Kolben von 1 m² Querschnitt 1,724 m hochgedrückt werden, d. h. der Dampf mußte 10000 kg so hoch heben, was einer Arbeitsleistung von

$$A = 10000 \cdot 1{,}724 = 17240 \text{ mkg}$$

entspricht (s. S. 2, Formel (3)).

Diese Arbeit ist der äußeren Wärme $= \frac{17240}{427} = 40{,}3$ kcal gleichwertig und ist für das gewählte Beispiel die „äußere Wärme". Die innere Wärme, d. i. die Wärmemenge, die erforderlich ist, um den inneren Zusammenhang der Wassermoleküle zu lösen und sie in Dampf zu verwandeln, ist gleich Verdampfungswärme — äußere Wärme. Ist die mittlere spez. Wärme des Heißdampfes bekannt, so ist die für die

Überhitzung erforderliche Wärmemenge = Heißdampftemperatur minus Sattdampftemperatur mal spez. Wärme kcal/kg Dampf. Die spez. Wärme für Wasserdampf wurde durch eine Reihe von Forschern, so z. B. Knoblauch, Raisch, Hausen, ermittelt; sie nimmt bei Sattdampf mit steigendem Druck schnell zu, geht aber mit steigender Überhitzung wieder stark zurück, wie das nachstehende c_p-Diagramm zeigt

Bild 2. **c_p-Diagramm für Wasserdampf**

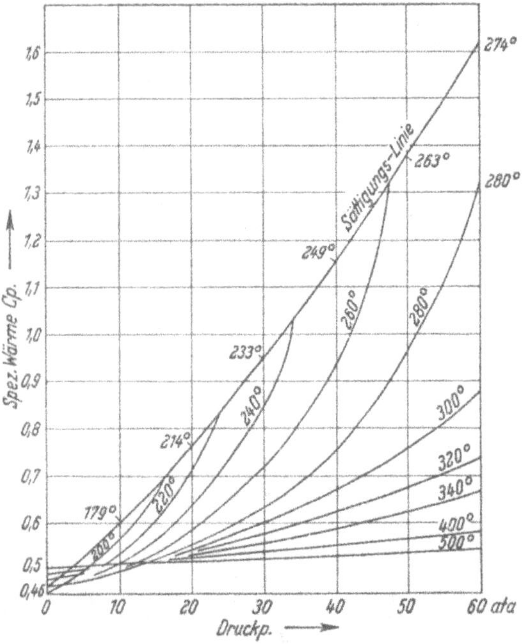

So hat Sattdampf von 1 ata ein $c_{p1} = 0{,}483$, bei 30 ata ist aber c_{p1} bereits $= 0{,}94$, während bei Heißdampf von 1 ata und 350° $c_{p2} = 0{,}485$, bei 30 ata und 350° $c_{p2} = 0{,}57$, bei 1 ata und 450° $c_{p2} = 0{,}5$ und bei 30 ata und 450° $c_{p2} = 0{,}547$ ist.

Für Wasserdampf gelten folgende (nicht einheitliche) **Bezeichnungen:**

Wasseranfangstemperatur (Speisewassertemperatur)	$= t$	in °C
Verdampfungstemperatur (Sattdampf- oder Siedetemperatur)	$= t_1$	,, ,,

Heißdampftemperatur (Überhitzungstemperatur) am Kessel	$= t_2$	in °C
Heißdampftemperatur (Überhitzungstemperatur) an der Maschine	$= t_3$	,, ,,
Dampfdruck:		
absoluter Druck } im	$= p$	,, ata
Überdruck } Kessel	$= p_1$	,, atü
absoluter Druck an der Maschine	$= p'$	,, ,,
Abdampfdruck	$= p_0$	,, ,,
spez. Wärme: Wasser	$= c$	in kcal/kg°C
Sattdampf	$= c_{p1}$	,, ,,
Heißdampf	$= c_{p2}$	,, ,,
Flüssigkeitswärme	$= i$	,, ,,
Sattdampfwärme	$= i_1$	,, ,,
	$(= i + r)$	,, ,,
Speisewasserwärme	$= i_w$	,, ,,
Heißdampfwärme am Kessel	$= i_2$	,, kcal/kg
,, an der Maschine	$= i_3$	,, ,,
Abdampfwärme	$= i_0$	,, ,,
Gesamtwärme des Frischdampfes (Satt- oder Heißdampf)	$= i_d$	,, ,,
Dampfwärme beliebigen Zustandes	$= i_x$	,, ,,
Verdampfungswärme (innere Wärme $= \varrho$ und äußere Wärme $= \psi$)	$= r$	,, ,,
spez. Volumen des Wassers	$= v$	,, m³/kg
,, ,, ,, Sattdampfes	$= v_1$	,, ,,
,, ,, ,, Heißdampfes	$= v_2$	,, ,,
Dampfgehalt des feuchten Abdampfes	$= x$	
spez. Gewicht des Wassers	$= \gamma = \frac{1}{v}$	kg/dm³
,, ,, ,, Sattdampfes	$= \gamma_1 = \frac{1}{v_1} =$	kg/m³
,, ,, ,, Heißdampfes	$= \gamma_2 = \frac{1}{v_2} =$	,,

Es gelten folgende Beziehungen:

Speisewasserwärme i_w	$= t \cdot c \sim t$	kcal/kg
Sattdampf-Erzeugungswärme	$= i_1 - t \cdot c \sim i_1 - t$	,,
Heißdampferzeugungswärme	$= i_2 - t \cdot c \sim i_2 - t$	,,
Überhitzungswärme	$= i_2 - i_1$	,,
oder	$= c_{p2}\,(t_2 - t_1)$	,,

Die Werte für t_1, t_2, i, i_1, i_2, r, v_1, v_2 und x können den **VDI-Wasserdampftafeln** und dem zugehörigen **Mollier- (is)-Diagramm** entnommen werden[1]). Im Anhang ist ein Auszug dieser Dampftafeln wiedergegeben und das is-Diagramm ist in verkleinertem Maßstabe unten zu sehen; beide können kein Ersatz sein, die Dampftafeln sollten daher von jedem, der mit diesen Dingen zu tun hat, beschafft werden.

[1]) Von Dr.-Ing. We. Koch, Verlag R. Oldenbourg, München und Verlag Julius Springer, Berlin.

Bild 3. ***i s*-Diagramm von Mollier**

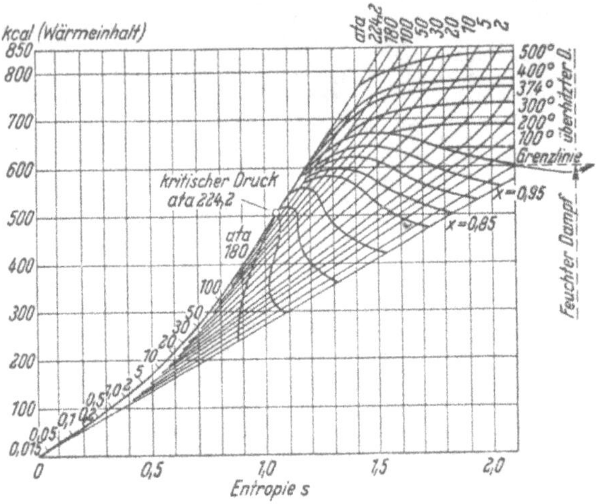

Das $i\,p$-Diagramm (Bild 1, S. 8) zeigt deutlich die Zunahme der Flüssigkeitswärme i und die Abnahme der Verdampfungswärme r mit steigendem Druck p, desgl. die Abnahme der Sattdampfwärme $i_0 = i + r$ und die für die Überhitzung erforderliche Wärme $i_2 - i_1$.

Das von Professor Mollier erdachte $i\,s$-Diagramm zeigt auf der Senkrechten die Werte für i_1 und i_2 und auf der Waagrechten die Werte für die „**Entropie**" s. d. i. eine Rechnungshilfsgröße, die für die hier in Frage kommenden Rechnungen nicht benötigt wird.

Im $i\,s$-Diagramm liegt oberhalb der **Sättigungslinie** oder **Grenzlinie** das Gebiet des überhitzten Dampfes, auf der Grenzlinie das Gebiet des Sattdampfes und unterhalb das Gebiet des feuchten Dampfes oder **Naßdampfes**, d. h. des ungesättigten Dampfes.

Im Gegensatz zu Sattdampf, der keine Wasserteilchen mehr enthält, versteht man unter Naßdampf eine Dampfmenge, die noch einen gewissen Prozentsatz Wasser enthält, das im Dampf fein verteilt ist (nebelförmig). Im $i\,s$-Diagramm findet man unterhalb der Grenzlinien die **Linien** $x = 0{,}95$ usw., d. h. auf der Linie 0,95 z. B. hat der Naßdampf 95 % Dampf- und 5 % Wassergehalt.

Im Gebiete des überhitzten Dampfes sind außer den **Drucklinien** auch die **Temperaturlinien** eingetragen, während im Sattdampf- bzw. Naßdampfgebiet die Temperaturlinien mit den Drucklinien zusammenfallen, da hier die Dampftemperatur nur vom Dampfdruck abhängt.

Besonders praktisch und unentbehrlich ist das is-Diagramm bei der Berechnung der Umwandlung von Dampfwärme in Arbeit mittels der Dampfkraftmaschine (s. S. 114 u. f.).

Bem.: Jeder Dampfkessel gibt mehr oder weniger wasserhaltigen Dampf, also Naßdampf ab. Da der erzeugte Dampf im Kessel ständig mit dem Wasser in Berührung ist, kann der Kessel keinen trockenen d. h. Sattdampf abgeben. Durch Prallblecheinbauten und sonstige Wasserabscheideeinrichtungen versucht man oft den Dampf vor der Entnahme möglichst weitgehend zu entwässern, denn das Wasser führt u. U. Unreinheiten mit sich. Der Rest des Wassers wird im ersten Teil des Dampfüberhitzers nachverdampft, so daß eigentlich erst dort Sattdampf entsteht, der gleich darauf in überhitzten Dampf umgewandelt wird.

Im Durchlaufkessel wird das Wasser ganz allmählich in Naßdampf von immer abnehmendem Wassergehalt, übergehend in Sattdampf und zuletzt in Heißdampf umgewandelt (Benson, Sulzer). Die sog. Vorverdampfer (s. S. 84) geben Dampf mit mehr oder weniger hohem Wassergehalt in den Kessel ab; sie entsprechen dem Teil eines Durchlaufkessels, der Naßdampf mit noch verhältnismäßig hohem Wassergehalt erzeugt.

3. Die Heizmittel[1])

Die hauptsächlich in Frage kommenden Heizmittel sind folgende:

a) Feste Brennstoffe

Holz (Sägespäne, Sägemehl, Lohe [ausgelaugte Baumrinde]).
Torf (Stichtorf und Preßtorf).
Braunkohle und Braunkohlenbriketts.
Steinkohle (Steinkohlenbriketts, Gaskoks, Hüttenkoks).

Torf, Braunkohle und Steinkohle sind Zersetzungsprodukte von Holz- und Pflanzenresten.

b) Flüssige Brennstoffe

Erdöl (Petroleum, Naphtha).
Masut und
Teeröl.

Erdöl ist ein Naturprodukt, man nimmt an, daß es durch Zersetzung von tierischen Überresten entsteht.

Masut ist ein Rückstand aus der Petroleumdestillation.

Teeröl wird bei der Steinkohlendestillation gewonnen.

c) Die gasförmigen Brennstoffe

Hochofengas (Gichtgas).
Koksofengas.
Leuchtgas.
Generatorgas.

Hochofengase werden beim Verhüttungsprozeß gewonnen (als Nebenprodukt), Koksofengase bei der Fabrikation von

---

1) Näheres siehe einschlägige Literatur, z. B. „Wirtschaftliche Verwertung der Brennstoffe von Grahl", R. Oldenbourg-Verlag, München.

Hüttenkoks (als Nebenprodukt), Leuchtgas aus Steinkohle, Nebenprodukt ist hierbei Gaskoks.

Generatorgas wird aus festen Brennstoffen durch Vergasung gewonnen; im Generator verbrennt ein Teil des Brennstoffes, in hoher Schicht liegend, sehr langsam und bringt den Hauptteil dadurch zur Vergasung.

d) Abhitze

Ausgebrannte Gase aus Koksöfen, Retorten, Glüh-, Puddel-, Zink-, Zement-, Wärme- und anderen Öfen, sowie Gasmaschinen mit Temperaturen von

500 — 1200°

Die wichtigsten Brennstoffe in Deutschland sind Braunkohle und Steinkohle, beide sind sehr verschiedenartig und können wie folgt eingeteilt werden:

Braunkohle in

„Lignit", eine Braunkohle mit deutlichem Holzgefüge (faserig),

„erdige Braunkohle", lose wie Erde, ohne besonderes Gefüge,

„muschelige Braunkohle", ziemlich fest, mit muscheligem Bruch.

Steinkohle in:

„Gasreiche (junge) Sandkohle" mit 44—50 % flüchtigen Bestandteilen („trockene" Kohle),

„gasreiche (junge) Sinterkohle" mit 40—44 % flüchtigen Bestandteilen („trockene" Kohle),

„gasreiche (junge) Backkohle" mit 32—36 % flüchtigen Bestandteilen („fette" Kohle),

„gasarme (alte) Backkohle" mit 18—32 % flüchtigen Bestandteilen („fette" Kohle),

„gasarme (alte) Sinterkohle" mit 10—18 % flüchtigen Bestandteilen („magere" Kohle),

„gasarme (alte) Sandkohle oder Anthrazit" mit 5 bis 10 % flüchtigen Bestandteilen („magere" Kohle).

Bem.: Unter „flüchtigen Bestandteilen" versteht man die bei der Verkokung des Brennstoffes entstehenden Gase einschl. Teer und Pechgasen.

Beim Erhitzen unter Luftabschluß bildet

die sog. „Sandkohle" eine pulverige, lose Masse,

die sog. „Sinterkohle" eine aus kleinen Stücken bestehende geschlossene Masse,

die sog. „Backkohle" eine zusammengeschmolzene, sich stark aufblähende Masse.

„Grobe Feuchtigkeit" der Kohle ist Oberflächen- oder mechanisch beigemischte Feuchtigkeit. „Hygroskopische Feuchtigkeit" ist Ursprungsfeuchtigkeit, die vom Charakter der Kohle abhängt. Unter „Reinkohle" versteht man die brennbare Substanz, d. h. die Kohle ohne Wasser und Asche.

Verbrennungseigenschaften der Kohlen

Gasarme Kohlen verbrennen schwer und mit kurzer Flamme,

gasreiche Kohlen verbrennen leicht und mit langer Flamme,

Kohlen mit hohem Wassergehalt, wie z. B. Braunkohlen, verbrennen ebenfalls schwer und unvollständig, wenn nicht vor der eigentlichen Verfeuerung für eine Vortrocknung außerhalb oder im ersten Teil der Feuerung gesorgt wird.

Backkohle muß mit niedriger Schicht verbrannt werden, weil sie infolge des Zusammenbackens der eintretenden Verbrennungsluft starken Widerstand bietet.

Sandkohle darf nicht mit zu scharfem Zug verfeuert werden, weil sonst leicht Teile der pulverigen Masse unvollständig verbrannt als Flugkoks abgehen.

Sandkohle bedingt geringere Spaltweiten zwischen den Roststäben, da sonst zuviel von der pulverigen Masse unverbrannt durchfällt.

Wird gasreiche Kohle von Hand verfeuert, so tritt bei frischem Aufwurf infolge der eintretenden starken Gasentwicklung leicht Ruß- und Rauchentwicklung ein.

Bei mechanischer, gleichmäßiger und ununterbrochener Beschickung des Rostes wird dieser Übelstand vermieden.

Sämtliche Steinkohlen lassen sich am vorteilhaftesten auf dem Planrost verfeuern, Schrägroste sind weniger gut geeignet, abgesehen von einigen Spezialrosten.

Die mechanische Beschickung mittels Wurfapparaten bedingt eine nicht zu großstückige Kohle.

Wanderplanroste sind nur für Kohle mit mehr als 10 bis 12 % flüchtigen Bestandteilen geeignet, doch kann man auf den neuzeitlichen Unterwind-Zonenwanderrosten auch mit gutem Erfolg gasarme Magerkohlen verfeuern.

Mechanische Über- und Unterschubfeuerungen gestatten die Verfeuerung von Kohle mit dem geringsten Gehalt an flüchtigen Bestandteilen und großem Aschengehalt. Die Kohlenstaubfeuerung gestattet die Verfeuerung jeder Art von Kohle in feiner Vermahlung.

Einteilung der Steinkohlen nach Stückgröße

Bei den Steinkohlen unterscheidet man, allerdings ohne allgemeine Einheitlichkeit in bezug auf Benennung und Größe:

Förderkohle, Kohle, wie sie zutage gefördert wird, ungebrochen,

Stückkohle, gebrochen oder ausgesucht, in Stücken über 80 mm Größe,

melierte Kohle, eine Mischung von Nuß- und Stückkohle,

Nußkohle, Größe I, II, III, IV, V, etwa Größen von 75—15 mm entsprechend,

Gruskohle (oder Grieskohle), 8—15 mm groß,

Feinkohle (auch Feingries), 0—8 mm,

Staubkohle, 0—3 mm.

Zusammensetzung der Brennstoffe

Wie nachstehende Tabellen zeigen, ist die Zusammensetzung der Brennstoffe sehr verschiedenartig.

Mittlere Zusammensetzung guter fester und flüssiger Brennstoffe

Brennstoffe	C	H_2	O+N [1]	S	W	Asche	Unterer Heizwert kcal/kg	L_1	G_1	G_2	$G_3 = G_1 + G_2$	k_{max}
								[2]	[2]	[2]	[2]	%
Westfälische Steinkohle	79	4,5	7	1	2,5	6	7500	8,13	7,93	0,54	8,47	18,60
Saar- ,,	74	4,5	10	1	3,5	7	7000	7,58	7,40	0,55	7,95	18,65
Schlesische ,,	71	4,5	12,5	0,5	5	6,5	6600	7,22	7,06	0,57	7,63	18,75
Sächsische ,,	70	4	9,5	1	8	7,5	6500	7,10	6,95	0,55	7,50	18,80
Bayerische ,,	53	4	12	5	9	17	5200	5,48	5,35	0,56	5,91	18,50
Englische ,,	75	4,5	8	1	5,5	6	7100	7,73	7,54	0,57	8,11	18,50
Westfälischer Anthrazit	85,42	3,82	4,68	1,23	0,95	3,9	7975	8,62	8,43	0,44	8,87	18,90
Westfäl. Steinkohlenbrikett	82	4,2	3,7	1,2	1,7	7,2	7750	8,44	8,23	0,49	8,72	18,60
Koks	84	0,8	3,4	1	1,8	9	7000	7,72	7,70	0,11	7,81	20,35
Rohbraunkohle												
vom Niederrhein	23,06	1,87	12,07	1	59,28	2,72	1940	2,24	2,16	0,95	3,11	20,00
von Mitteldeutschland	29,78	2,28	9,42	1	51,41	6,11	2450	3,05	2,99	0,90	3,89	18,65
von der Oberpfalz	25,4	1,96	11,96	1	52,7	6,98	2040	2,5	2,47	0,88	3,35	19,2
von Böhmen (Klarkohle)	37,05	2,88	9,86	1	42,31	6,9	3275	3,83	3,74	0,85	4,59	18,50
von Unterfranken	23,63	2,12	8,46	1	61,68	3,11	1835	2,51	2,45	1,01	3,46	18,00
Böhmische Braunkohle	52	4,2	13	1	24	6	4800	5,43	5,29	0,77	6,06	18,35
Sächsische ,,	40	3	11	2	37	7	3600	4,12	4,03	0,80	4,83	18,50
Rhein. Braunkohlenbrikett	54,5	4,2	20,4	0,4	15	5	4800	5,39	5,29	0,66	5,94	19,2
Mitteldeutsche ,,	52	4,3	16	2	17	9	4800	5,36	5,24	0,69	5,93	18,50
Torf, gepreßt	44	4,5	25	0,5	20	6	3800	4,38	4,30	0,75	5,05	19,10
Lohe, gepreßt	19	2,2	15	—	62	1,8	1300	1,82	1,80	1,02	2,82	19,70
Holz, trocken	40	4,5	37	—	16	1,5	3500	3,60	3,61	0,70	4,31	20,70
Erdöl, $\gamma = 0,87$	83,5	14	2,5	—	—	—	10000	11,17	10,41	1,57	11,98	15,00
Teeröl, $\gamma = 1,05$	89	7	2,8	0,8	0,2	0,1	8875	9,80	9,46	0,79	10,25	17,50

L_1 = theoretische Luftmenge,
G_1 = ,, trockene Gasmenge
G_2 = Wasserdampf,
G_3 = theoretische Gasmenge,
} in Nm^3 auf 1 kg Brennstoff bezogen.
k_{max} = theoretischer Kohlensäuregehalt,

[1]) N kann = 1% angenommen werden.
[2]) Bei 0° und 760 mm QS, d. h. in Nm^3.

Ist $\ddot{u}$ die Luftüberschußzahl, so ist
die **wirkliche Luftmenge** $L = \ddot{u} \cdot L_1$ Nm^3,
,, ,, **Gasmenge** $G = G_3 + L - L_1$ Nm^3,
oder wenn k der wirkliche Kohlensäuregehalt ist,
die **Luftüberschußzahl** $\ddot{u} = \frac{k_{max}}{k}$
(Näheres siehe Kapitel „Verbrennung".)

Den wichtigsten Bestandteil bildet bei allen der Kohlenstoff und danach der Wasserstoff; mit steigendem Gehalt an diesen Stoffen steigt auch der Heizwert. Schwefelgehalt ist von geringerer Bedeutung.

Ein hoher Wasser- und Aschengehalt wird anderseits den Heizwert stark sinken lassen.

Die Tabellen enthalten außerdem noch eine Reihe von berechneten Werten, die für den praktischen schnellen Gebrauch nützlich sind. Die Berechnung und Anwendung dieser Werte zeigen die späteren Kapitel.

Tabelle für gasförmige Brennstoffe

Brennstoff	H_2	CH_4	C_2H_4	CO	H_2O	N_2	CO_2	O_2	Unterer Heizwert kcal/Nm³
Generatorgas[1])									
aus Rohbraunkohle									
nat. Zug	10	2,0	0,5	22	—	57	8,3	0,2	1170
geblasen	15	2,0	0,5	24	—	51	7,3	0,2	1355
aus Braunkohlenbrik.									
nat. Zug	10	2,5	0,5	27	—	55	4,8	0,2	1360
geblasen	15	2,5	0,6	31	—	47	3,7	0,2	1600
aus Steinkohle									
nat. Zug	8	1,5	0,2	24	—	59	7,1	0,2	1093
geblasen	12	2,0	0,2	28	—	53,6	4,0	0,2	1365
Hochofengas (Gichtg.)									850—1150
z. B.	3	—	—	27,5	5	54,5	10	—	—
Koksofengas									3500—4500
z. B.	55	32	2,3	7	1	1,5	1,2	—	—

Bem.: Die Zusammensetzung dieser Gase ist schwankend, besonders stark bei Hochofen- und Generatorgas.

4. Die Verbrennung

a) Allgemeines

Vor Beginn der Verbrennung muß der Brennstoff auf seine Entzündungstemperatur gebracht werden, diese liegt

für Steinkohle	etwa bei		400—500°	trocken
,, Braunkohle	,, ,,		250—450°	trocken
,, Holz	,, ,,		300°	trocken
,, Torf	,, ,,		225°	trocken
,, Koks	,, ,,		700°	trocken
,, Petroleum und Naphtha		etwa bei	530—580°	
,, Teeröl		,, ,,	500—650°	
,, Generatorgas		,, ,,	700—800°	
,, Hochofengas		,, ,,	700—800°	
,, Koksofengas		,, ,,	550—650°.	

Bei **vollkommener Verbrennung** eines Brennstoffes verbindet sich der freie Wasserstoff H unmittelbar mit dem Kohlenstoff C zu leichten (CH_4) oder schweren (C_2H_4) Kohlenwasserstoffen. Diese beiden Gase sind leicht brennbar und verbrennen mit dem Sauerstoff O der Verbrennungsluft zu (CO_2) Kohlensäure und (H_2O) Wasser bzw. Wasserdampf.

Bei **unvollkommener Verbrennung** gehen unverbrannte Gase ab, die Kesselabgase enthalten in diesem Fall Kohlenoxyd CO und Kohlenwasserstoffe.

Durch Untersuchung der Abgase kann also die Güte der Verbrennung nachgewiesen werden.

Zur Erzielung vollkommener Verbrennung ist vor allem genügend viel Luft, d. h. Sauerstoff zuzuführen.

Da die Mischung der eingeführten Luft mit dem Brennstoff bzw. dessen Gasen praktisch nicht vollkommen hergestellt werden kann, ist mehr Luft einzuführen als theoretisch erforderlich, die Feuerung arbeitet mit **Luftüberschuß.**

Je inniger die Mischung erfolgt, desto geringer kann der Luftüberschuß sein, bei gasförmigem Brennstoff daher naturgemäß am geringsten.

Günstig auf die Luftmischung wirkt bei festen Brennstoffen eine hohe Schicht von gleichmäßiger Beschaffenheit und nicht zu großen Lufträumen, wie solche bei grobstückigem Brennmaterial auftreten.

Bei stark backender und schlackender Kohle ist keine gute Luftmischung zu erzielen. Auch ungleichmäßige Beschickung und allmähliches Verschlacken des Rostes, wie es bei Handfeuerung eintritt, wirkt ungünstig, eine Feuerung mit mechanischer Beschickung und Abschlackung arbeitet also stets mit geringerem Luftüberschuß.

Ein zu großer Luftüberschuß wirkt ungünstig, denn der vermindert die Feuerraumtemperatur, je höher aber diese Temperatur ist, desto schneller erfolgt die Entgasung des Brennstoffes und desto weniger besteht die Gefahr, daß ein Teil der Gase nicht zur Entzündung kommt. Außerdem sinkt mit der Verbrennungstemperatur auch die Kesselleistung, weil das Temperaturgefälle zwischen Gasen und Kesselwasser niedriger ist und daher das Wärmeaufnahmevermögen des Kessels zurückgeht; die Gasmenge wird durch das Zuviel an Luft vergrößert und dementsprechend wächst auch der Verlust durch die aus dem Schornstein entweichende Wärmemenge. Bei sehr hohen Temperaturen beginnt allerdings die Verbrennung unvollständig zu werden, weil sich hierbei Wasserdampf und Kohlensäure wieder zersetzen.

Das Qualmen des Schornsteines hat als Ursache die unvollkommene Verbrennung, und auch die Rußbildung in den Feuerzügen ist hierauf zurückzuführen.

Ruß ist reiner Kohlenstoff; soweit er nicht am Mauerwerk und an den Heizflächen hängen bleibt, verursacht er die dunkle bis schwarze Färbung des Rauches.

Rußbildung tritt dadurch ein, daß unverbrannte Kohlenwasserstoffe sich zersetzen, H verbrennt und C_2 scheidet sich als Ruß aus.

Dicker, gelbbrauner Rauch und die Abscheidung von **Glanzruß** treten auf, wenn die Kohlenwasserstoffe unvollkommen verbrennen und sich zu Teer vereinigen.

Ein qualmender Schornstein deutet stets auf eine unvollkommene Verbrennung, und doch kann eine stärker qualmende Anlage besser arbeiten als eine nur leicht qualmende, denn durch übermäßige Luftzufuhr oder Falschluft können die Gasmengen derart vergrößert werden, daß eine stärkere Färbung derselben nicht möglich ist.

Wenn die Heizfläche zu dicht über den Rost angeordnet wird, ergibt sich bei gasreichen Brennstoffen leicht unvollkommene Verbrennung, denn die noch unverbrannten Gase, welche mit der Heizfläche in Berührung kommen, kühlen sich so stark ab, daß sie nicht mehr zur Entzündung kommen, der Schornstein qualmt.

Nachverbrennungen können auftreten, wenn unverbrannte Gase auf ihrem Wege durch die Feuerzüge auf stark erhitztes Mauerwerk stoßen und mit dem O_2 hinzutretender Luft zur Verbrennung kommen; diese erfolgt bei sehr hoher Temperatur und kann daher große Schäden am Kessel verursachen.

Praktisch rauchfreie Verbrennung ist bei Verfeuerung von gasarmen Brennstoffen (Anthrazit, Koks) am leichtesten zu erreichen; mit guten mechanischen Feuerungen und entsprechender Anordnung der über dem Feuer liegenden Heizfläche ist jedoch auch die rauchfreie Verbrennung von gasreichen Brennstoffen möglich. Die Zuführung von Sekundärluft mit reichlich hohem Druck (500—700 mm WS), die gleichzeitig die Feuergase durcheinander wirbelt, wirkt meist sehr vorteilhaft. Auch Gas und Öl ist ohne Schwierigkeiten vollkommen, also rauchfrei zu verbrennen.

Wie bereits erwähnt, verbrennt

$$\left.\begin{array}{l} \text{C zu } CO_2 \\ \text{und H ,, } H_2O \end{array}\right\} \text{bei vollkommener Verbrennung,}$$

die Abgase enthalten somit, unter Berücksichtigung des notwendigen Luftüberschusses, bei vollkommener Verbrennung

$$\mathbf{CO_2,\ H_2O,\ O} \text{ und N } (H_2O \text{ als Wasserdampf}),$$

bei schwefelhaltigen Brennstoffen außerdem noch unbedeutende Mengen SO_2, schweflige Säure, welche meist vernachlässigt werden können.

Die Untersuchung der Abgase mittels des Orsatapparates ergibt den CO_2-Gehalt derselben, sowie auch den O-Gehalt; CO und Kohlenwasserstoffe können jedoch mit diesem Apparat nicht einwandfrei festgestellt werden, Wasserdampf überhaupt nicht, weil er während der Untersuchung kondensiert.

Die Beurteilung der Verbrennung erfolgt nach dem CO_2-Gehalt der Abgase. Der theoretische Kohlensäuregehalt k_{max} ist nicht zu erreichen, weil der erforderliche Luftüberschuß eine Vergrößerung der Gasmenge verursacht.

Die Berechnung von k_{max}, Luftüberschuß usw., ist in den nachfolgenden Kapiteln angegeben.

Bei allen diesen Berechnungen bezieht sich das Resultat auf die trockene Gasmenge ohne Wasserdampf, weil, wie bereits bemerkt, auch nur die Zusammensetzung der trockenen Gase ermittelt werden kann.

Bei vollkommener Verbrennung muß sein

$$CO_2 + O_2 + N_2 = 100\,\%$$

(wenn mit Luftüberschuß gearbeitet wird).

Ohne Luftüberschuß wäre

$$CO_2 + N_2 = 100\,\%.$$

Führt man Kohlenstoff 1 Nm^3 O_2 zur Verbrennung zu, so ergibt sich als Verbrennungsprodukt 1 Nm^3 CO_2; da nun 1 Nm^3 Luft aus 21 Teilen O_2 und 79 Teilen N_2 besteht, so müßte ein Brennstoff ohne N_2-Gehalt, ohne H-Gehalt und ohne Wassergehalt W bei der Verbrennung Abgase ergeben, welche aus 21 % CO_2 und 79 % N_2 bestehen.

Da aber die Brennstoffe meist einen eigenen Stickstoffgehalt besitzen und H sich mit dem O der Verbrennungsluft zu dem nicht meßbaren H_2O verbindet, zu welchem der H_2O des Brennstoffwassergehaltes kommt, so wird schon rein theoretisch der maximale CO_2-Gehalt der Abgase nicht 21 % betragen können. Je geringer aber der N-, W- und H-Gehalt des Brennstoffes ist, desto mehr nähert sich der maximale CO_2-Gehalt, der ohne Luftüberschuß zu erreichen wäre, der Zahl 21 %.

Bei Verbrennung mit Luftüberschuß wird sich der Wert $CO_2 + O_2$ desto mehr der Zahl 21 nähern, je größer der Luftüberschuß ist, d. h. je größer der O_2-Gehalt und je geringer der CO_2-Gehalt der Abgase wird (siehe Abschnitt „Kontrolle der Verbrennung“).

Während man für feste Brennstoffe mit guter Annäherung $CO_2 + O_2$ im Mittel = 19 setzen kann, bei guter Verbrennung mit praktisch erprobtem Luftüberschuß, ergeben sich für Öl und brennbare Gase infolge der abweichenden Zusammensetzung erheblich niedrigere Werte, sofern das noch nicht verbrannte Gas keine oder wenig CO_2 aufweist. Werden die berechneten oder Erfahrungswerte für $CO_2 + O_2$ nicht erreicht, so liegt unvollkommene Verbrennung vor (siehe unter „Luftüberschuß und Kontrolle der Verbrennung“).

b) Grundlagen für die Berechnung der Verbrennung und des Heizwertes

Der Heizwert ist diejenige Wärmemenge in kcal, die 1 kg oder 1 Nm^3 Brennstoff bei seiner vollkommenen Verbrennung abgibt.

Brennstoffe, welche in den Verbrennungsprodukten H_2O aufweisen, bei der Verbrennung entstanden oder dem Brennstoff beigemischt, haben einen

oberen und unteren Heizwert (H_o und H_u).

Der obere Heizwert ist bezogen auf flüssiges Wasser, d. h. er hat nur Bedeutung, wenn auch die im Wasserdampf der Verbrennungsgase enthaltene Wärme nutzbar gemacht werden kann. Dies trifft im Kesselbetrieb nicht zu, H_2O entweicht vielmehr in den Abgasen als Wasserdampf durch den Schornstein.

Aus diesem Grunde hat nur der untere Heizwert praktische Bedeutung, allerdings wird seit einiger Zeit häufig auch der obere Heizwert angegeben und dieser hat wohl für die Aufstellung von Wärmebilanzen eine gewisse Berechtigung. Hier soll jedoch der bisherigen Gewohnheit entsprechend ausschließlich mit dem unteren Heizwert gerechnet werden.

Setzt man die Dampfwärme rund = 600 kcal pro 1 kg Wasser, so vermindert sich der obere Heizwert eines Brennstoffes um 600 kcal für jedes kg gebildetes oder beigemischtes Wasser.

Trocknet man eine Kohle mit dem Heizwert H_u und dem Wassergehalt W_1 bis auf den Wassergehalt W_2, so ist nach Prof. Kegel der Heizwert der getrockneten Kohle

$$\boldsymbol{H_t = \frac{H_u + 6 \cdot W_1}{100 - W_1} \cdot (100 - W_2) - 6 \cdot W_2}$$

Beispiel 7: $H_u = 1800$ kcal, $W_1 = 60\,\%$ u. $W_2 = 15\,\%$

$$H_t = \frac{1800 + 6 \cdot 60}{100 - 60} \cdot (100 - 15) - 6 \cdot 15 = 4500 \text{ kcal.}$$

Heizwerttabelle
(Ruhrkohlen-Handbuch 1932)

Brennstoff	Oberer Heizwert kcal je kg	Oberer Heizwert kcal je Nm³	Unterer Heizwert kcal je kg	Unterer Heizwert kcal je Nm³
C	8100	—	8100	—
S	2210	—	2210	—
H_2	33900	3050	28700	2580
CO	2430	3040	2430	3040
CH_4	13300	9530	11970	8580
C_2H_4	12130	15200	11380	14340

1 kg Luft enthält rund **23,2 Teile O_2** und **76,8 Teile N_2**,
1 m³ Luft ,, ,, **21 Teile O_2** und **79 Teile N_2**.

Das Molekular-Gewicht von C ist = 12 und von S = 32.

Gastabelle (s. S. 5)

Gas	Zeichen	Atomzahl	Molekular-Gewicht	Spez. Gew. 1 Nm³ = kg	Spez. Vol. 1 kg = Nm³
Wasserdampf	H_2O	3	18	0,804	1,244
Luft (trocken). . . .	—	—	29	1,290	0,775
Sauerstoff	O_2	2	32	1,429	0,7
Wasserstoff	H_2	2	2	0,089	11,2
Stickstoff (der Luft)	N_2	2	28	1,257	0,796
Kohlenoxyd	CO	2	28	1,250	0,8
Kohlensäure.	CO_2	3	44	1,97	0,509
Schweflige Säure . .	SO_2	3	64	2,86	0,35
Methan.	CH_4	5	16	0,716	1,4
Äthylen	C_2H_4	6	28	1,25	0,8

Die folgende Verbrennungs-Tabelle enthält die übrigen für die Berechnung der Verbrennung erforderlichen Werte. Den Rechnungsgang für diese Werte zeigt

Beispiel 8: Für Kohlenstoff C ist

$$C + O_2 = CO_2$$
$$12 + 32 = 44.$$

$$1 \text{ kg C erfordert } \frac{32}{12} = 2{,}667 \text{ kg } O_2$$

$$\text{oder } \frac{2{,}667}{1{,}429} = 1{,}867 \text{ Nm}^3\, O_2$$

$$1 \text{ kg C ergibt } \frac{44}{12} = 3{,}667 \text{ kg } CO_2$$

$$\text{oder} = \frac{3{,}667}{1{,}97} = 1{,}867 \text{ Nm}^3\, CO_2.$$

Der von der Verbrennungsluft mitgeführte Stickstoff beträgt:

$$2{,}667 \cdot \frac{76{,}8}{23{,}2} = 8{,}8 \text{ kg } N_2 \quad \text{oder} \quad 1{,}867 \cdot \frac{79}{21} = 7{,}02 \text{ Nm}^3\, N_2.$$

Die theoretische Verbrennungs-Luftmenge ist also $= O_2 + N_2 = 2{,}667 + 8{,}8 = 11{,}467$ kg oder

$$= 1{,}867 + 7{,}02 = 8{,}887 \text{ Nm}^3$$

und die theoretische Verbrennungs-Gasmenge

$$= CO_2 + N_2 = 3{,}667 + 8{,}8 = 12{,}467 \text{ kg}$$

oder

$$= 1{,}867 + 7{,}02 = 8{,}887 \text{ Nm}^3.$$

d) Berechnung des Verbrennungsvorganges

a) Für feste Brennstoffe

Die brennbaren Bestandteile der festen Brennstoffe sind C, H und S.

Ein Teil des im Brennstoff enthaltenen H ist mit dem O des Brennstoffes gebunden und kommt also für die Verbrennung nicht mehr in Frage. Und zwar sind 16 Gewichtsteile O mit 2 Gewichtsteilen H gebunden; auf O kg kommen demnach

$$\frac{O \cdot 2}{16} = \frac{O}{8} \text{ kg H}.$$

Danach und nach den Angaben S. 21 berechnet sich der **unterer Heizwert eines Brennstoffes** in kcal je kg

$$H_u = 8100\, C + 28\,700 \left(H - \frac{O}{8}\right) + 2210\, S - 600\, W \quad . \, (23)$$

[sog. Verbandsformel für den unteren Heizwert lautet (abgerundet)]

$$[\, H_u = 8100\, C + 29000 \left(H - \frac{O}{8}\right) + 2500\, S - 600\, W]. \quad (24)$$

c) Verbrennungstabelle (bez. auf 0° und 760 mm QS)
(Werte abgerundet)

Brennstoff	Verbrennungsformel	Verbrennungsprodukt	Menge des Verbrennungsproduktes für 1 kg Brennstoff		für 1 Nm³ Brennstoff		Sauerstoff und Stickstoff der Verbrennungsluft für 1 kg Brennstoff				für 1 Nm³ Brennstoff			
			kg	Nm³	kg	Nm³	kg O_2	kg N_2	Nm³ O_2	Nm³ N_2	kg O_2	kg N_2	Nm³ O_2	Nm³ N_2
C 12	$C + O_2 =$ $12 + 32 =$	CO_2 44	3,667	1,867	—	—	2,667	8,8	1,867	7,02	—	—	—	—
S 32	$S + O_2 =$ $32 + 32 =$	SO_2 64	2,0	0,7	—	—	1,0	3,31	0,7	2,63	—	—	—	—
CO 28	$2\,CO + O_2 =$ $56 + 32 =$	$2\,CO_2$ 88	1,57	0,8	1,97	1,0	0,572	1,9	0,4	1,51	0,715	2,34	0,5	1,88
CH_4 16	$CH_4 + 2\,O_2 =$ $16 + 64 =$	$CO_2 + 2\,H_2O$ 80	5,0	4,2	3,578	3,0	4,0	13,24	2,8	10,52	2,86	9,5	2,0	7,52
	oder aufgeteilt													
	$C + O_2 =$	CO_2 / 44	2,75	1,4	1,97	1,0	2,0	6,72	1,4	5,26	1,43	4,75	1,0	3,76
	$2\,H_2 + O_2 =$	$2\,H_2O$ / 36	2,25	1,8	1,608	2,0	2,0	6,72	1,4	5,26	1,43	4,75	1,0	3,76
C_2H_4 28	$C_2H_4 + 3\,O_2 =$ $28 + 96 =$	$2\,CO_2 + 2\,H_2O$ 124	4,43 —	3,2 —	5,548 —	4,0 —	3,43 —	11,35 —	2,4 —	9,02 —	4,3 —	14,2 —	3,0 —	11,28 —
	oder aufgeteilt													
	$2\,C + 2\,O_2 =$	CO_2 / 88	3,14	1,6	3,94	2,0	2,29	7,6	1,6	6,01	2,87	9,47	2,0	7,52
	$2\,H_2 + O_2 =$	$2\,H_2O$ / 36	1,29	1,6	1,608	2,0	1,14	3,75	0,8	3,01	1,43	4,73	1,0	3,76
H_2 2	$2\,H_2 + O_2 =$ $4 + 32 =$	$2\,H_2O$ 36	9,0	11,19	0,804	1,0	8,0	26,48	5,6	21,1	0,72	2,38	0,5	1,88

Theoretische Luftmenge $= O_2 + N_2$ **Theoretische Gasmenge** $=$ Verbrennungsprodukt $+ N_2$

Genaue Werte gibt diese Formel nicht. Genauere Werte ergibt die kalorimetrische Untersuchung; in allen Fällen von Bedeutung, z. B. bei Verdampfungsversuchen, ist daher letztere Methode anzuwenden.

Da N in dem festen Brennstoff sehr gering ist, kann man ohne großen Fehler den meist angegebenen Wert (O + N) —1 an Stelle von O einsetzen, d. h. N = 1 % = 0,01 kg.

Die für die Verbrennung erforderliche **theoretische Luftmenge** beträgt nach der Verbrennungstabelle S. 23 **für 1 kg Brennstoff**

$$L_1 = 11{,}47\ C + 34{,}48\left(H - \frac{O}{8}\right) + 4{,}31\ S\ \text{kg} \quad (25)$$

$$L_1 = 8{,}89\ C + 26{,}7\ \left(H - \frac{O}{8}\right) + 3{,}33\ S\ \text{Nm}^3 \quad (26)$$

Die Verbrennungsgase setzen sich aus den sog. trockenen Gasen und dem Wasserdampf zusammen, und man erhält nach Tabelle S. 23 die **theoretische trockene Gasmenge zu**

$$G_1 = 12{,}47 \cdot C + 26{,}48\left(H - \frac{O}{8}\right) + 5{,}31\ S + N\ \text{in kg} \quad (27)$$

$$G_1 = 8{,}89 \cdot C + 21{,}1\ \left(H - \frac{O}{8}\right) + 3{,}33\ S + 0{,}796\ N\ \text{in Nm}^3 \quad (28)$$

Bem.: 21,1 bzw. 26,48 $\left(H - \frac{O}{8}\right)$ ist der Stickstoff, welcher bei der Verbrennung von H aus der Verbrennungsluft frei wird. 0,796 ist das spezifische Volumen des Stickstoffes.

Der Wasserdampf in den Gasen berechnet sich zu

$$G_2 = 9 \cdot H + W\ \text{kg} \quad (29)$$

$$G_2 = 11{,}19 \cdot H + 1{,}244 \cdot W\ \text{Nm}^3 \quad (30)$$

Die theoretische Gasmenge (insgesamt) ist

$$G_3 = G_1 + G_2,$$

also bei Zusammenfassung der Gleichungen (27) bis (30)

$$G_3 = 12{,}47 \cdot C + 35{,}48 \cdot H - 26{,}48 \cdot \frac{O'}{8} + 5{,}31 \cdot S + N + W\ \text{kg} \quad (31)$$

$$G_3 = 8{,}89 \cdot C + 32{,}29 \cdot H - 21{,}1 \cdot \frac{O}{8} + 3{,}33 \cdot S + 0{,}796 \cdot N + 1{,}244\ W\ \text{Nm}^3 \quad (32)$$

Ist $\ddot{u}$ der Luftüberschuß, so beträgt die **wirkliche Luftmenge**

$$L = \ddot{u} \cdot L_1 \quad (33)$$

und die **wirkliche Gasmenge**

$$G = G_3 + (L - L_1) \quad (34)$$

Zusammensetzung der Kohle	Unterer Heizwert der Kohle		Verbrennungs-Produkt je kg Kohle		Theoretischer				Theoret. trockene Gasmenge je kg Kohle	Wasserdampf je kg Kohle
					Sauerstoffbedarf O_2 je kg Kohle		Stickstoff N_2 je kg Kohle			
je kg	n. Tabelle S. 21	kcal	nach S. 23	Nm^3	S. 23	Nm^3	S. 23	Nm^3	Nm^3	Nm^3
C = 31%	0,31 · 8100	= 2511	0,31 · 1,867	= 0,58 CO_2	0,31 · 1,867	= 0,58	0,31 · 7,02	= 2,18	0,58 CO_2	—
H = 3%	0,03 · 28700	= 861	0,03 · 11,19	= 0,34 H_2O	0,03 · 5,6	= 0,17	0,03 · 21,1	= 0,63	—	0,34 H_2O
O = 9%	$\frac{0{,}09}{8}$ · 28700	= —323	(nach S. 19)	—	0,09 : 1,43	= —0,06	0,06 · (79 : 21)	= —0,23	—	—
N = 1%	—	—	—	—	—	—	0,01 : 1,257	= 0,008	—	—
S = 1%	0,01 · 2210	= 22	0,01 · 0,7	= 0,007 SO_2	0,01 · 0,7	= 0,007	0,01 · 2,63	= 0,026	0,007 SO_2	—
W = 47%	0,47 · 600	= —282	0,47 : 0,804	= 0,58 H_2O	—	—	—	—	—	0,58 H_2O
Asche = 8%	—	—	—	—	—	—	—	—	2,61 N_2	—
Zus. = 100%	Zus. = 2789		Zus. = 1,51		Zus. = 0,7		Zus. = 2,61		3,2 G_1	0,92 G_2

Theoretische Luftmenge $L_1 = O_2 + N_2 = 0{,}7 + 2{,}61 = 3{,}31$ Nm^3, und bei 1,3 fachem Luftüberschuß

wirkliche Luftmenge $L = 1{,}3 \cdot 3{,}31 = 4{,}3$ Nm^3

theoretische Gasmenge $G_3 = G_1 + G_2 = 3{,}2 + 0{,}92 = 4{,}12$ Nm^3

wirkliche Gasmenge $G = G_3 + L - L_1 = 4{,}12 + 4{,}3 - 3{,}31 = 5{,}11$ Nm^3.

Bei der Verbrennung von 1 kg C entstehen nach S. 22

$$\frac{44}{12 \cdot 1{,}97} = 1{,}867 \; CO_2 \; Nm^3$$

und es verhält sich die Kohlensäure CO_2 der Verbrennungsgase zu der trockenen Gasmenge G_1 wie 1,867 C : G_1, d. h. **der theoretische Kohlensäuregehalt** ist

$$k_{max} = \frac{1{,}867 \cdot C}{G_1} \quad \ldots\ldots\ldots\ldots (35)$$

Der wirkliche Kohlensäuregehalt k ist infolge des Luftüberschusses kleiner, und man erhält, wenn k bekannt, **die wirkliche Gasmenge zu**

$$\boldsymbol{G} = \frac{\mathbf{1{,}867 \cdot C}}{\boldsymbol{k}} + \frac{\mathbf{9 \cdot H + W}}{\mathbf{0{,}804}} \; Nm^3 \quad \ldots\ldots (36)$$

Ist G bekannt, so kann man nach dieser Gleichung den **wirklichen Kohlensäuregehalt** bestimmen zu

$$\boldsymbol{k} = \frac{\mathbf{1{,}867 \cdot C}}{\boldsymbol{G}_3 + (\boldsymbol{L} - \boldsymbol{L}_1) - \frac{\mathbf{9 \cdot H + W}}{\mathbf{0{,}804}}} \quad \ldots\ldots (37)$$

Bem.: $G = G_3 + (L - L_1)$ und $\frac{9 \cdot H + W}{0{,}804} = 11{,}19 \, H + 1{,}244 \, W = G_2$.

Beispiel 9: Eine gute Übersicht gibt die auf S. 25 tabellarisch aufgestellte Rechnung für eine mitteldeutsche Braunkohle folgender Zusammensetzung

C = 31 %, H = 3 %, O + N = 10 %,
S = 1 %, W = 47 %, Asche = 8 %.

Die Berechnung erfolgt unter Benutzung der Tabellen S. 21 und 23.

Der theoretische CO_2-Gehalt der Verbrennungsgase beträgt

$$k_{max} = \frac{0{,}58}{3{,}2} = 0{,}180 = \mathbf{18{,}1}\,\%$$

und bei dem 1,3fachen Luftüberschuß der wirkliche CO_2-Gehalt

$$k = \frac{18{,}1}{1{,}3} = \mathbf{13{,}9}\,\%.$$

Der Sauerstoffgehalt der Abgase muß betragen

$$\frac{(4{,}3 - 3{,}31) \cdot 0{,}21}{5{,}11 - 0{,}92} \sim \mathbf{4{,}96}\,\%$$

und

$$CO_2 + O_2 = 13{,}9 + 4{,}96 = \mathbf{18{,}86}\,\%.$$

Rechnet man zur Kontrolle hiernach den Luftüberschuß, so ergibt sich dieser nach Formel (48) S. 30 zu

$$\ddot{u} = \frac{21}{21 - 79 \frac{4{,}96}{81{,}14}} = 1{,}3$$

$(13,9\ CO_2 + 4,96\ O_2 + 81,14\ N_2 = 100\ \%)$.

Bem.: Bei vorstehender Rechnung ist angenommen, daß $O_2 + N_2 = 9 + 1$ ist, was ohne großen Fehler geschehen kann, denn N ist in festen Brennstoffen stets sehr gering.

b) Für flüssige Brennstoffe

gelten dieselben Ausführungen wie für feste Brennstoffe

c) Für gasförmige Brennstoffe

erfolgt die Berechnung der Verbrennung ebenfalls nach den Tabellen S. 21 und 23.

Von einer Wiederholung dieser Tabellen in Form von Formeln kann hier abgesehen werden, denn einerseits ist die Verwendung von Gas ungleich seltener als die fester Brennstoffe und anderseits würden sich sehr umfangreiche und zahlreiche Formeln ergeben.

Es empfiehlt sich für Gase stets die übersichtliche Rechnung in tabellarischer Form nach

Beispiel 10: Zusammensetzung von 1 Nm³ Generatorgas sei

CO	12 %,	CH_4	4 %,	C_2H_4	0,1 %,
H_2	25 %,	N_2	41,9 %,	CO_2	17 %.

Die Verfeuerung erfolge **mit 1,25fachem Luftüberschuß.**

Der berechnete Heizwert ist der untere Heizwert, da auch hier der obere Heizwert keine praktische Bedeutung hat.

Nach den Tabellen S. 21 und 23 ist: (s. S. 28)

Es ergibt sich hiernach

die theoretische Luftmenge

$$L_1 = 0,268 + 1,427 - 0,419 = \mathbf{1,276\ Nm^3}$$

und

die wirkliche Luftmenge

$$L = 1,276 \cdot 1,25 = \mathbf{1,6\ Nm^3},$$

die theoretische Gasmenge

$$G_1 = 1,759 + 0,332 = \mathbf{2,091\ Nm^3}$$

und

die wirkliche Gasmenge

$$G = 2,091 + 1,6 - 1,276 = \mathbf{2,415\ Nm^3}.$$

Ferner ist

der theoretische CO_2-Gehalt

der trockenen Verbrennungsgase

$$k_{max} = \frac{G_1 - N_2}{G_1} = \frac{1,759 - 1,427}{1,759} = \mathbf{18,85\ \%} \quad . . . (38)$$

und

der wirkliche meßbare CO_2-Gehalt

$$k = \frac{G_1 - N_2}{G - G_2} = \frac{1,759 - 1,427}{2,415 - 0,332} = \mathbf{16,0\ \%} \quad . . . . (39)$$

$$G = \frac{G_1 - N_2}{k} + G_2 \quad . . . . (40)$$

Zusammensetzung des Gases je Nm³	Unterer Heizwert		Verbrennungsprodukte		Sauerstoffbedarf je Nm³		Stickstoff der Verbrennungsluft und des Gases		Trockene Gasmenge in Nm³	Wasserdampf in Nm³
	je Nm³	in kcal	je Nm³	in Nm³	in Nm³	O_2	in Nm³	N_2		
$CO = 12\%$	0,12 · 3040	=365	0,12 · 1	=0,12 CO_2	0,12 · 0,5	=0,06	0,12 · 1,88 =	0,226	0,12 CO_2	
$CH_4 = 4\%$	0,04 · 8580	=343	0,04 · 1 + 0,04 · 2	=0,04 CO_2 =0,08 H_2O	0,04 · 2	=0,08	0,04 · 7,52 =	0,301	0,04 CO_2	0,08 H_2O
$C_2H_4 = 0{,}1\%$	0,001 · 14340	= 14	0,001 · 2 + 0,001 · 2	=0,002 CO_2 =0,002 H_2O	0,001 · 3	=0,003	0,001 · 11,28 =	0,011	0,002 CO_2	0,002 H_2O
$H_2 = 25\%$	0,25 · 2580	=645	0,25 · 1	= 0,25 H_2O	0,25 · 0,5	=0,125	0,25 · 1,88 =	0,47	—	0,250 H_2O
$N_2 = 41{,}9\%$	—	—	—	—	—	—	—	0,419	1,427 N_2	—
$CO_2 = 17\%$	—	—	—	—	—	—	—	—	0,170 CO_2	—
Zus. = 100%	Zus. **1367**		Zus. 0,494		Zus. 0,268		Zus. 1,427		1,759	0,332

$$L_1 = O_2 + N_2 \text{ der Luft}; \quad L = \ddot{u} \cdot L_1; \quad G_3 = G_1 + G_2; \quad G = G_3 + L - L_1$$

Der Sauerstoffgehalt der Abgase

beträgt dann

$$O_2 = \frac{(L - L_t) \cdot 0{,}21}{G - G_2} = \frac{(1{,}6 - 1{,}276) \cdot 0{,}21}{2{,}415 - 0{,}332} = 3{,}25\,\% \qquad (41)$$

und

der Stickstoffgehalt

$$N_2 = \frac{1{,}427 + (L - L_t) \cdot 0{,}79}{G - G_2} = 80{,}75\,\% \ldots\ldots (42)$$

Die Zusammensetzung der trockenen Abgase (also ohne den Wasserdampf) beträgt

$$\left.\begin{matrix} CO_2 + O_2 + N_2 \\ 16{,}00 + 3{,}25 + 80{,}75 \end{matrix}\right\} = 100\,\%.$$

Bem.: Enthalten die noch unverbrannten Gase (Brenngase) auch Wasserdampf, so vergrößert sich G_2 entsprechend. Enthalten die Brenngase auch Sauerstoff, so ist dieser von dem errechneten Sauerstoff abzuziehen und eine entsprechende Stickstoffmenge von dem errechneten Stickstoff (wie bei Beispiel S. 25).

e) Vereinfachte Berechnung

(nach Rosin und Fehling)[1]. Für verwandte Brennstoffgruppen kann man mit guter Annäherung bei bekanntem Heizwert H_u wie folgt rechnen:

a) **Feste Brennstoffe**

Theoretische Rauchgasmenge $G_t = \left(\frac{0{,}89 \cdot H_u}{1000} + 1{,}65\right)$ Nm³/kg ....(43)

theoretische Luftmenge $L_t = \left(\frac{1{,}01 \cdot H_u}{1000} + 0{,}5\right)$ Nm³/kg. . (43a)

b) **Öle**

$$G_t = \left(\frac{1{,}11 \cdot H_u}{1000}\right) \text{ und } L_t = \left(\frac{0{,}85 \cdot H_u}{1000} + 2\right) \text{ Nm}^3/\text{kg} \qquad (44)$$

c) **Armgase** (Hochofengas, Generatorgas, Wassergas)

$$G_t = \left(\frac{0{,}725 \cdot H_u}{1000} + 1\right) \text{ und } L_t = \left(\frac{0{,}875 \cdot H_u}{1000}\right) \text{Nm}^3/\text{Nm}^3 \qquad (45)$$

d) **Reichgase** (Leuchtgas, Koksofengas, Ölgas)

$$G_t = \left(\frac{1{,}14 \cdot H_u}{1000} + 0{,}25\right) \text{ und } L_t = \left(\frac{1{,}09 \cdot H_u}{1000} - 0{,}25\right) \text{ Nm}^3/\text{Nm}^3 \qquad (46)$$

Die **wirkliche Luftmenge** ist $L = L_t \cdot \ddot{u}$
und die „ **Gasmenge** „ $G = G_t + L - L_t$.

f) Der Luftüberschuß

Aus den früher angegebenen Gründen ist ein möglichst kleiner Luftüberschuß anzustreben.

Mit Hilfe der nachstehenden Formeln kann die Größe desselben mit genügender Genauigkeit ermittelt werden.

[1]) P. Rosin und R. Fehling, Das Jt-Diagramm der Verbrennung, VDI-Verlag 1929 und S. 36.

Für Brennstoff ohne eigenen CO_2-Gehalt, also für alle **festen und flüssigen Brennstoffe** ist

der Luftüberschuß

$$\ddot{u} = \frac{k_{max}}{k}\left(=\frac{L}{L_1}\right) \quad \text{. . . . . (47)}$$

k_{max}, der theoretische CO_2-Gehalt der Abgase kann hier bei den Brennstofftabellen entnommen werden.

k, der wirkliche CO_2-Gehalt der Abgase wird mit dem Orsatapparat ermittelt.

Bei Bestimmung des O_2-Gehaltes der Abgase kann man den Luftüberschuß auch wie folgt berechnen:

$$\ddot{u} = \frac{21}{21 - 79\,\frac{O_2}{N_2}}\left(=\frac{L}{L_1}\right) \quad \text{. . . . . . . (48)}$$

wobei $N_2 = 100 - CO_2 - O_2$. Damit ergibt sich für das Beispiel 9 S. 26

$$N_2 = 100 - 13{,}9 - 4{,}96 = 81{,}14$$

und

$$\ddot{u} = \frac{21}{21 - 79\,\frac{4{,}96}{81{,}14}} = 1{,}3 \text{ (d. h. } 30\,\% \text{ Luftüberschuß).}$$

Für **gasförmige Brennstoffe** mit eigenem CO_2- und N_2-Gehalt können vorstehende Formeln nicht zur Anwendung kommen, allgemein gilt jedoch

$$\ddot{u} = \frac{L}{L_1} = \frac{\text{wirkliche Luftmenge}}{\text{theoretische Luftmenge}}$$

und damit erhält man bei Einsetzung des entsprechenden Wertes für das unbekannte L nach S. 28

$$\ddot{u} = \frac{\frac{G_1 - N_2}{k} + L_1 - G_1}{L_1} \quad \text{. . . . . . . (49)}$$

Um den Luftüberschuß bei gasförmigen Brennstoffen aus dem gemessenen Abgaskohlensäuregehalt bestimmen zu können, muß man die Zusammensetzung des Brenngases kennen und die Rechnung nach S. 28 durchführen. Da aber die Zusammensetzung des Brenngases oft in ganz kurzen Zeiträumen erheblich schwankt, ist eine einwandfreie Bestimmung des Luftüberschusses kaum möglich. Für Beispiel S. 28 erhält man

$$\ddot{u} = \frac{\frac{1{,}759 - 1{,}427}{0{,}16} + 1{,}276 - 1{,}759}{1{,}276} = 1{,}25.$$

Für **feste Brennstoffe** soll der Luftüberschuß erfahrungsgemäß betragen, sofern dabei die Feuerraumtemperatur nicht unzulässig hoch ausfällt:

Brennstoff und Feuerungsart	ü =
für Steinkohle bei Handbeschickung	1,7 ÷ 2,0
,, ,, ,, mechan. Beschickung. . .	1,4 ÷ 1,7
,, ,, auf Wanderrost.	1,35 ÷ 1,55
,, Braunkohle ,, mechan. Rost.	1,3 ÷ 1,4
,, Anthrazit und Koks	1,4
,, Öle	1,25 ÷ 1,4
,, Gase	1,2 ÷ 1,35
,, Kohlenstaub	1,25 ÷ 1,5

Der **Luftgehalt** v_l der Rauchgase (s. S. 36 $J\,t$-Diagramm der Verbrennung) ist $= \frac{L - L_1}{G} \cdot 100 \ldots \%$ . . . . (50)

g) Die Kontrolle der Verbrennung

Wie bereits erwähnt, muß bei vollkommener Verbrennung in den Abgasen $CO_2 + O_2 + N_2 = 100\,\%$ sein.

Ferner wurde vorn gezeigt, daß bei der Verbrennung von C ebensoviel CO_2 entsteht, als Luftsauerstoff in m^3 zugeführt wird aus 21 Teilen O_2 von 1 m^3 Luft erhält man also 21 Teile CO_2.

Bei der theoretischen Verbrennung ohne Luftüberschuß ist O_2 in den Abgasen $= 0$ oder $CO_2 + O_2 = k_{max}$.

Mit steigendem Luftüberschuß steigt auch der O_2-Gehalt der Abgase und der CO_2-Gehalt sinkt.

Die Größe von $CO_2 + O_2$ in den Abgasen bei vollkommener Verbrennung kann bei bekannter Zusammensetzung des Brennstoffes nach den früheren Angaben errechnet werden, nachdem derLuftüberschuß festgestellt ist. Istdergemessene Betrag von $CO_2 + O_2$ kleiner als der errechnete, so ist **unvollkommene Verbrennung** vorhanden, die Abgase enthalten unverbrannte Gase.

Für Brennstoffe mit annähernd gleichbleibender Zusammensetzung kann für die Ermittlung von CO_2 und O_2 nachstehendes Schaubild benutzt werden, welches sich auf die Brennstofftabelle stützt.

Für die gebräuchlichsten Brennstoffe erhält man mit den oben angegebenen Luftüberschußzahlen folgende Mittelwerte

Mittelwerte für CO_2 und $CO_2 + O_2$

Brennstoff		ü —	CO_2 %	$CO_2 + O_2$ %
Steinkohle	auf Planrost Handbeschickung	1,7—2,0	11—9,5	19,6—19,8
	auf Planrost mech. Beschick.	1,4—1,7	13,5—11	19,3—19,6
	auf Wanderrost	1,35—1,55	13,8—12	19,2—19,4
Braunkohle auf Treppenrost od. Muldenrost		1,3—1,4	15—14	18,8—19
Anthrazit und Koks. . . .		1,4—1,5	14—13	20
Steinkohlenstaub		1,25—1,5	15—12,5	19—19,2

für CO_2 und $CO_2 + O_2$, welche in einem wirtschaftlichen Betrieb unter normalen Verhältnissen zu erreichen sind.

CO_2 ist berechnet aus der Formel $ü = \frac{k_{max}}{k}$, k_{max} ist den Brennstofftabellen entnommen.

$CO_2 + O_2$ ist aus nachstehendem Diagramm abgegriffen.

CO_2 $CO_2 + O_2$ (nach Bunte) bei vollkommener Verbrennung

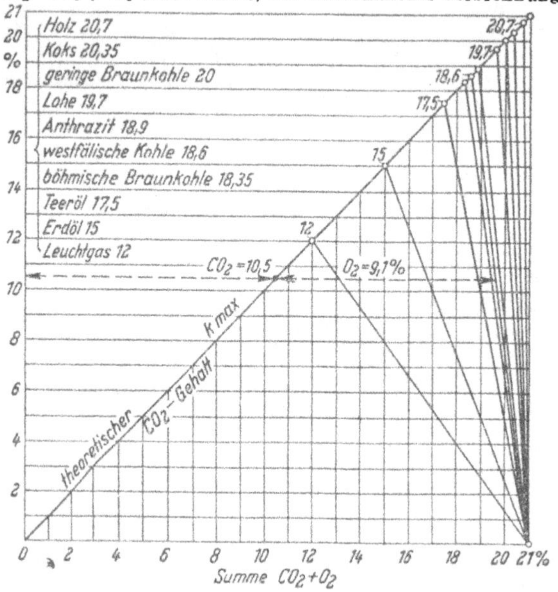

Bild 4.

Ergibt die Untersuchung der Abgase, daß $CO_2 + O_2$ kleiner ist als der entsprechende vorstehende Wert, so liegt unvollkommene Verbrennung vor, d. h. es treten unverbrannte Gase auf.

Der Luftüberschuß muß also erhöht werden, je nach den vorliegenden Verhältnissen durch Öffnen der Luftzuführungsklappen, durch Erhöhung der Zugstärke, durch Einstellung einer niedrigeren Brennschicht o. dgl.

Ist $CO_2 + O_2 \sim$ dem angegebenen Erfahrungswert, so wird gut gearbeitet, ist aber diese Summe höher als der Erfahrungswert für wirtschaftlichen Betrieb sein soll, so ist der Luftüberschuß zu groß und muß durch entsprechende Maßnahmen verringert werden, damit eine günstigere Verbrennung erzielt wird.

Wird bei der Untersuchung der CO_2-Gehalt größer gemessen als wie vorstehend angegeben, so liegt unvollkommene Verbrennung vor, wird er niedriger gemessen, so ist der Luftüberschuß zu groß. Auf diese Art kann man auch schon durch die Bestimmung von CO_2 allein auf die Art der Verbrennung schließen, sicherer ist allerdings die erstere Methode.

Bei **Gasfeuerung** ist die Kontrolle u. U. schwierig und kaum durchführbar, weil gleichzeitig mit den Bestandteilen der Abgase auch die Bestandteile der Brenngase festgestellt werden müßten, sofern die Zusammensetzung des Brenngases schwankend ist. Am einfachsten ist es, den O_2-Gehalt der Abgase zu kontrollieren, der nicht höher als 3 % sein sollte, ohne daß unverbrannte Gase auftreten.

5. Die Rauchgase

Die Berechnung der Rauchgasmengen und Rauchgaszusammensetzung gehört in das Kapitel Verbrennung und ist dort erläutert. Nachstehend folgen die Berechnungen der spezifischen Gewichte, spezifischen Wärmen und des Wärmeinhaltes der Rauchgase.

a) Spez. Gewicht der Rauchgase

Es beträgt für Rauchgase mittlerer Zusammensetzung das spezifische Gewicht bei 0° und 760 mm

$$\gamma \sim 1{,}34,$$

d. h. 1 Nm^3 Rauchgas wiegt 1,34 kg.

Genauer berechnet sich bei bekannter Zusammensetzung γ wie folgt:

Beispiel 11: Zusammensetzung von 1 Nm^3 Gas: 12 % CO_2, 7 % O_2, 81 % N_2.

Nach Tabelle S. 21 ist

$$\begin{array}{llll} 0{,}12\ Nm^3 & CO_2 \times 1{,}97 & = & 0{,}236\ kg \\ 0{,}07\ ,, & O_2 \times 1{,}43 & = & 0{,}100\ ,, \\ 0{,}81\ ,, & N_2 \times 1{,}257 & = & 1{,}018\ ,, \\ \hline 1{,}00\ Nm^3 & \text{Gas wiegt} & = & 1{,}354\ kg. \end{array}$$

Da von den Bestandteilen des Rauchgases CO_2 das höchste spezifische Gewicht hat, steigt das spezifische Gewicht der Rauchgase mit dem CO_2-Gehalt.

1 Nm^3 trockenes Rauchgas wiegt z. B. im Mittel bei $CO_2 + O_2 = 19$ bezogen auf 0° und 760 mm, d. h. das spez. Gewicht ist

bei	8 %	CO_2-Gehalt	1,332	kg
,,	9 %	,,	1,337	,,
,,	10 %	,,	1,343	,,
,,	11 %	,,	1,349	,,
,,	12 %	,,	1,354	,,
,,	13 %	,,	1,359	,,
,,	14 %	,,	1,365	,,
,,	15 %	,,	1,370	,,

Bei stark **wasserdampfhaltigen Gasen** ist das Gewicht des Wasserdampfes noch zu berücksichtigen, wie nachstehendes **Beispiel 12** zeigt:

Braunkohle von 2150 kcal von 28 % C, 2,12 % H und 60 % W ergebe Abgase von 14 % CO_2 und 5 % O_2.

Es beträgt nach Formel (36) S. 26 die trockene Gasmenge pro kg Kohle

$$\frac{1{,}867 \cdot 0{,}28}{0{,}14} = 3{,}73 \text{ Nm}^3 \ (\gamma = 1{,}365)$$

und der Wasserdampf

$$\frac{9 \cdot 0{,}0212 + 0{,}60}{0{,}804} = 0{,}985 \text{ Nm}^3 \ (\gamma = 0{,}804).$$

Damit ergibt sich

3,73	Nm^3	×	1,365	=	5,1	kg
0,985	,,	×	0,804	=	0,79	,,
4,715	Nm^3			=	5,89	kg

also $$1 \text{ Nm}^3 = \frac{5{,}89}{4{,}715} = 1{,}25 \text{ kg} \ (\gamma = 1{,}25).$$

Bei wasserdampfhaltigen Gasen stellt sich also das spezifische Gewicht erheblich geringer.

b) Spez. Wärme der Rauchgase

Die spezifische Wärme ist abhängig von der Zusammensetzung und Temperatur der Gase. Die mittlere spez. Wärme zwischen 0° und t° Gastemperatur wird bezeichnet mit

c_p bezogen auf 1 kg Rauchgas und
C_p ,, ,, 1 Nm^3 ,,

Genauer berechnet man C_p nach folgendem **Beispiel 13:** Zu ermitteln ist die spez. Wärme eines Abgases von 300° C, welches aus 12 % CO_2, 7,5 % O_2 und 80,5 % N_2 besteht. Nach Tabelle 32, S. 231

für CO_2 C_p = 0,442, für O_2 = 0,318, für N_2 = 0,318, und somit ist

CO_2	=	0,12	×	0,442	=	0,053
O_2	=	0,075	×	0,318	=	0,024
N_2	=	0,805	×	0,318	=	0,256
C_p des Abgases					=	0,333.

Mit zunehmender Gastemperatur steigt die spez. Wärme. **Wasserdampfhaltige Rauchgase haben eine höhere spezifische Wärme als trockene Gase.**

Beispiel 14: Braunkohle 2150 kcal von 28 % C; 2,12 H und 60 % W ergebe Abgase von 14 % CO_2 und O_2 5 %.

Nach dem Beispiel 12 erhält man

trockene Gase	3,73	Nm^3
Wasserdampf	0,985	,,
zusammen	4,715	Nm^3

oder

0,14 · 3,73	=	0,5235	Nm^3
0,05 · 3,73	=	0,1865	,,
0,81 · 3,73	=	3,0200	,,
+ Wasserdampf	=	0,9850	,,
zusammen	=	4,7150	Nm^3

Diese Gesamtgasmenge hat je Nm^3

$$\frac{0{,}5235}{4{,}715} = 0{,}112\ CO$$
$$\frac{0{,}1865}{4{,}715} = 0{,}0398\ O_2$$
$$\frac{3{,}02}{4{,}715} = 0{,}6432\ N_2$$
$$\frac{0{,}985}{4{,}715} = 0{,}2050\ H_2O$$

zus. 1,0000 Nm^3.

Nach Tabelle 32, S. 231 ist bei 300° C

für	CO_2	C_p	= 0,442
,,	O_2	,,	= 0,318
,,	N_2	,,	= 0,318
,,	H_2O	,,	= 0,376.

Damit wird

CO_2	= 0,112	× 0,442	=	0,0495
O_2	= 0,0398	× 0,318	=	0,0127
N_2	= 0,6432	× 0,318	=	0,2045
H_2O	= 0,2050	× 0,376	=	0,0771
für 1,000 Nm^3 C_p			=	**0,3438**

Zur Vermeidung dieser Rechnungen kann für gewöhnlich gesetzt werden

bei Rechnung mit Abgasen von 200—300° C

	für 1 Nm^3 u. 1 kg
Steinkohle (fast wasserdampffrei)	$C_p = 0{,}332$ u. $c_p = 0{,}248$
Braunkohle (stark wasserdampfhaltig)	$C_p = 0{,}345$ u. $c_p = 0{,}275$

bei Rechnung mit Feuerraumtemperaturen

Steinkohle (fast wasserdampffrei)	$C_p = 0{,}368$	$c_p = 0{,}27$
Braunkohle (stark wasserdampfhaltig)	$C_p = 0{,}385$	$c_p = 0{,}30$

Für Heizflächenberechnung

bei Steinkohle . . . . $C_p = 0{,}35$
bei Braunkohle . . . . $C_p = 0{,}365$

(s. Erläuterungen Beispiel 60, S. 195).

c) Wärmeinhalt der Rauchgase

Die in einer Gasmenge von der spezifischen Wärme C_p und c_p und von der Temperatur t enthaltene Wärmemenge beträgt

$$Q = G \cdot C_p \cdot t \text{ kcal bei } G \text{ Nm}^3 \text{ Gas} \quad (52)$$

oder

$$Q = G \cdot c_p \cdot t \text{ kcal bei } G \text{ kg Gas} \quad (53)$$

Werden also G m³ oder kg Gase von t'^0 auf t''^0 abgekühlt, so beträgt die den Gasen entzogene Wärmemenge

$$Q = G \cdot C_p (t' - t'') \text{ kcal} \quad \ldots \ldots \ldots (54)$$

bzw.

$$Q = G \cdot c_p (t' - t'') \text{ kcal} \quad \ldots \ldots \ldots (55)$$

(C_p od. c_p = mittlere spez. Wärme zwischen t' und t'').

d) Das *Jt*-Diagramm der Verbrennung

Zuerst von W. Schüle[1]) und späterhin von Rosin und Fehling[2]) wurde das *Jt*-Diagramm der Verbrennung vorgeschlagen, d. h. das Wärmeinhalt-Temperaturdiagramm.

Bild 5. ***Jt*-Diagramm der Rauchgase**

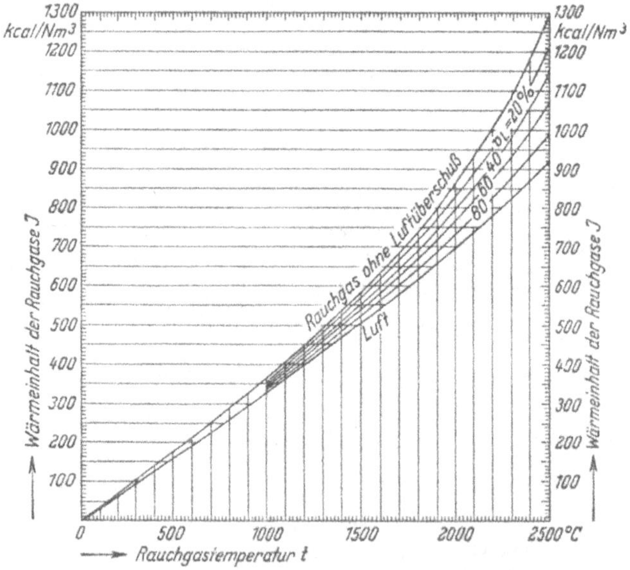

Dieses Diagramm gilt mit guter Annäherung für alle Brennstoffe (feste, flüssige und gasförmige) und beruht auf der Überlegung, daß bei der Verbrennung mit der theoretischen Luftmenge der Wärmeinhalt je Nm³ Rauchgas für Kohlenstoff nahezu derselbe ist wie für Wasserstoff: **1 kg C** ergibt 1,867 Nm³ CO_2 und 7,02 Nm³ N_2, zusammen 8,887 Nm³

[1]) Z. VDI, Bd. 60 (1916), S. 630.

[2]) P. Rosin und R. Fehling, Das *Jt*-Diagramm der Verbrennung, VDI-Verlag 1929.

Rauchgas (s. Verbrennungstabelle S. 23) und die 8,887 Nm^3 Rauchgas enthalten den Heizwert H_u von 1 kg C, also 8100 kcal, so daß also **1 Nm^3 Rauchgas** 8100 : 8,887 = **915 kcal** enthält.

1 kg H_2 ergibt 11,19 Nm^3 H_2O und 21,1 Nm^3 N_2, zusammen 32,29 Nm^3 Rauchgas, welche also den H_2-Heizwert von 28700 kcal enthalten und somit enthält **1 Nm^3 Rauchgas** 28700 : 32,29 = **890 kcal.**

Der Unterschied ist nicht groß und der Fehler wird nur etwa ± 1,5 % betragen, wenn man mit dem Mittel dieser Wärmeinhalte rechnet, wie es beim *Jt*-Diagramm geschieht.

Auch die spez. Wärme der beiden Rauchgase ist nur wenig verschieden:

Nimmt man beispielsweise eine Rauchgastemperatur von 1000° C an, so ist nach der Tabelle 32, S. 231, die spez. Wärme für das Kohlenstoff-Rauchgas mit 21 % CO_2 und 79 % N_2 (gemäß vorstehenden Mengenanteilen)

$$= 0{,}511 \cdot 0{,}21 + 0{,}332 \cdot 0{,}79 = 0{,}37$$

und für das Wasserstoffrauchgas mit 34,5 % H_2O und 65,5% N_2

$$= 0{,}398 \cdot 0{,}345 + 0{,}332 \cdot 0{,}655 = 0{,}355$$

entsprechend einem Fehler von ± 1,75 %.

Beim *Jt*-Diagramm sind links senkrecht die Werte für den Wärmeinhalt *J* Rauchgase eingetragen und unten waagerecht die Rauchgastemperaturen *t*. Vom Nullpunkt unten links steigen nach rechts oben die Rauchgas-Linien an, und zwar für einen Luftgehalt v_l (s. S. 31, Absatz f) von 0, 20, 40, 60 und 80%, und darunter verläuft noch die Linie für Luft.

Man kann also aus dem Diagramm **für alle Brennstoffe** bei bekanntem Luftüberschuß und Wärmeinhalt/Nm^3 Rauchgas die zugehörige Rauchgastemperatur ermitteln, oder umgekehrt, wenn die Temperatur bekannt sein sollte, den zugehörigen Wärmeinhalt/Nm^3 Rauchgas. In gleicher Weise wird die Linie für Luft benützt.

Wendet man Abschnitt 4, Teil e, für die Berechnung der Gas- und Luftmengen an und nimmt für die weiteren Berechnungen das *Jt*-Diagramm, so kann man, wie das Beispiel 58, S. 182 zeigt, sehr abgekürzt rechnen.

e) Der Rauminhalt der Rauchgase

Eine Gasmenge von *G* Nm^3 nimmt bei $t°$ und 760 mm nach S. 2 Formel (1) den Raum von

$$G \cdot (1 + 0{,}00367 \cdot t) \text{ m}^3 \quad \ldots\ldots\ldots (1a)$$

ein.

f) Der Taupunkt der Rauchgase

Der Taupunkt der Rauchgase soll nicht unterschritten werden, da sonst die Heizflächen naß werden, sich mit Flugasche verschmieren und korrodieren. Bei stark schwefelhaltigen Brennstoffen bildet sich schweflige Säure, so daß die Zerstörung besonders rasch vor sich geht, sofern der Taupunkt erreicht wird.

Nach Gumz (Feuerungstechn. Rechnen, Leipzig 1931) liegen die Taupunkte der Rauchgase für verschiedene Brennstoffe und Luftüberschußzahlen *ü* wie folgt:

Luftüberschuß $\ddot{u} =$		1,0	1,2	1,4	1,6	1,8	2,0
Gichtgas	°C	32	31	29	28	27	26
Steinkohle.	,,	43	41	38	37	36	35
Heizöl.	,,	50	47	45	43	41	40
Braunkohle 15 % W. .	,,	51	48	46	44	42	41
Torf, lufttrocken . . .	,,	56	53	51	49	47	46
Holz, ,, . . .	,,	58	55	52	50	48	47
Braunkohle 37 % W. .	,,	62	58	56	54	52	50
,, 52 % ,, . .	,,	67	63	61	59	57	55
,, 60 % ,, . .	,,	72	68	66	64	62	60

Bem.: Mit dem Schwefelgehalt des Brennstoffes steigt die Taupunkttemperatur.

6. Die Verbrennungs- und Feuerraumtemperatur

Die Höhe der Feuerraumtemperatur ist abhängig vom Heizwert, Wassergehalt, Luftüberschuß, von der Brennstoffmenge, d. h. von der Feuerraumbelastung, von der Lage des Feuerraumes zur Heizfläche, der Größe der vom Feuer bestrahlten Heizfläche und von der Verbrennungslufttemperatur.

Je größer der Luftüberschuß oder Wassergehalt, desto niedriger die Feuerraumtemperatur, denn die bei der Verbrennung entwickelte Wärme muß zum Teil zur Erwärmung des Luftüberschusses bzw. zur Verdampfung des Wassers aufgewendet werden.

Je größer die stündlich verfeuerte Brennstoffmenge, d. h. je höher die Feuerraumbeanspruchung ist, desto höher wird auch die Feuerungstemperatur, wie aus nachstehenden Ausführungen hervorgeht. Die bei der Verbrennung frei werdende Wärme müßte in einem geschlossenen, absolut wärmedichten Raum ganz von den Rauchgasen aufgenommen werden und würde ihnen also in diesem Falle die höchstmögliche Temperatur geben.

Da aber ein (allerdings geringer) Teil der entwickelten Wärme von den Wandungen des Feuerraumes aufgenommen und nach außen ausgestrahlt bzw. abgeleitet wird, ist diese Temperatur keinenfalls erreichbar. Auch die vorgelagerten Heizflächen nehmen Wärme auf, welche vom Feuer abgestrahlt wird. Je größer diese Heizflächen sind, desto größer wird auch die **durch Abstrahlung** dem Feuerraum entzogene Wärme und desto niedriger die Feuerraumtemperatur.

Demnach erhält man unter sonst gleichen Verhältnissen niedrige Feuerraumtemperaturen bei Innenfeuerungen, höhere bei Unterfeuerungen und die höchsten bei Vorfeuerungen, welche keine Wärme nach der Heizfläche abstrahlen können (siehe Kapitel Wärmeübergang).

Bezeichnet

H_u den Brennstoffheizwert je kg oder Nm^3,
B die Brennstoffmenge in kg oder Nm^3/h,
G die Gasmenge je kg oder Nm^3 Brennstoff in Nm^3

C_p die spezifische Wärme des Rauchgases,
S die von der Heizfläche durch direkte Strahlung aufgenommene Wärme in kcal/m² Heizfläche und Stunde,
F_s, F_s', F_s'' die Größe der vom Feuer bestrahlten projezierten Heizfläche in m² (s. S. 71 und 76),
z_w die Wandungstemperatur der Heizfläche (s. S. 53),
t_l die Luft-Temperatur (im Kesselhaus),

so erhält man nachstehende Formeln:

Rein theoretisch müßte sein

$$H_u = G \cdot C_p \cdot t_v$$

und damit die **theoretische Verbrennungstemperatur,** wenn die Verbrennungsluft 0° C hat, G die Gasmenge in Nm³ je kg oder Nm³ Brennstoff bei dem angenommenen Luftüberschuß $ü$ und C_p die mittlere spez. Wärme bei der Verbrennungstemperatur ist,

$$t_v = \frac{H_u}{G \cdot C_p} \ldots {}^\circ\mathrm{C} \quad \ldots\ldots\ldots (56)$$

Benützt man dagegen das Jt-Diagramm der Verbrennung nach Rosin und Fehling, so ist der Wärmeinhalt von 1 Nm³ Rauchgas

$$J = \frac{H_u}{G} \ldots \mathrm{kcal/Nm^3} \quad \ldots\ldots\ldots (57)$$

und man erhält mit dem so errechneten Wert und der bekannten Luftüberschußzahl $ü$ aus dem Diagramm die theoretische Verbrennungstemperatur.

Beispiel 15: $H_u = 2150$ kcal/kg; $ü = 1{,}3$; $CO_2 = 14\,\%$; $O_2 = 5\,\%$; $N_2 = 81\,\%$; $G_1 = 3{,}73$ Nm³; $G_2 = 0{,}985$ Nm³; $G = 4{,}715$ Nm³ (s. Beispiele S. 33 und 34, jedoch angenommen, daß es sich um Feuerraumgase, nicht um Abgase handelt).

$J = \dfrac{2150}{4{,}715} = 455$ kcal und somit nach dem Diagramm
$t_v = 1240°$ C.

Bei dieser Temperatur ist C_p ermittelt mittels der Tabelle 32, S. 231 $= 0{,}363$ und man erhält somit nach der oben angegebenen Rechnungsart

$t_v = \dfrac{2150}{4{,}715 \cdot 0{,}363} = 1255°$ C, also gut übereinstimmend mit dem Wert nach dem Jt-Diagramm.

Geht die Verbrennung nicht bei 0° C Raumtemperatur vor sich, sondern **bei t_l° Raumtemperatur,** so **wird zu dem Rechnungsergebnis diese Temperatur addiert.** Man käme also bei vorstehendem Beispiel bei $t_l = 20°$ C auf 1260 bzw. 1250° C (s. auch Beispiel 60, S. 200 unten).

Bei **Heißluftbetrieb** und 0° C Raumtemperatur lautet die Berechnungsformel für die theoretische Verbrennungstemperatur

$$t_v = \frac{H_u + L \cdot C_{p\,h} \cdot t_h}{G \cdot C_p} \ldots\ldots {}^\circ\mathrm{C} \quad \ldots\ldots (58)$$

Hierbei ist L die Luftmenge je kg oder Nm^3 Brennstoff,
C_{ph} die mittlere spez. Wärme der Luft bei t_h,
t_h die Heißlufttemperatur.

Verwendet man das Jt-Diagramm, so ist einfach dem Wert für J (Rauchgas) noch der mit der Lufttemperatur und der Linie für Luft ermittelte Wert J (Luft) hinzu zu addieren und mit diesem Gesamtwert J (Rauchgas + Luft) erhält man dann t_v, d. h.

$$J_{ges.} = \frac{H_u}{G} + J_{Luft} \ldots \text{kcal} \quad \ldots\ldots \quad (58a)$$

Beispiel 16: Wie vor, bei 0° C Raumtemperatur und 200°C Lufttemperatur; $L = 3{,}65$ Nm^3

J (Luft)	$= 60$	kcal lt. Diagramm
+ J (Rauchgas)	$= 455$	,,
Gesamt J	$= 515$	kcal und damit $t_v = 1370$ °C

oder mit $C_p = 0{,}366$,

$$t_v = \frac{2150 + 3{,}65 \cdot 0{,}316 \cdot 200}{4{,}715 \cdot 0{,}366} = 1380° \text{ C},$$

auch hier ist also die Übereinstimmung gut, zumal die genaue Ablesung im Diagramm schwer hält.

Bei höherer Raumtemperatur muß diese Temperatur von der Heißlufttemperatur bei der Berechnung in Abzug gebracht werden, so daß dann die Formel lautet

$$t_v = \frac{H_u + L \cdot C_{ph} \cdot (t_h - t_l)}{G \cdot C_p} = t_l \ldots °\text{C} \quad \ldots\ldots \quad (59)$$

Dementsprechend sucht man für die Heißluft das J im Jt-Diagramm mit $t_h - t_l$ und es ist

$$J_{ges.} = \frac{H_u}{G} + J_{t_h - t_l} \ldots \text{kcal} \quad \ldots\ldots \quad (60)$$

und man erhält aus $J_{ges.}$ mittels des Diagramms t_v.

Bringt auch der Brennstoff selbst eigene Wärme mit sich, bedingt durch seine über der Raumtemperatur liegende Temperatur, so ist bei der Berechnung von t_v auch diese Wärme sinngemäß in Rechnung zu setzen.

Hat man z. B. ein Brenngas, das bereits mit der Temperatur t_g in die Feuerung eintritt, so ist

$$t_v = \frac{H_u + 1 \cdot C_{pg} \cdot (t_g - t_l)}{G \cdot C_p} + t_l \ldots °\text{C} \quad \ldots\ldots \quad (61)$$

und wenn noch außerdem mit Heißluft gearbeitet wird

$$t_v = \frac{H_u + 1 \cdot C_{pg} \cdot (t_g - t_l) + L \ C_{ph} \cdot (t_h - t_l)}{G \cdot C_p} + t_l \ldots °\text{C} \quad (62)$$

Dabei ist C_{pg} die mittlere spez. Wärme des Brenngases bei der Brenngastemperatur t_g.

In solchen Fällen ist allerdings für die Bestimmung t_v das Jt-Diagramm nur noch anwendbar, wenn man das J des Brenngases mit Hilfe der Linie für Luft bestimmt, was ohne nennenswerten Fehler geschehen kann. Es ist dann für $t_l = 0$ °C

$$J_{ges.} = \frac{H_u}{G} + J_{Brenngas} + J_{(Luft)} \ldots \text{kcal} \quad \ldots\ldots \quad (63)$$

und

$$J_{ges.} = \frac{H_u}{G} + J_{t_g - t_l} + J_{t_h - t_l} \ldots \text{kcal} \quad \ldots \quad (63a)$$

womit man wieder aus dem Diagramm t_v erhält.

Die eigentliche **Feuerraumtemperatur** t_f liegt im Kesselbetrieb stets niedriger als die theoretische Verbrennungstemperatur, weil, wie schon eingangs dieses Kapitels erwähnt, ein Teil der bei Verbrennung entstehenden Wärme sofort in die vorgelagerten Heizflächen eingestrahlt wird.

Nach dem Gesetz von Stefan-Boltzmann beträgt die **Wärmeeinstrahlung**

$$S = 4 \cdot \left[\left(\frac{t_f + 273}{100} \right)^4 - \left(\frac{t_w + 273}{100} \right)^4 \right] \ldots \text{kcal/m}^2 \text{ Heizfläche u. Stunde} \quad (64)$$

In dieser Formel ist 4 die sog. **Strahlungszahl**, welche veränderlich ist, aber im Kesselbetrieb mit 4 als Mittel angenommen werden darf.

t_w ist die Wandungstemperatur der Heizflächen (s. S. 53).

Der Wert S für verschiedene Feuerraumtemperaturen und verschiedene Kesseldrucke in kcal in der Stunde je m² Heizfläche kann der nachstehenden Tabelle entnommen werden. Bei der Berechnung dieser Tabelle ist t_w mit Sattdampftemperatur + 10° C eingesetzt worden.

Strahlungswärme *S* in kcal/m² Heizfläche und Stunde

Feuer-raum-Temp. °C	bis 20 atü	40 atü	60 atü	80 atü	100 atü	120 atü	140 atü	160 atü	180 atü
900	73500	72700	72050	71450	70900	70350	69800	69300	68800
950	87500	86700	86050	85450	84900	84350	83800	83300	82800
1000	103100	102300	101650	101050	100500	99950	90350	98850	98350
1050	120300	119500	118850	118250	117700	117150	116600	116100	115600
1100	139900	139100	138450	137850	137300	136750	136200	135700	135200
1150	161900	161100	160450	159850	159300	158750	158200	157700	157200
1200	186500	185700	185050	184450	183900	183350	182800	182300	181800
1250	213500	212700	212050	211450	210900	210350	209800	209300	208800
1300	242700	241900	241250	240650	240100	239550	239000	238500	238000
1350	275100	274300	273650	273050	272500	271950	271400	270900	270400
1400	311500	310700	310050	309450	308900	308350	307800	307300	306800
1450	350300	349500	348850	348250	347700	347150	346600	346100	345600
1500	393500	392700	392050	391450	390900	390350	389800	389300	388800

Die wirkliche **Feuerraumtemperatur** ist bei der Raumtemperatur t_l

$$t_f = \frac{B \cdot H_u - S \cdot F_s}{B \cdot G \cdot C_p} + t_l \ldots {}^\circ\text{C} \quad \ldots\ldots (65)$$

und bei Heißluftbetrieb

$$t_f = \frac{B \cdot H_u + B \cdot L \cdot C_{ph} \cdot (t_h - t_l) - S \cdot F_s}{B \cdot G \cdot C_p} + t_l \ldots {}^\circ\text{C} \quad (66)$$

Hat der Brennstoff (Gas) bereits eine über der Raumtemperatur t_l liegende Temperatur, so ist, wenn t_g = Brennstofftemperatur und C_{pg} = spez. Wärme des Brennstoffes

$$t_f = \frac{B \cdot H_u + B \cdot C_{pg} \cdot (t_g - t_l) - S \cdot F_s}{B \cdot G \cdot C_p} + t_l \ldots {}^\circ\text{C} \quad (67)$$

und wenn auch noch mit Heißluft gearbeitet wird

$$t_f = \frac{B \cdot H_u + B \cdot C_{pg} \cdot (t_g - t_l) + B \cdot L \cdot C_{ph} \cdot (t_h - t_l) - S \cdot F_s}{B \cdot G \cdot C_p} + t_l \ldots {}^\circ C \quad \ldots (68)$$

Da in den Formeln für S die Unbekannte t_f vorkommt, muß t_f zunächst geschätzt werden und die Rechnung ist so lange zu wiederholen, bis der Schätzwert dem Rechnungsergebnis etwa gleich ist.

Beispiel 17: $B = 1000$ kg/h; $H_u = 7500$ kcal
$t_l = 30^\circ$ C; $F_s = 10$ m² (s. S. 71 u. 76)
$C_p = 0{,}36$; $G = 12{,}4$ Nm³/kg

Zunächst wird t_f zu 1200° C geschätzt und man erhält damit

$$t_f = \frac{1000 \cdot 7500 - 186500 \cdot 10}{1000 \cdot 12{,}4 \cdot 0{,}36} + 30 = 1290^\circ \text{ C}.$$

Wiederholt[1] man die Rechnung mit 1250° C, so ergibt sich

$$t_f = \frac{1000 \cdot 7500 - 213500 \cdot 10}{1000 \cdot 12{,}4 \cdot 0{,}36} + 30 = 1230^\circ \text{ C}$$

und jetzt mit **1240°** C (zugehöriger S-Wert aus der Tabelle anteilig ermittelt)

$$t_f = \frac{1000 \cdot 7500 - 208100 \cdot 10}{1000 \cdot 12{,}4 \cdot 0{,}36} + 30 \cong \mathbf{1240^\circ \text{ C}}.$$

Nimmt man das ***Jt*-Diagramm zur Bestimmung der Feuerraumtemperatur,** so ist nach folgendem Beispiel zu verfahren

$$J = \frac{H_u - \dfrac{S \cdot F_s}{B}}{G} \ldots \text{kcal} \quad \ldots \ldots (69)$$

Beispiel 18: wie vor und zunächst t_f geschätzt zu 1200° C, dann ist

$$J = \frac{7500 - \dfrac{186500 \cdot 10}{1000}}{12{,}4} = 455 \text{ kcal}$$

und $t_f = 1250 + 30 = 1280^\circ$ C.

Neue Schätzung 1250° C, also

$$J = \frac{7500 - \dfrac{213500 \cdot 10}{1000}}{12{,}4} = 433 \text{ kcal}$$

und $t_f = 1190 + 30 = 1220^\circ$ C oder mit 1240° C wird

$$J = \frac{7500 - \dfrac{208100 \cdot 10}{1000}}{12{,}4} = 436 \text{ kcal}$$

und $t_f = 1200 + 30 = 1230^\circ$ C also annähernd übereinstimmend, so daß man $t_f = 1235^\circ$ C setzen kann.

Mit der Steigerung der Brennstoffmenge steigt auch die Feuerraumtemperatur, wie nachstehendes Beispiel zeigt.

Beispiel 19: Verfeuert man statt wie oben angenommen nicht 1000, sondern 2000 kg Kohle, so erhält man bei der ge-

[1]) S. auch S. 235.

schätzten Feuerraumtemperatur von 1375° C

$$t_f = \frac{2000 \cdot 7500 - 293300 \cdot 10}{2000 \cdot 12{,}4 \cdot 0{,}365} + 30 = 1360^\circ\,\mathrm{C},$$

angenähert also richtig 1370° C, d. h. eine Steigerung von 10 %.

Die Arbeit von R. Ströhlein „Berechnung der Wärmeaufnahme bestrahlter Kühlheizflächen", Archiv für Wärmewirtschaft 1936, Heft 7, zeigt, zu wie verschiedenen Ergebnissen die verschiedenen Berechnungsmethoden führen, d. h. wie unsicher die Berechnung von t_f heute noch ist.

Da eine hohe Feuerraumtemperatur auf die Verbrennung günstig wirkt, so ist stets

eine hohe Feuerraumtemperatur anzustreben

durch

- geringen Luftüberschuß und wärmedichte Einmauerung,
- Vortrocknen oder Auspressen von sehr feuchten Brennstoffen (Lohe u. dgl.),
- richtige Bemessung der feuerbestrahlten Heizfläche und richtige Anordnung der Feuerung.

Zu beachten ist jedoch, daß bei hochwertigem Brennmaterial die feuerbestrahlte Heizfläche nicht zu klein bemessen und dadurch die Feuerraumtemperatur zu hoch getrieben wird, weil sonst diese Heizfläche, infolge der mit der Temperatur stark ansteigenden Wärmeübertragung, überlastet würde. (Weiteres hierüber siehe unter Wärmeübertragung und Kesselheizfläche.) Auch die Ausmauerung würde unter den hohen Temperaturen leiden, und bekanntlich entsteht bei sehr hohen Temperaturen wieder unvollkommene Verbrennung (s. S. 18); außerdem können bei Brennstoffen mit niedrigem Schlackenschmelzpunkt Heizflächenverschlackungen auftreten und bei salzhaltigen Brennstoffen starke Salzverkrustungen.

Für minderwertige Brennstoffe, wie Braunkohle mit hohem Wassergehalt, Lohe, Torf u. dgl., wird man, um den Wärmeübergang durch Strahlung möglichst klein zu halten und dadurch eine hohe Feuerraumtemperatur zu erzielen, die direkt bestrahlte Heizfläche klein machen bzw. durch Wahl von Vorfeuerung auf annähernd Null zurückführen. Eine Steigerung der Feuerraumtemperatur kann durch Verwendung von erhitzter Verbrennungsluft erzielt werden (s. Lufterhitzer).

Die nach dem Vorgang errechnete Feuerraumtemperatur ist als eine **mittlere Temperatur** anzusehen, denn die Temperatur im Feuerraum ist keineswegs gleichmäßig.

So können unter sehr ungünstigen Verhältnissen in demselben Feuerraum an einer Stelle gefährlich hohe Temperaturen herrschen, während an anderen Stellen die Temperaturen so niedrig sind, daß hier nur mangelhafte Verbrennung stattfinden kann.

Aus diesem Grunde ist eine möglichst gleichmäßige Temperatur anzustreben. Die Ursachen für die Ungleichmäßigkeit der Feuerraumtemperaturen sind verschieden starker

Luftzutritt infolge ungleich hoher Schicht auf dem Rost oder infolge teilweiser Verschlackung des Rostes, ungleichmäßige Beschickung und einseitige Abkühlung durch die über dem Rost angeordnete Kesselheizfläche. Schlechte Vermischung von Kohlenstaub und Luft, „Strähnenbildung" im Feuerraum infolge schlechter Durchwirbelung u. a. m.

Durch Einbau geeigneter Rückstrahlflächen aus Schamottemauerwerk können Unterschiede in der Feuerraumtemperatur ausgeglichen werden. Dies gilt hauptsächlich für minderwertige und schwer entzündliche, stark wasserhaltige Brennstoffe (Lohe, Torf, feuchte Braunkohle).

Nach den Farben glühenden Eisens kann man die Feuerraumtemperatur wie folgt schätzen:

Rotglühend im Dunkel	500°	dunkelorange	1100°
dunkelrot	700°	helles Glühen	1150°
dunkelkirschrot	800°	hellorange	1200°
kirschrot	900°	weißglühend	1300°
hellkirschrot	1000°	blendend weiß	1400°

Im allgemeinen wird die mittlere Verbrennungstemperatur etwa betragen

für	Steinkohle	1100—1350°
„	Braunkohle	1000—1200°
„	Holz und Torf, Lohe	950—1200°
„	Koks, Anthrazit	1200—1400°
„	Kohlenstaub	1300—1400°

Sehr günstig auf die ganze Verbrennung und auf Feuerraumtemperatur wirkt ein hoher Feuerraum. Insbesonders bei Kohlenstaubverfeuerung scheint ein langer Flammenweg Vorbedingung für gute Verbrennung zu sein. Die günstige Wirkung des hohen Feuerraumes dürfte wohl in erster Linie darauf zurückzuführen sein, daß auch bei sehr kleinem Luftüberschuß die noch unverbrannten Gase auf ihrem langen Weg bis zur Heizfläche ausreichend Zeit haben, nachzuverbrennen. Zweckmäßig ist eine Durchwirbelung des Inhaltes der hohen und großen Feuerräume zwecks Beschleunigung der vollkommenen Verbrennung und zwecks Verkürzung der Flammenlänge.

7. Wärmeverlust und Wirkungsgrad

Man unterscheidet folgende Verluste:

V_u = **Verlust durch Unverbranntes**, (C) in den Herdrückständen (Asche und Schlacke) und in der Flugasche (Flugkoks), d. h. in den Gesamtrückständen.

V_r = **Verlust durch Ruß** (C), d. h. durch ausgeschiedenen, unverbrannten Kohlenstoff.

V_g = **Verlust durch unverbrannte Gase** (z. B. CO), die unausgenutzt durch den Schornstein abziehen.

V_l = **Verlust durch Leitung und Strahlung**, d. h. diejenige Wärmemenge, die durch Ableitung und Ausstrahlung verlorengeht.

V_s = **Verlust durch Abgase** (Schornsteinverlust), d. h. diejenige Wärmemenge, die durch den Schornstein ins Freie abzieht.

V_a = **Verlust durch Wasserablaß** (Abschlämmverlust), das ist diejenige Wärmemenge, die mit dem Ablaßwasser dem Kessel verlorengeht.

V_k = **Verlust durch Eigenkraftverbrauch** der Kesselanlage (s. S. 50).

a) Berechnung der Wärmeverluste

Auf die Berechnung von V_r und V_l sei hier verzichtet, denn die Rußmenge (bei neuzeitlichen Anlagen unbedeutend) läßt sich kaum feststellen, und auch für die Berechnung von V_l fehlen in der Regel die erforderlichen Grundlagen. Man faßt sie als „**Restverlust**" zusammen, denn sie ergeben sich bei Versuchen als Schlußglied der Wärmebilanz oder werden bei Berechnungen nach Erfahrungswerten angenommen.

Bezeichnet man mit

R die Gesamtrückstände in kg,

A den Aschengehalt des Brennstoffes in %,

U den Gehalt an Unverbranntem (C) der Gesamtrückstände im Mittel in %,

so ist der **Verlust durch Unverbranntes** (mit H_u = 8100 kcal je kg für C)

$$V_u = \frac{R \cdot U \cdot 8100}{100} \text{ kcal} \quad \ldots\ldots\ldots (70)$$

oder

$$V_u = \frac{A \cdot U \cdot 8100}{(100 - U) \cdot H_u} \,\% \text{ (s. S. 145/146} \quad \ldots (71)$$

Der **Verlust durch unverbrannte Gase** beträgt z. B. bei CO, wenn x % CO in den Abgasen festgestellt werden (bei V_u in %), (H_u = 3040 kcal/Nm³ für CO)

$$V_g = \frac{(G_1 + L - L_1) \cdot B \cdot (100 - V_u) \cdot x \cdot 3040}{100} \text{ kcal} \quad \ldots (72)$$

oder

$$V_g = \frac{(G_1 + L - L_1) \cdot (100 - V_u) \cdot x \cdot 3040}{H_u} \,\% \quad \ldots\ldots (73)$$

Bei Berechnung der Verluste durch andere unverbrannte Gase (H_2, CH_4 usw.) ist statt 3040 der untere Heizwert des betreffenden Gases einzusetzen.

Der Verlust durch Abgase beträgt (bei V_u in %)

$$V_s = B \cdot (100 - V_u) \cdot G \cdot C_p \cdot (t_e - t_l) \text{ kcal} \quad \ldots (74)$$

oder

$$V_s = \frac{(100 - V_u) \cdot G \cdot C_p \cdot (t_e - t_l)}{H_u} \cdot 100\,\% \quad \ldots\ldots (75)$$

Diese umständliche Berechnung wird in der Regel und genügend genau nach der von Siegert und Hassenstein vorgeschlagenen Berechnungsart ersetzt.

Angenähert gilt für den Schornsteinverlust die **Siegertsche Formel** (wenn $V_g < 1\%$)

$$V_s = \frac{t_e - t_l}{k} \cdot x\,\% \quad . \; . \; . \; . \; . \; . \; . \; . \; . \quad (77)$$

Der Hassensteinsche **Koeffizient** x ist dem Brennstoff entsprechend der nachstehenden Tabelle zu entnehmen:

CO_2-Gehalt k	Brennstoff und Heizwert in kcal						
	Anthrazit	Westfälische Steinkohle	Sächsische Steinkohle	Oberschlesische Steinkohle	Braun-Brikett	Mitteldeutsche Braunkohle	Rheinische Braunkohle
	8000	7000	6500	5200	4800	2500	1850
14	0,709	0,705	0,720	0,707	0,760	0,936	1,102
13,5	0,708	0,702	0,717	0,704	0,756	0,929	1,082
13	0,706	0,700	0,715	0,701	0,752	0,922	1,075
12,5	0,704	0,698	0,712	0,698	0,748	0,914	1,064
12	0,702	0,695	0,710	0,695	0,744	0,906	1,053
11,5	0,700	0,693	0,707	0,692	0,741	0,898	1,043
11	0,698	0,691	0,705	0,689	0,737	0,890	1,032
10,5	0,696	0,688	0,702	0,686	0,733	0,883	1,021
10	0,694	0,686	0,699	0,683	0,729	0,875	1,010
9,5	0,692	0,683	0,697	0,680	0,725	0,867	0,999
9	0,690	0,681	0,694	0,677	0,722	0,859	0,988
8,5	0,688	0,679	0,692	0,674	0,718	0,852	0,977

Der **Abschlämmverlust** beträgt

$$V_a = W \cdot i \text{ kcal oder } W \cdot t \text{ kcal} \quad . \; . \; . \; . \; . \; . \; . \; . \; . \quad (78)$$

wenn W die abgelassene Wassermenge und i die Flüssigkeitswärme des Kesselwassers ist. Kühlt man das abgelassene Kesselwasser in einem Wärmeaustauscher nutzbar auf t° C ab, so gilt die zweite Formel. Bezogen auf den Heizwert des Brennstoffes in Prozenten muß wieder mit $\frac{100}{B \cdot H_u}$ multipliziert werden.

$\boldsymbol{B \cdot H_u = D \cdot i_d}$ **+ Verluste** $\boldsymbol{V_u + V_g + V_r + V_l + V_s + V_a}$ kcal oder in Prozenten ausgedrückt

$$\mathbf{100} = \eta + V_u + V_g + V_v + V_l + V_s + V_a\,\%.$$

Die Wärmeverluste können eingeschränkt werden durch:

1. Gutes Ausbrennen der Asche und Schlacke, Einschränkung des Flugkokses und unter Umständen durch Wiederaufgabe dieser unverbrannten Brennstoffteile (V_u).
2. Durch Herbeiführung vollkommener Verbrennung, nötigenfalls durch Einführung von Wirbel-Sekundärluft (V_g).
3. Durch Maßnahmen wie bei (V_g).
4. Durch gute Isolierung freiliegender Kesselteile und durch Einfügung einer Isolierschicht im Mauerwerk (V_l).
5. Durch weitergehende, nutzbare Abkühlung der Abgase und durch Verminderung der Abgasmenge (Steigerung des CO_2-Gehaltes) (V_s).
6. Durch Wahl einer Kesselbauart, die eine hohe Salzreicherung zuläßt, so daß weniger Wasser abzulassen ist (V_a).

Durch Aufstellung guter und ausreichend großer Wasserfilter zwecks Verminderung der Schwebestoffe (V_a) (s. S. 149, 150 u. 165).

Der Abkühlung der Rauchgase sind die nachstehend angegebenen Grenzen gezogen; Gasmenge, Luftüberschuß und Verbrennung gemäß den früher genannten Richtlinien.

b) Erfahrungswerte für die Wärmeverluste

Bei normalen Anlagen kühlt man in der Regel die Abgase nicht tiefer ab, als auf 180—200° C, da sich bei noch weiterer Abgas-Ausnützung meist unwirtschaftlich große, d. h. teuere Heizflächen ergeben. Nur bei hohem Brennstoffpreis wird sich eine tiefere Abkühlung lohnen, in Zweifelsfällen muß der Dampfpreis vorausberechnet werden.

Will man die vorgenannten oder niedrigere Abgastemperaturen erzielen, so muß dem Kessel ein Speisewasser-Vorwärmer oder Lufterhitzer bzw. beides nachgeschaltet werden, weil zwecks Vermeidung einer zu großen, also sehr teueren Kesselheizfläche ein Temperaturgefälle von etwa 150° C zwischen Kesselinhalt und Abgas gebräuchlich ist (oder noch größer). Unter normalen Verhältnissen erhält man bei **170 bis 200°C Abgastemperatur** einen **Schornsteinverlust von 10—12%**, sofern nicht schwierige Brennstoffe verfeuert werden.

Je nach der Art und Beschaffenheit des Brennmaterials beträgt bei geeigneter Feuerung der Verlust durch

Unverbranntes in den Rückständen etwa 1—5 %

und der Verlust durch Leitung, Strahlung, Ruß und unverbrannte Gase, d. h. also

die Restverluste 2—7 %.

c) Der Wirkungsgrad

Mit dem Wirkungsgrad η einer Kesselanlage bezeichnet man das Verhältnis der gewonnenen Wärmemenge zur verbrauchten Wärmemenge, also

$$\eta = \frac{\text{gewonnene Wärme}}{\text{verbrauchte Wärme}} \text{ oder}$$

$$\eta = \frac{\text{Gesamtwärme des Dampfes — Speisewasserwärme}}{\text{Brennstoffwärme}}$$

d. h.

$$\eta = \frac{(i_d - t) \cdot D}{H_u \cdot B}\,^{1)} \quad \ldots\ldots\ldots\ldots \quad (79)$$

wobei

i_d = Gesamtwärme des Dampfes in kcal/kg (i_1, i_2),
t = Speisewassertemperatur in ° C (t_1, t_2),
D = Dampfmenge in kg/h,
H_u = Brennstoffheizwert je kg oder m³,
B = Brennstoffmenge in kg oder m³/h.

---

[1]) Mit t_1 erhält man η ohne und mit t_2 η einschl. Vorwärmer.

Der Wirkungsgrad η einer Kesselanlage setzt sich zusammen aus

dem Feuerungswirkungsgrad η_1 und
„ Heizflächenwirkungsgrad η_2,

es ist

$$\eta = 100 - (100 - \eta_1) - (100 - \eta_2).$$

Der Feuerungswirkungsgrad η_1 setzt sich zusammen aus den Verlusten durch Unverbranntes in den Rückständen, Ruß und unverbrannte Gase, sowie aus den Verlusten durch Leitung und Strahlung, soweit diese für den Feuerraum in Frage kommen. Der Rest der Leitungs- und Strahlungsverluste beeinflußt den Heizflächenwirkungsgrad, der Einfachheit halber seien jedoch die ganzen (an und für sich geringen) Leitungs- und Strahlungsverluste sowie die Wasserablaßverluste zum Feuerungswirkungsgrad gerechnet. Es beträgt dann je nach Art des Brennstoffes, der Feuerung und der Wasserbeschaffenheit

$$\eta_1 = 0,8 \div 0,96.$$

Bei neuzeitlichen Anlagen mit mechanischen Feuerungen, die dem Brennstoff angepaßt sind, kann gesetzt werden (bei gutem Brennmaterial)

für Steinkohle $\eta_1 = 0,96 - 0,93$,
„ Braunkohle $\eta_1 = 0,93 - 0,90$.

Der Heizflächenwirkungsgrad η_2 ergibt sich aus dem Schornsteinverlust und beträgt demnach nach S. 47 bei Betrieb mit Vorwärmer

$$\eta_2 = 0,88 - 0,90.$$

Die Wärmemenge, die von der Heizfläche aufgenommen wird, beträgt

$$Q_1 = B\,(G' \cdot C_p' \cdot t_v - G'' \cdot C_p'' \cdot t_k) \ldots \text{kcal}$$

und die bei der Verbrennung freiwerdende Wärmemenge

$$Q_2 = B \cdot G' \cdot C_p' \cdot t_v \ldots \text{kcal.}$$

Der Wirkungsgrad η_2 ist somit

$$\eta_2 = \frac{Q_1}{Q_2} = \frac{(G' \cdot C_p' \cdot t_v - G'' \cdot C_p'' \cdot t_k)}{G' \cdot C_p' \cdot t_v} = 1 - \frac{G'' \cdot C_p'' \cdot t_k}{G' \cdot C_p' \cdot t_v} \quad (80)$$

oder

$$\eta_2 \sim 1 - \frac{t_k}{t_v} \quad \ldots\ldots\ldots\ldots (81)$$

Die Gasmenge nimmt nach dem Kesselende infolge Eindringens „falscher" Luft zu und aus demselben Grunde nimmt der CO_2-Gehalt der Gase ab; ferner nimmt die spez. Wärme mit der Temperatur ab. Es bezeichnen daher oben

G' die Gasmenge je kg oder Nm^3 Brennstoff im Feuerraum in Nm^3,

G'' die Gasmenge je kg oder Nm^3 Brennstoff am Heizflächenende in Nm^3,

C_p' und C_p'' die entsprechenden spez. Wärmen,

t_v die Verbrennungstemperatur in ° C,

t_k die Abgastemperatur am Kesselende (wird der Vorwärmer bzw. Lufterhitzer in η_2 einbezogen, so ist statt t_k die niedrigere Endtemperatur t_e einzusetzen).

Nach dem Kapitel Wärmeübergang kann η_2 auch ausgedrückt werden durch

$$\eta_2 = 1 - e^{-\frac{F \cdot k}{G \cdot C_p \cdot B}} \quad \text{. . . . . (82)}$$

wobei

e = 2,718 (Grundzahl der natürlichen Logarithmen),
k = Wärmedurchgangszahl,
F = Heizfläche.

(G und C_p sind hierbei als Mittelwerte von G' und G'' bzw. C_p und C_p'' einzusetzen.)

Da bei diesen Formeln mit einer Reihe von angenommenen Werten zu rechnen ist, ergeben sie natürlich nur ungefähre Werte für η_2. Aus diesem Grunde wird man bei Festlegung des Wirkungsgrades η in erster Linie von Erfahrungswerten ausgehen müssen.

Mit Kesseln normaler Bauart sind die

Erfahrungswerte für Wirkungsgrad η

(Dauerbetrieb unter günstigen Verhältnissen, ohne Anheiz- und Abstellverluste)

1. bei **Planrost** und guter Steinkohle für Flammrohr-, Wasserrohr- und Steilrohrkessel, bezogen auf 18 bis 23 kg Dampf/m² h

	ohne —	mit Vorwärmer oder Lufterhitzer
mit Handbeschickung . .	70—67	78—75 %
mit mechan. Beschickung	73—70	80—78 %,

2. bei **Wanderrost** und guter Steinkohle für Schrägrohr- und Steilrohrkessel, bezogen auf 25—35 kg Dampf/m²h

   75—72 % ohne } Vorwärmer oder Lufterhitzer
   84—81 % mit }

3. bei **Treppenrost oder Muldenrost** und Rohbraunkohle von 1800 bis 2400 kcal mit gutartigen Verbrennungseigenschaften für Flammrohrkessel bei 25—30 kg Dampf/m² h

   70—67 % ohne } Vorwärmer oder Lufterhitzer
   78—75 % mit }

   für Schrägrohr- und Steilrohrkessel bei 25—30 kg Dampf/m² h

   72—68 % ohne } Vorwärmer oder Lufterhitzer.
   80—76 % mit }

Braunkohlenbriketts und böhmische Braunkohle ergeben 1—2 % geringere Werte als gute Steinkohle.

Bei Gas-, Öl- oder Staubfeuerung werden etwas höhere Werte erzielt als bei Wanderrost und guter Steinkohle angegeben.

Stark schlackendes Brennmaterial oder solches mit anderen schlechten Eigenschaften ergibt unter Umständen erheblich geringere Werte.

Doppelkessel (kombinierte Flammrohr-Rauchrohrkessel), welche infolge ihrer Konstruktion mit sehr niedrigen Abgastemperaturen arbeiten, dabei allerdings auch nur mäßige Leistungen erzielen, geben bei guter Steinkohle auf Planrost, bezogen auf 12—15 kg/m² h

mit Handbeschickung . . .	75—73 %	**Wirkungsgrad ohne Vorw.**
,, mechan. Beschickung	78—76 %	
,, ,, Rost	80—78 %	

Mit Vorwärmer werden dagegen auch keine höheren Wirkungsgrade erzielt als bei anderen Kesselsystemen mit gleicher Feuerung und gleich hoher Gasendtemperatur. Obigen Werten liegen Gasendtemperaturen von 170—200° C zugrunde. Bei höheren Kesselbelastungen können dieselben Wirkungsgrade einschl. Vorwärmer und Lufterhitzer erzielt werden, sofern deren Heizflächen entsprechend vergrößert werden.

d) Eigenkraftverbrauch

Der Eigenkraftverbrauch der Kesselanlage ist bei vorstehenden Ausführungen noch nicht berücksichtigt, jedoch wird natürlich der Gesamtwirkungsgrad durch ihn beeinträchtigt. Eigenkraftverbrauch entsteht durch Kohlenförderung bis in den Bunker, Rostantrieb bei Rostfeuerung, Staubförderung bei Staubfeuerung sowie Staubaufbereitung (Brechen, Mahlen, Sichten), Verbrennungsluftgebläse, Flugkoksrückführung, Sekundärluftgebläse, Saugzuganlage, Speisepumpen, Umwälzpumpen, Entschlackung, Entaschung, Entstaubung, Rußbläser und Regeleinrichtungen.

Ist N der gesamte Eigenverbrauch in kWh, so ist der Verlust dadurch (s. S. 2, unten)

$$V_k = N \cdot 860 \text{ kcal/h} \quad \ldots \ldots \ldots \quad (83)$$

oder in Prozenten der Brennstoffwärme

$$V_k = \frac{N \cdot 860}{B \cdot H_u} \cdot 100\% \quad \ldots \ldots \ldots \quad (84)$$

Der Wirkungsgrad der Kesselanlage ist bei Berücksichtigung des Eigenkraftverbrauches somit $= \eta - V_k \ldots \%$.

W. Ellrich[1]) hat folgende Mittelwerte für Steinkohle bekanntgegeben:

[1]) W. Ellrich, „Der Eigenkraftbedarf von Dampfkesselanlagen." V.G.B.-Mitteilungen Heft 73. Verlag Julius Springer 1939.

Eigenkraftverbrauch für Steinkohle in kWh/t Dampf

Kesselart	Kessel mit Naturumlauf 30—40 at	Kessel mit Naturumlauf 80—120 at	Bensonk. 80—120 at	Löfflerk. 80—120 at	La Montk. 80—120 at
Kohlenförderung. .	0,08	0,08	0,08	0,08	0,08
Kohlenaufbereitung	2,00	2,00	2,00	2,00	2,00
Kessel + Feuerung .	2,90	3,87	3,87	3,87	3,87
Speisepumpen . . .	1,50	5,50	6,00	5,50	5,50
Umwälzpumpen . .	—	—	—	8,00	1,03
Insgesamt	6,48	11,45	11,95	19,45	12,48

Für **Braunkohle** kommen noch 0,4 kWh hinzu wegen des größeren Aufwandes für Kohlenförderung und Vermahlung.

Der **Speisepumpenverbrauch** kann in Abhängigkeit von der manometrischen Förderhöhe im Mittel nach W. Ellrich bei 100° Speisewassertemperatur angesetzt werden

zu 0,5	1,0	1,7	2,5	3,25	4,25	5,25	6,25	7,0	8,0	kW/t Wasser
bei 10	20	40	60	80	100	120	140	160	180	at Förderhöhe

In der Regel wählt man die manometrische Förderhöhe/je Kesseldruck mit

24	48	72	96	120	144	168	192	216	
20	40	60	80	100	120	140	160	180	at

für normale Anlagen, jedoch sind diese Werte für Zwangsdurchlaufkessel nicht maßgebend, der Zuschlag zum Kesseldruck muß für diese bedeutend größer gewählt werden.

Bezieht man die obigen Abgaben über Kraftverbrauch einer Kesselanlage auf die Kesselleistung und rechnet dabei für 30—40 at 4,6 kg Dampf/kWh bzw. für 80—120 at 3,85 kg Dampf/kWh, so erhält man den Eigenkraftverbrauch bei 30—40 at zu 3—3,5 % und bei 80—120 at zu 4,5—5,2 % (bei Löffler 7,5—8 %).

Nach F. Kaißling und A. Roggendorf[1]) ist der **Kraftverbrauch im Maschinen- und Kesselhaus in Prozenten der Nutzleistung** folgender:

Kesseldruck at	20	40	60	80	100	120	150
Maschinenhaus. . %*)	1,85	1,49	1,45	1,41	1,38	1,37	1,36
Kesselhaus. . . . %	3,4	3,29	3,55	3,86	4,15	4,48	5,00
Insgesamt . . . . %	5,25	4,78	5,00	5,27	5,53	5,85	6,36

*) Beim Maschinenhaus entfällt der größte Teil auf die Kühlwasserpumpen der Kondensation.

[1]) F. Kaißling und A. Roggendorf, „Der Eigenkraftbedarf beim Dampfkraftwerk". Elektrotechnische Zeitschrift 1940, Heft 20 und 21.

Die Werte sind bezogen auf ein Kondensationskraftwerk mit Rückkühlung, Naturumlaufkessel, Braunkohlenroste, Schornstein von 150 m + Saugzug, Unterwind, Elektrofilter, 100° Wasser, Bekohlung und Entaschung.

Bei Kohlenstaubfeuerung an Stelle von Rostfeuerung sind 20 % des Gesamtbedarfes aufzuschlagen. Ohne den hohen Schornstein sind für reinen Saugzug 10—20 % aufzuschlagen, weitere 10—20 %, wenn an Stelle von Elektrofiltern Zyklonentstaubung zur Anwendung kommt. Die Speisepumpen erfordern einen Aufschlag von 1,6 %, sofern statt 100° Wassertemperatur 200° gewählt werden. Bei Flußwasserkühlung können 3 % abgesetzt werden.

8. Brennstoffverbrauch und Verdampfungsziffer

Bedeutet

- D die stündlich erzeugte Dampfmenge in kg/h,
- H_u den Brennstoffheizwert in kcal/kg oder Nm³,
- t die Speisewassertemperatur in Grad Cels.,
- i_d die Gesamtwärme in kcal/kg Dampf,
- η den Wirkungsgrad der Kesselanlage,

so ist der **Brennstoffverbrauch**

$$\boldsymbol{B} = \frac{\boldsymbol{D} \cdot (\boldsymbol{i}_d - \boldsymbol{t})}{\boldsymbol{H}_u \cdot \eta} \text{ kg oder Nm}^3\text{/h}^{1)} \quad \ldots\ldots (85)$$

(siehe auch Formel (79), S. 47).

Die **Verdampfungsziffer**, d. h. die Dampfmenge in kg, die mit 1 kg oder m³ Brennstoff erzeugt wird, beträgt auf die Betriebsverhältnisse bezogen

$$x = \frac{D}{B} = \frac{\boldsymbol{H}_u \cdot \eta}{\boldsymbol{i}_d - \boldsymbol{t}} \text{ (sog. Bruttoverdampfungsziffer) (86)}$$

Beispiel 20: Bei einem Kessel ohne Vorwärmer sei $D = 10000$ kg, $H_d = 7500$, $t = 30°$, Sattdampf 15 atü, $i_d = i_1 = 667{,}1$, $\eta = 74\,\%$

$$B = \frac{10000\ (667{,}1 - 30)}{7500 \cdot 0{,}74} = \mathbf{1148\ kg/h},$$

$$x = \frac{10000}{1148} = \mathbf{8{,}7} \text{ (8,7fache Verdampfung).}$$

Beispiel 21: Kessel mit Vorwärmer, $D = 10000$ kg/h, $H_u = 7500$, $t = 30°$ beim Eintritt in den Vorwärmer, Heißdampf 15 atü 350° C, $i_d = i_2 = 750$, $\eta = 82\,\%$ mit Vorwärmer

$$B = \frac{10000\ (750 - 30)}{7500 \cdot 0{,}82} = \mathbf{1170\ kg/h},$$

$$x = \frac{10000}{1170} = \mathbf{8{,}55} \text{ oder } x = \frac{7500 \cdot 0{,}82}{750 - 30} = \mathbf{8{,}55\ kg}$$

Dampf je kg Kohle.

---

1) Wird die Speisewasseranfangstemperatur t_1 eingesetzt, so ist η mit Vorwärmer einzusetzen, dagegen entspricht der Wasserendtemperatur t_2 der Wirkungsgrad η ohne Vorwärmer.

Die **Netto-Verdampfungsziffer**

$$x' = \frac{x \cdot (i - t)}{639} \quad \ldots\ldots\ldots\ldots \quad (87)$$

bezieht sich auf den sog. Normaldampf von 1 ata aus Wasser von 0° = 639 kcal/kg (siehe S. 55).

9. Verdampfungsversuch und Wärmebilanz

Zur Feststellung der Betriebsverhältnisse, Leistung und Wirtschaftlichkeit einer Kesselanlage dient der Verdampfungsversuch, im allgemeinen stets nach den Normen des V. d. I. durchgeführt.

Die während des Versuches vorzunehmenden Aufschreibungen und den Gang der Berechnungen sowie die Aufstellung der Wärmebilanz zeigt nachstehendes Beispiel, das der Praxis entnommen ist.

Beispiel 22:

Wasserrohrkessel	400 qm	Heizfläche
Überhitzer	135 ,,	,,
Wanderrost	19 ,,	Rostfläche
Vorwärmer.	300 ,,	Heizfläche.

Brennstoff: Saar-Feingrieß (Itzenblitz) nach kalorimetrischer Untersuchung 6100 kcal/kg H_u.

Versuchsdauer: 6 Stunden.

Versuchsaufschreibungen:

Kohlenverbrauch im ganzen	= 8910 kg
Herdrückstände ,, ,, ...	= 953 ,, = 10,65 %
Speisewasserverbrauch im ganzen . .	= 60800 kg
Speisewassertemperatur im Mittel:	
vor dem Vorwärmer	= 32,5° C
hinter dem Vorwärmer	= 124,0° C
Dampfdruck (Überdruck) im Mittel . .	= 14,1 atü
Dampftemperatur im Mittel	= 363° C
Heizgase im Mittel:	
CO_2-Gehalt am Kesselende	= 11,5 %
O_2-Gehalt	= 7,43 %
CO_2-Gehalt am Vorw.-Ende	= 11,0 %
Temperatur im Mittel { am Kesselende	= 378° C
Temperatur im Mittel { ,, Vorw.-Ende . . .	= 190° ,,
Zugstärke im Mittel:	
über dem Rost	= 3 mm WS
am Kesselende	= 8 ,, ,,
,, Vorwärmerende	= 13 ,, ,,
Verbrennungsluft im Mittel	= 21° C.

Berechnung der Ergebnisse:

1. Kohle je m² Rostfläche und Stunde

$$= \frac{8910}{19 \cdot 6} = \textbf{Rostleistung} = \textbf{78,3 kg.}$$

2. Speisewasser je m² Heizfläche und Stunde

$$= \frac{60800}{400 \cdot 6} = \textbf{Dampfleistung} = \textbf{25,4 kg.}$$

3. Speisewasser je kg Kohle

$$= \frac{60800}{8910} = \textbf{Verdampfungsziffer} = \textbf{6,824}$$

(Brutto-Verdampfungsziffer)

4. Nutzbar gemachte Wärme, d. h. **Dampfwärme** für 1 kg Dampf insgesamt

$$i_2 = 758 - 32,5 = \textbf{725,5 kcal.}$$

Davon wurden aufgenommen

a) im Vorwärmer. . . 124 — 32,5 = 91,5 kcal

b) „ Sattdampf (nach Tabelle)

·667 — 124 = 543,0 „

c) durch Überhitzung

725,5 — 543 — 91,5 = 91,0 „

zusammen = 725,5 kcal

5. Das Verhältnis der gesamten gewonnenen Wärmemenge zur aufgewendeten Wärmemenge ist

$$= \frac{725,5 \cdot 60800}{6100 \cdot 8910} = 0,815,$$

d. h. es ist **der Wirkungsgrad = 81,5 %.**

6. **Wärmebilanz:**

Nutzbar gemachte Wärme		kcal	%
im Kessel	= 6,824 · 543 =	3700	60,7
„ Überhitzer . .	= 6,824 · 91,0 =	625	10,3
„ Vorwärmer . .	= 6,824 · 91,5 =	624	10,2
Schornsteinverlust	=	610	10,0
Restverluste	=	545	8,8
	zus. =	6100	100,0

Bem.: Der Schornsteinverlust wurde hierbei nach Formel (77) S. 46 ermittelt, unter Berücksichtigung der im Vorwärmer wiedergewonnenen Wärme, es ist dann

$$\text{Schornsteinverlust} = \frac{378 - 21}{11,5} \cdot 0,65 = 10,2 = 10,0\,\%\text{ oder}$$

$$= \frac{190 - 21}{11,0} \cdot 0,65 = 10,0\,\%$$

7. Die Anlage hat nach Formel (48) S. 30 mit einem **Luftüberschuß** von

$$\ddot{u} = \frac{21}{21 - 79\,\frac{7,43}{81,07}} \sim \textbf{1,55}$$

gearbeitet (100 — 7,43 — 11,5 = 81,07).

8. Um die Versuchsergebnisse mehrerer Verdampfungsversuche mit verschiedenen Dampfdrücken und verschiedenen Speisewassertemperaturen untereinander vergleichen zu können, bezieht man die errechneten Werte auch auf den sog. **Normaldampf = 639 kcal,** d. h. Dampf von 1 ata aus Wasser von 0° C.

Für das vorstehende Beispiel ist in diesem Falle

die Dampfleistung $= \frac{25{,}4 \cdot 725{,}5}{639} = 28{,}84$ kg/m² h,

die Verdampfungsziffer $= \frac{6{,}824 \cdot 725{,}5}{639} = 7{,}75$ kg

Dampf je kg Kohle

(auch **Netto-Verdampfungsziffer** genannt).

Bem.: Mit Rücksicht auf die schlechten Verbrennungseigenschaften der Kohle wurde bei dieser Anlage mit einer geringen Rostbelastung gerechnet.

II. Teil

10. Die Wärmeübertragung

Die Wärmeübertragung kann durch **Leitung** erfolgen, wobei die Wärme in einem oder mehreren eng verbundenen Körpern von Zonen höherer Temperatur nach Zonen niedrigerer Temperatur wandert.

Ferner kann Wärme durch **Konvektion** übertragen werden, wobei die Wärme von einem Wärmeträger (Gas, Luft, Dampf, Flüssigkeiten) höherer Temperatur nach einem Wärmeaufnehmer niedrigerer Temperatur gebracht (fahren = convehi, daher der Ausdruck „Konvektion") wird, z. B. nach einer Heizfläche, deren Wandung die aufgenommene Wärme weiterleitet an Wasser, Dampf oder Luft. Man faßt die Wärmeübertragung durch Konvektion und Leitung zusammen und spricht von Wärmeübertragung durch **Berührung.**

Weiterhin wird Wärme durch **Strahlung** übertragen, wenn 2 Oberflächen von verschieden hohen Temperaturen sich räumlich getrennt gegenüberstehen und der Zwischenraum von einem für Strahlung durchlässigen Mittel ausgefüllt ist. Luftleere und Luft sind z. B. strahlungsdurchlässig, dagegen sind die meisten Flüssigkeiten und in gewissen Wellenbereichen verschiedene Gase, wie CO_2 und Wasserdampf, sowie die meisten brennbaren Gase undurchlässig.

Bei der Berechnung des Strahlungsaustausches zwischen Feuerherd und Heizfläche müßte also die Absorption der dazwischen liegenden CO_2- und H_2O-haltigen Feuergase berücksichtigt werden. Der Einfachheit wegen soll aber angenommen werden, daß die Feuergase strahlungsdurchlässig seien und für die Berechnung der Strahlung vom Feuerraum nach der Heizfläche sei mit der nach dem Abschnitt „Feuerraumtemperatur" ermittelten Temperatur gerechnet. Alle nicht schwarzen Körper strahlen weniger als der schwarze Körper, weil sie einen Teil der auffallenden Strahlung wieder reflektieren. Der schwarze Körper sendet nach dem Kirchhoffschen Gesetz die größte Strahlung bei einer bestimmten Temperatur aus und man nennt dies die „**schwarze Strahlung**", auch dann, wenn in ihr beliebig viel Licht enthalten ist, denn bei den hier in Frage kommenden Temperaturen ist die Lichtwirkung noch ohne wesentliche Bedeutung, weil der größte Teil der Wärme durch die „**dunkle Strahlung**" übertragen wird.

In Wirklichkeit sind die hier vorkommenden technischen Flächen stets mehr oder weniger heller als die vollkommen schwarze Fläche, und es liegt somit die sog. „**graue Strahlung**" vor. Wichtig ist die von Schack festgestellte ultrarote **Gas-Strahlung** der CO_2- und H_2O-haltigen Feuergase (Rauchgase), da sie in den höheren Temperaturlagen die Wärmeübertragung durch Berührung erheblich vergrößert und nur unter Berücksichtigung dieser Gasstrahlung die Wärmedurchgangszahl annähernd richtig bestimmt werden kann.

Die **Strahlungsstärke** undurchlässiger Körper nimmt mit zunehmender **Entfernung** der Strahlungsquelle ab, und zwar im Quadrat der Entfernung, sofern die Strahlungsquelle punktförmig ist. Die Abnahme ist aber um so geringer, je ausgedehnter die Strahlungsquelle im Verhältnis zur Entfernung ist, und bei den hier vorkommenden Fällen kann die Entfernung ohne merkbare Ungenauigkeit vernachlässigt werden.

Mit zunehmender **Temperatur** nimmt die Strahlungsstärke schnell zu; in niedrigen Temperaturzonen (etwa unter 200° C) kann der Einfluß der Gasstrahlung vernachlässigt werden.

Die **Stärke der Gasstrahlung** ist außerdem abhängig vom Partialdruck p des strahlenden Gases und von der Dicke der Gasschicht.

Bei der Wärmeübertragung durch Rauchgase an die Heizflächen kommen die Übertragungsarten Konvektion, Leitung und Gasstrahlung stets zusammen vor und werden daher in der **Wärmedurchgangszahl k** zusammengefaßt (s. S. 67, Absatz e).

Bei direkt befeuerten Heizflächen wird auf den vom Feuerraum aus bestrahlten Teil der Heizfläche ein großer Teil der erzeugten Wärme durch die **Feuerraum-Strahlung** übertragen.

Bei den die Wärme aufnehmenden Heizflächen ist zwischen Umlauf- und Durchlaufheizflächen zu unterscheiden. Bei **Umlaufheizflächen**, d. h. bei Dampfkesseln normaler Bauart, vollzieht das Wasser einen ununterbrochenen Kreislauf durch die Heizflächen, wobei es ständig vom Rauchgasstrom Wärme aufnimmt. Das Kesselwasser hat daher überall im Kessel ungefähr dieselbe Temperatur, d. h. Sattdampftemperatur, zumal wenn die Einspeisung so erfolgt, daß sich das neu hinzukommende Wasser vor der Vermischung mit dem Umlaufstrom im Dampfraum auf Sattdampftemperatur anwärmt.

Bei **Durchlaufheizflächen** tritt das Wasser, der Dampf oder die Luft an einem Ende der Heizfläche mit der Anfangstemperatur ein und am anderen Ende, auf dem einmaligen Wege durch die Heizfläche den Rauchgasen Wärme entziehend, wieder aus mit erhöhter Temperatur. Vorwärmer und Dampfüberhitzer gehören zu dieser Heizflächenart, jedoch werden neuerdings auch Dampfkessel nach dieser Art gebaut, wobei an einem Ende der Heizfläche das Speisewasser eingepumpt wird und am anderen Ende Sattdampf oder Heißdampf austritt.

Die **Wandungstemperaturen t_w** der Heizflächen[1]) auf der Gasseite sind bei Kesseln und Vorwärmern in reinem Zustande = Wassertemperatur + etwa 10° C und bei Dampf-

[1]) s. a. S. 67.

überhitzern = Dampftemperatur + etwa 50° C. Die Verunreinigung der Heizflächen durch Ablagerungen wie Kesselstein, Salze, Öle usw. lassen je nach Leitfähigkeit der Ablagerungen die Wandungstemperatur ansteigen, unter Umständen so hoch, daß die Rohre verbrennen oder aufreißen. Bei Lufterhitzern ist die Wandungstemperatur etwa gleich dem Mittel zwischen Gas- und Lufttemperatur.

Die **Berechnung der Wärmeübertragung** war bis vor wenigen Jahren noch sehr ungenau und unsicher, kann aber nunmehr auf Grund verdienstvoller Forschungen und Arbeiten (Gröber, Schack, Jakob, E. Schmidt, Münzinger, Nusselt, Gumz, Rummel, Reiher, Stender, O. Seibert, Furthmann, M. Gerbel u. a.) genauer berechnet werden. Zu beachten ist aber, daß die Rechnungs-Ergebnisse bei innerer und äußerer **Verschmutzung der Heizflächen** nicht mehr zutreffen.

Die Berechnungsmethoden sind zum Teil sehr verwickelt und zeitraubend und können daher im Rahmen eines Taschenbuches nicht aufgeführt werden, doch dürfte die nachstehend aufgeführte Berechnungsweise für die Praxis im allgemeinen auch genügen. Die Unterlagen zu dieser gekürzten Berechnung wurden den Arbeiten[1]) von Schack, Münzinger und Gumz entnommen.

a) Wärmeübertragung durch Feuerraumstrahlung

Nach dem Stefan-Boltzmann-Strahlungsgesetz gilt für die durch Strahlung übertragene Wärmemenge

$$Q_s = C \cdot F_s \left[\left(\frac{T_1}{100}\right)^4 - \left(\frac{T_2}{100}\right)^4\right] \text{ kcal/h}, \quad . \; . \; . \; . \quad (88)$$

worin C = Strahlungszahl in kcal/m²h°C
F_s = strahlende oder bestrahlte Fläche in m²
T_1 = absolute Temperatur der strahlenden Fläche in °C
T_2 = absolute Temperatur der bestrahlten „ „ „.

C beträgt für vollkommen schwarze Flächen etwa 4,95, für die hier auftretenden, technischen Flächen jedoch nur etwa 4. Für die **Fläche F_s** ist stets die **Projektion** der Heizfläche einzusetzen, und sie ist somit für ein Flammrohr mit Planrost-Innenfeuerung = Rostlänge × Flammrohrdurchmesser oder bei Röhrenkesseln mit Rohranordnungen nach Abb. 6 wenn l die bestrahlte Rohrlänge und z die Rohrzahl einer Rohrreihe bezeichnen:

$Fs = 2 \cdot z \cdot l \cdot d$ (versetzt, $d \leqq 1/2\, a$)
„ $= [z \cdot d + z \cdot (a - d)] \cdot l$ (versetzt, $d < a$)
„ $= (d + a') \cdot z \cdot l$ (einseitig versetzt)
„ $= z \cdot d \cdot l$ (nicht versetzt).

---

[1]) Der industrielle Wärmeübergang von Dr.-Ing. A. Schack, Verlag Stahleisen m.b.H. Düsseldorf 1929.
Berechnung und Verhalten von Wasserrohrkesseln von Dr.-Ing. Friedrich Münzinger, Verlag Julius Springer, Berlin 1929.
Die Luftvorwärmung im Dampfkesselbetrieb von Dipl.-Ing. W. Gumz, 2. Aufl., Verlag Otto Spamer, Leipzig, 1933.

Bezeichnet t_f die Feuerraumtemperatur in °C (s. S. 41),
t_w die Wandungstemperatur der Heizflächen in °C,
so gilt

$$Q_s = 4 \cdot F_s \left[\left(\frac{t_f + 273}{100}\right)^4 - \left(\frac{t_w + 273}{100}\right)^4\right] \text{ kcal/h} \quad . \; . \; (89)$$

Bild 6. **Versetzte Rohrreihen**

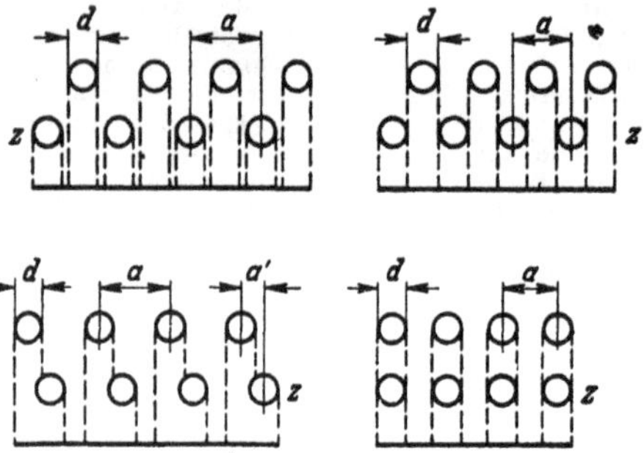

einseitig versetzt nicht versetzt

Nach Vorstehendem ist F_s die Projektion der bestrahlten Heizfläche. Hierbei ist vorausgesetzt, daß das Verhältnis $t/d > \frac{\pi}{2}$ ist. Falls bei bestrahlten Heizflächen $t/d < \frac{\pi}{2}$ ist, beträgt die wirksam bestrahlte Fläche (Vorschlag von Jacke) etwa

$$F_{sr} = F_s \cdot \frac{2t}{\pi \cdot d}\,.$$

F_{sr} = reduzierte Projektionsfläche,
t = a bei nicht versetzten Reihen,
t = ½ a bei versetzten Reihen.

Teilungen unter $t/d = \frac{\pi}{2}$ bringen also keine Erhöhung der eingestrahlten Wärmemenge mehr, bedingen aber einen erhöhten Materialaufwand. Unter besonderen Umständen wird man doch $t/d < \frac{\pi}{2}$ wählen, um die Bildung von Schlackennestern zu verhindern, was bei größeren Rohrabständen vielleicht nicht gelingen würde.

Die geschilderte Berechnungsart kann keinen Anspruch auf Genauigkeit und vollkommene Richtigkeit erheben; es muß hier auf die ausführlichen Arbeiten Wohlenberg-Morrow und Lindseth, Münzinger, Seibert u. a. verwiesen werden. Diese Berechnungen, so genau als möglich durchgeführt, geben allerdings trotzdem keine unbedingt richtigen Werte, da die zahlreichen und wechselnden Einflüsse nicht einwandfrei erfaßbar sind.

b) Wärmeübertragung durch Gasstrahlung

Wie eingangs schon bemerkt, wird beim Durchströmen der Rauchgase entlang der Heizfläche ein Teil der Wärme durch Gasstrahlung übertragen, welcher auf Grund der ausführlicheren und bequemeren Münzinger-Tafeln folgendermaßen berechnet werden kann. (Genauer ist die Bestimmung mit Hilfe dieser Tafeln.)

Hierbei ist zunächst die **Gasschichtdicke** s zu bestimmen, welche z. B. für Siederohrreihen $= a - \frac{d}{2}$ gesetzt werden kann (in mm). Die nachstehenden 4 Hilfstabellen A—D ermöglichen dann in einfacher Weise die Bestimmung der **Wärmeübergangszahl** α_g der Gasstrahlung.

Tabelle A. **Partialdruck** p

Kohlenheizwert H_u je kg	Partialdruck für CO_2			Partialdruck für H_2O		
	$CO_2 = 5$	10	15%	$CO_2 = 5$	10	15%
1500 kcal	0,048	0,088	0,120	0,125	0,214	—
2000	0,048	0,088	0,122	0,106	0,180	0,253
3000	0,0485	0,089	0,125	0,075	0,132	0,186
4000	0,049	0,090	0,128	0,056	0,099	0,139
5000	0,049	0,0915	0,132	0,043	0,075	0,106
6000	0,0495	0,0925	0,135	0,0345	0,059	0,084
7000	0,050	0,0935	0,1385	0,030	0,048	0,067
8000	0,050	0,095	0,1415	0,029	0,043	0,056

Tabelle B_1. **Hilfswert** X

Gastemp. °C	$p \cdot s$ für $CO_2 =$						
	1,5	2,5	5	10	15	20	30
200	3,5	5,25	6,45	8,0	9,1	9,9	10,8
400	5,5	6,4	7,2	8,5	9,2	9,8	10,4
600	5,8	6,4	6.85	7,9	8,4	9,0	9,6
800	5,15	5,6	6,0	6,9	7,4	8,0	8,6
1000	4,3	4,7	5,0	5,8	6,3	6,9	7,6
1200	3,8	4,0	4,2	4,9	5,4	5,9	6,5

Tabelle B_2. **Hilfswert** Y

Gastemp. °C	$p \cdot s$ für $H_2O =$								
	2,5	5	10	15	20	25	30	40	50
200	1,3	2,4	4,0	5,6	6,8	7,9	8,8	10,3	11,1
400	1,5	2,8	4,5	6,2	7,5	8,5	9,4	10,8	11,9
600	1,4	2,55	4,1	5,7	7,0	7,95	9,0	10,45	11,6
800	1,2	2,1	3,5	4,9	6,15	7,1	8,0	9,55	10,6
1000	1,0	1,7	3,0	4,15	5,4	6,25	7,05	8,4	9,3
1200	0,9	1,4	2,6	3,6	4,8	5,45	6,2	7,3	8,1

Tabelle C. **Hilfswert Z**

Gastemperatur °C	Rohrwandtemperatur °C			
	200	300	400	500
200	0,05	—	—	—
400	1,9	2.4	2,95	—
600	3,3	3,9	4,6	5,4
800	5,3	6,0	7,0	8,0
1000	8,0	9,0	10,0	11,2
1200	11,5	12,6	14,0	15,3
1300	13,6	14,7	—	—

Wärmeübergangszahl $\alpha_g = \alpha_g' + \alpha_g''$ kcal/m²h °C . . (90)

Beispiel 23: Wenn die mittlere Gastemperatur = 800°; Rohrwand 300° C, Heizwert $H_u = 2000$ kcal/kg, $CO_2 = 15$ %, $a = 220$ mm, $d = 102$ mm, dann ist nach Tabelle A bzw. B, C u. D:

$$p_{CO_2} = 0{,}122; \quad p_{H_2O} = 0{,}253;$$

$$s = 220 - \frac{102}{2} = 169;$$

$$p \cdot s = 0{,}122 \cdot 169 = 20{,}7 \text{ für } CO_2;$$

$$p \cdot s = 0{,}253 \cdot 169 = 42{,}7 \text{ für } H_2O;$$

$$X \sim 8; \ Y \sim 10; \ Z \sim 6;$$

$$\alpha_g' = 9{,}6; \ \alpha_g'' = 12{,}00;$$

$$\alpha_g = 9{,}6 + 12{,}00 = \mathbf{21{,}60}.$$

Tabelle D. **Wärmeübergangszahlen**

α_g' und α_g''

Wert Z	Wert X bzw. Y						
	1	2	3	4	5	6	7
1	0,2	0,4	0,6	0,8	1,0	1,2	1,4
2	0,4	0,8	1,2	1,6	2,0	2,4	2,8
3	0,6	1,2	1,8	2,4	3,0	3,6	4,2
4	0,8	1,6	2,4	3,2	4,0	4,8	5,6
5	1,0	2,0	3,0	4,0	5,0	6,0	7,0
6	1,2	2,4	3,6	4,8	6,0	7,2	8,4
7	1,4	2,8	4,2	5,6	7,0	8,4	9,8
8	1,6	3,2	4,8	6,4	8,0	9,6	11,2
9	1,8	3,6	5,4	7,2	9,0	10,8	12,6
10	2,0	4,0	6,0	8,0	10,0	12,0	14,0
11	2,2	4,4	6,6	8,8	11,0	13,4	15,4
12	2,4	4,8	7,2	9,6	12,0	14,6	16,8
13	2,6	5,2	7,8	10,4	13,0	15,8	18,2
14	2,8	5,6	8,4	11,2	14,0	17,0	19,6

Wert Z	Wert X bzw. Y						
	8	9	10	11	12	13	14
1	1,6	1,8	2,0	2,2	2,4	2,6	2,8
2	3,2	3,6	4,0	4,4	4,8	5,2	5,6
3	4,8	5,4	6,0	6,6	7,2	7,8	8,4
4	6,4	7,2	8,0	8,8	9,6	10,4	11,2
5	8,0	9,0	10,0	11,0	12,0	13,0	14,0
6	9,6	10,8	12,0	13,2	14,4	15,6	16,8
7	11,2	12,6	14,0	15,4	16,8	18,2	19,6
8	12,8	14,4	16,0	17,6	19,2	20,8	—
9	14,4	16,2	18,0	19,8	—	—	—
10	16,0	18,0	20,0	—	—	—	—
11	17,6	19,8	—	—	—	—	—
12	19,2	—	—	—	—	—	—
13	—	—	—	—	—	—	—
14	—	—	—	—	—	—	—

Bem.: Soweit erforderlich, muß bei Benutzung der Tabellen interpoliert werden.

c) Wärmeübertragung durch Berührung

1. **Gas- oder Luftströmung im Rohr.** Nach Nusselt ist

$$a_b = 23,7 \cdot l^{-0,05} \cdot d^{-0,16} \cdot v^{0,79} \cdot b \quad . \; . \; . \; . \; . \; . \; (91)$$

Bem.: In der Formel ist statt $v \cdot p^{0,79}$ nur $v^{0,79}$ gesetzt, da bei den hier in Frage kommenden Berechnungen $p \sim 1$ ata angenommen werden darf.

$b = \lambda^{0,21} (c_p \cdot \gamma)^{0,79}$; l = Rohrlänge in m,
d = innerer Rohrdurchmesser in m,
v = Gas- (Luft-) Geschwindigkeit in m/s.

1a. **Gas- oder Luftströmung außen am Rohr entlang.** Man kann nach Münzinger hier dieselbe Formel benutzen, doch wird dann statt d der sog. hydraulische Durchmesser $d_{hyd.} = \frac{4 \cdot f}{U}$ in m eingesetzt, wobei f der von den Gasen oder der Luft durchströmte Querschnitt in m² und U der von den Gasen (Luft) umspülte Umfang der Rohre in m ist.

Der schnelleren Errechnung der Werte für a_b mit Hilfe der Formel (91) dienen die nachstehenden Hilfstabellen E_1, E_2, F, G.

Tabelle E_1 für $l^{-0,05}$

l	$l^{-0,05}$	l	$l^{-0,05}$	l	$l^{-0,05}$
2	0,97	8	0,90	50	0,82
3	0,95	9	0,89	60	0,81
4	0,93	10	0,89	70	0,81
5	0,92	20	0,86	80	0,80
6	0,91	30	0,84	90	0,79
7	0,90	40	0,83	100	0,79

Tabelle E_2 für $d^{-0,16}$

d	$d^{-0,16}$	d	$d^{-0,16}$	d	$d^{-0,16}$
0,03	1,76	0,07	1,53	0,16	1,34
0,035	1,71	0,08	1,5	0,20	1,30
0,04	1,67	0,09	1,48	0,3	1,22
0,045	1,64	0,10	1,46	0,5	1,13
0,05	1,62	0,12	1,4	0,7	1,06
0,06	1,57	0,14	1,37	0,9	1,03

Tabelle F für $v^{0,79}$

v	$v^{0,79}$	v	$v^{0,79}$	v	$v^{0,79}$
1	1,00	7	4,60	16	8,9
2	1,73	8	5,16	18	9,8
3	2,38	9	5,66	20	10,7
4	2,99	10	6,17	25	12,7
5	3,56	12	7,0	30	14,6
6	4,11	14	8,0	40	18,3

Tabelle G für b

t_m	b	t_m	b	t_m	b
50	0,154	400	0,101	750	0,081
100	0,142	450	0,097	800	0,080
150	0,132	500	0,093	850	0,079
200	0,124	550	0,090	900	0,078
250	0,117	600	0,087	950	0,077
300	0,111	650	0,085	1000	0,076
350	0,106	700	0,083	1050	0,075

Bem.: In Tabelle G ist

$$t_m = \frac{\text{mittlere Gastemperatur} + \text{mittlere Wandungstemp.}}{2}$$

Beispiel 24

Rauchrohrkessel mit 12 atü Betriebsdruck, Röhren von 70 mm innerem Durchmesser, 4 m Rohrlänge und 8 m/s Gasgeschwindigkeit sowie Gastemperatur beim Eintritt 900°, beim Austritt 300° und Wandungstemperatur bei 13 ata ~ 190 + 10 = 200°:

$l^{-0,05}$ nach Tabelle $E_1 = 0,93$,

$d^{-0,16}$ „ „ $E_2 = 1,53$,

$v^{0,79}$ „ „ $F = 5,16$,

$$t_m = \left(\frac{900+300}{2} + 200\right) : 2 = 400°,$$

b nach Tabelle G = 1,01

und somit $\alpha_b = 23,7 \cdot 0,93 \cdot 1,53 \cdot 5,16 \cdot 1,01 = 17,6$.

2. **Gas- oder Luftströmung senkrecht** (oder angenähert senkrecht) **gegen Rohre.** Nach Reiher und Schack ist bei $v > 1$ m/s und $d > 0,03$ m angenähert für **1 Rohrreihe**

$$\alpha_b = \frac{v_0^{0,56}}{d^{0,44}} \cdot \left(3,6 + 2,7 \cdot \frac{t}{1000}\right) \quad \ldots\ldots (92)$$

darin ist

$v_0 = \dfrac{v \cdot 273}{273 + t}$ = reduzierte Gasgeschwindigkeit in m/s,

t = Mittel von Gasein- und -austrittstemperatur in °C,

v = Gasgeschwindigkeit im kleinsten Durchgangsquerschnitt in m/s.

d = äußerer Rohrdurchmesser in m.

Für **mehrere hintereinander liegende Rohrreihen** gelten folgende Formeln:

2 Reihen hintereinander

$$\alpha_b = \frac{v_0^{0{,}654}}{d^{0{,}346}} \cdot \left(4{,}01 + 2{,}34 \frac{t}{1000}\right) \quad \ldots\ldots \quad (93)$$

3 Reihen hintereinander

$$\alpha_b = \frac{v_0^{0{,}654}}{d^{0{,}346}} \cdot \left(4{,}14 + 2{,}42 \frac{t}{1000}\right) \quad \ldots\ldots \quad (94)$$

4 Reihen hintereinander

$$\alpha_b = \frac{v_0^{0{,}654}}{d^{0{,}346}} \cdot \left(4{,}24 + 2{,}48 \frac{t}{1000}\right) \quad \ldots\ldots \quad (95)$$

5 Reihen hintereinander

$$\alpha_b = \frac{v_0^{0{,}654}}{d^{0{,}346}} \cdot \left(4{,}3 \ + 2{,}51 \frac{t}{1000}\right) \quad \ldots\ldots \quad (96)$$

Die so errechneten Werte für α_b[1]) gelten für **fluchtende** Rohrreihen, während für **versetzte** Rohrreihen die mit den Formeln (93), (94), (95) und (96) errechneten Werte noch mit 1,14; 1,28; 1,34 und 1,4 zu multiplizieren sind, um angenähert richtige Werte zu erhalten.

Sind die Rohrreihen **nicht voll versetzt,** so wird der Multiplikator kleiner.

Bei **voll versetzten** Rohrreihen ist der Abstand a von Mitte zu Mitte Rohr in der Reihe $\leqq 2\ d$ (s. S. 58) und der Abstand von Reihe zu Reihe ergibt sich dadurch, daß das Rohrdreieck die Grundlinie $= a$ und die beiden Seiten $= (a - d) : 2 + d$ hat. Ist $a > 2\ d$ oder der Abstand von Reihe zu Reihe größer, so wird der Multiplikator ebenfalls kleiner. Die Steigerung **bei mehr als 5 Rohrreihen** ist nur noch gering; die Werte für α_b liegen z. B. bei 10 Reihen hintereinander etwa 9 % höher als bei 5 Reihen.

Die nachstehenden Hilfstabellen erleichtern die Rechnung.

Tabelle H für $d^{0{,}44}$

d	$d^{0{,}44}$	d	$d^{0{,}44}$
0,038	0,2372	0,076	0,3218
0,042	0,2479	0,083	0,3345
0,051	0,2706	0,095	0,3550
0,063	0,2953	0,102	0,3662

Tabelle J für $v_0^{0{,}56}$

v_0	$v_0^{0{,}56}$	v_0	$v_0^{0{,}56}$	v_0	$v_0^{0{,}56}$	v_0	$v_0^{0{,}56}$	v_0	$v_0^{0{,}56}$	v_0	$v_0^{0{,}56}$
0,3	0,50	1,5	1,26	5,5	2,60	9,5	3,53	13,5	4,30	17,5	4,92
0,4	0,59	2,0	1,48	6,0	2,73	10,0	3,63	14,0	4,39	18,0	5,00
0,5	0,68	2,5	1,68	6,5	2,86	10,5	3,73	14,5	4,48	18,5	5,09
0,6	0,76	3,0	1,86	7,0	2,98	11,0	3,83	15,0	4,53	19,0	5,15
0,7	0,83	3,5	2,02	7,5	3,09	11,5	3,93	15,5	4,62	19,5	5,21
0,8	0,89	4,0	2,17	8,0	3,21	12,0	4,03	16,0	4,72	20,0	5,35
0,9	0,95	4,5	2,32	8,5	3,32	12,5	4,12	16,5	4,78	20,5	5,37
1,0	1,00	5,0	2,46	9,0	3,43	13,0	4,21	17,0	4,85	21,0	5,44

[1]) Die 2. Aufl. von Schack „Der industrielle Wärmeübergang“, Verlag Stahleisen m. b. H., Düsseldorf, enthält noch genauere Formeln.

Tabelle K für $d^{0,346}$

d	$d^{0,346}$	d	$d^{0,346}$
0,038	0,323	0,076	0,410
0,042	0,334	0,083	0,423
0,051	0,357	0,095	0,443
0,063	0,384	0,102	0,454

Tabelle L für $v_0^{0,654}$

v_0	$v_0^{0,654}$	v_0	$v_0^{0,654}$	v_0	$v_0^{0,654}$
0,3	0,46	5,5	3,05	13,5	5,49
0,4	0,54	6,0	3,20	14,0	5,62
0,5	0,62	6,5	3,40	14,5	5,75
0,6	0,70	7,0	3,55	15,0	5,88
0,7	0,79	7,5	3,70	15,5	6,01
0,8	0,87	8,0	3,85	16,0	6,14
0,9	0,93	8,5	4,00	16,5	6,27
1,0	1,0	9,0	4,20	17,0	6,40
1,5	1,31	9,5	4,37	17,5	6,53
2,0	1,57	10,0	4,51	18,0	6,60
2,5	1,82	10,5	4,65	18,5	6,77
3,0	2,06	11,0	4,79	19,0	6,89
3,5	2,27	11,5	4,93	19.5	7,00
4,0	2,48	12,0	5,07	20,0	7,10
4,5	2,67	12,5	5,21	20,5	7,19
5,0	2,82	13,0	5,35	21,0	7,30

Beispiele 25 und 26

25.) $v = 10$ m/s; $t = 600°$; $d = 0,102$ m; 1 Rohrreihe.

$$v_0 = \frac{10 \cdot 273}{273 + 600} = 3,12 \text{ m/s}; \; v_0^{0,56} \sim 1,9; \; d^{0,44} = 0,3662$$

$$a_b = \frac{1,9}{0,3662} \cdot \left(3,6 + 2,7 \frac{600}{1000}\right) \sim 27,0.$$

26.) $v = 6$ m/s; $t = 1000°$ (beim Eintritt 1200, beim Austritt 800°),
$d = 0,095$ m; 8 Rohrreihen hintereinander,

$$v_0 = \frac{6 \cdot 273}{1000 + 273} = 1,29; \; v_0^{0,654} \sim 1,18; \; d^{0,346} = 0,443.$$

$$a_b = \frac{1,18}{0,443} \cdot \left(4,3 + 2,51 \cdot \frac{1000}{1000}\right) \cdot 1,1 \sim 20,0 \text{ fluchtend}$$

oder $a_b = 20,0 \cdot 1,4 = 28,0$ voll versetzt.

Bem.: Für 8 statt 5 Reihen sind 10 % zugeschlagen.

3. **Überhitzter Dampf an Wand.** Nach Schack kann mit grober Annäherung gesetzt werden, sofern die Wandtemperatur > als Sättigungstemperatur ist,

$$a_b = \frac{v_0^{0,79}}{d^{0,16} \cdot l^{0,05}} \cdot \left(4,28 + 2,66 \frac{t}{1000}\right) \quad \ldots \ldots (97)$$

wobei d = Rohrdurchmesser in m (heißdampfberührte Seite),
t = Heißdampf im Mittel in °C,
v_0 = reduzierte Dampfgeschwindigkeit in m/s,

$v_0 = v \cdot \frac{264 \cdot p}{273 + t}$; l = Rohrlänge in m.

v = Dampfgeschwindigkeit in m/s,
p = Dampfdruck in kg/cm² in ata.

Hierzu die nachstehenden Hilfstabellen M, N und O.

Tabelle M für $v_0^{0,79}$

v_0	$v_0^{0,79}$	v_0	$v_0^{0,79}$	v_0	$v_0^{0,79}$	v_0	$v_0^{0,79}$
40	18,43	240	75,92	440	122,55	700	176,86
60	25,40	260	80,88	460	126,94	800	196,54
80	31,87	280	85,76	480	131,28	900	215,70
100	38,02	300	90,56	500	135,58	1000	234,42
120	43,91	320	95,28	520	139,84	1200	270,74
140	49,60	340	99,17	540	144,08	1400	305,80
160	55,11	360	104,59	560	148,28	1600	339,82
180	60,49	380	109,15	580	152,44	1800	372,96
200	65,74	400	113,67	600	156,58	2000	405,33
220	70,88	420	118,13	650	166,80	2500	483,47

Tabelle N für $d^{0,16}$

d	$d^{0,16}$
0,030	0,571
0,035	0,585
0,043	0,604
0,048	0,615

Tabelle O für $l^{0,05}$

l	$l^{0,05}$	l	$l^{0,05}$	l	$l^{0,05}$	l	$l^{0,05}$
6	1,094	20	1,161	60	1,228	160	1,289
8	1,110	25	1,174	70	1,237	180	1,297
10	1,122	30	1,186	80	1,245	200	1,304
12	1,132	35	1,195	90	1,251	250	1,318
14	1,141	40	1,203	100	1,259	300	1,331
16	1,149	45	1,210	120	1,272	350	1,340
18	1,154	50	1,215	140	1,280	400	1,349

Beispiel 27

p = 20 ata bei 350°, somit mittlere Dampftemperatur,
t = (211,38 + 350) : 2 ~ 281°,
d = 0,035 m, l = 30 m, v = 20 m/s,

$v_0 = 20 \cdot \frac{264 \cdot 21}{273 + 281} = 200$ m/s; $v_0^{0,79} = 65,74$, $d^{0,16} = 0,585$,
$l^{0,05} = 1,186$,

$$\alpha_b = \frac{65,74}{0,585 \cdot 1,186} \cdot \left(4,28 + 2,66 \frac{281}{1000}\right) = 477.$$

4. **Wasser an Wand.** Nach Schack gilt für Rohre mit $l >$ 1000 mm und für d = 10—100 mm

$$\alpha_b = 2900 \cdot v^{0,85} \cdot (1 + 0,014\, t) \quad . \quad . \quad . \quad . \quad . \quad . \quad (98)$$

wobei v = Wassergeschwindigkeit in m/s,
t = mittlere Wassertemperatur in °C.

Hierfür die

Tabelle P für $v^{0,85}$

v	$v^{0,85}$	v	$v^{0,85}$	v	$v^{0,85}$
0,2	0,255	0,75	0,783	1,75	1,609
0,3	0,360	1,00	1,000	2,00	1,803
0,4	0,459	1,25	1,209	2,50	2,179
0,5	0,555	1,50	1,412	3,00	2,544

5. **Kondensierender Dampf an Wand**[1]). Nach Nusselt ist **außen** für ein **senkrechtes Rohr** von der Länge l in m bei der Dampftemperatur t_1 und der Wandtemperatur t_w (Mittel)

$$\alpha_b = \frac{\alpha_1}{\sqrt[4]{l \cdot (t_1 - t_w)}} \text{ kcal/m}^2\text{h}^0 \quad \ldots\ldots (99)$$

Hierin ist α_1 die Wärmeübergangszahl für Sattdampf an eine Wand von 1 m Höhe bei 1° Temperaturunterschied. Die Formel gilt nur für luftfreien Dampf; ist der Dampf lufthaltig, so fällt α_b stark ab. Für ein **waagrechtes Rohr** vom Durchmesser d in m (außen) gilt

$$\alpha_b = \frac{\alpha_1}{\sqrt[4]{d \cdot (t_1 - t_w)}} \cdot 0{,}77 \text{ kcal/m}^2\text{h}^0 \quad \ldots . (100)$$

Liegen mehrere Rohre untereinander, so daß das Kondensat von einem Rohr auf das andere tropft, so wird die mittlere Wärmeübergangszahl bei n Rohren untereinander, wenn α_b nach Formel (100) die Übergangszahl der obersten Reihe ist,

$$\alpha_{b\,n} = \alpha_b \sqrt[4]{\frac{1}{n}} \text{ kcal/m}^2\text{h}^0 \quad \ldots\ldots (101)$$

Tabelle für α_1 = kcal/m² h°

t_m	α_1	t_m	α_1	t_m	α_1	t_m	α_1
0	5 660	60	8 735	120	11 190	180	13 020
10	6 260	70	9 165	130	11 530	190	13 210
20	6 810	80	9 590	140	11 850	200	13 370
30	7 320	90	10 010	150	12 180		
40	7 820	100	10 420	160	12 490		
50	8 285	110	10 820	170	12 770		

t_m = (Dampftemperatur + Wandtemperatur) : 2.

Ist der Dampf überhitzt, die Wandtemperatur aber unter Sättigungstemperatur, so geht annähernd dieselbe Wärmemenge über wie bei Sattdampf vom gleichen Druck. Für Kondensation **im Rohr** gelten dieselben Beziehungen, sofern das Kondensat rasch abläuft.

6. **Wand an Luft.** α_l. Wie unter Absatz 1 bzw. 1a) oder Absatz 2 berechnen.

[1]) „Hütte", 26. Auflage I, S. 502.

7. **Wand an überhitzten Dampf** · $\alpha_{ü}$. Wie unter Absatz 3 berechnen bei einer Wandtemperatur > als Heißdampftemperatur.

8. **Wand an nicht siedendes Wasser** · α_w. Wie unter Absatz 4 berechnen.

9. **Wand an siedendes Wasser** · α_s. Je nach Stärke des Siedens und je nach Entwicklungsmöglichkeit der Strömung und je nach Abfuhr der Dampfblasen ist

$$\alpha_s = 4000 - 12\,000 \text{ kcal/m}^2\text{h}^\circ \quad \ldots\ldots \quad (102)$$

Bis zu Drücken von 10 ata nimmt α_s mit steigender Siedetemperatur zu (DVI-Zeitschrift 1938, S. 415). Nach Jakob hängt α_s von der Heizflächenbelastung ab und steigt bis zu einer Belastung von 200000 kcal/m²h an und fällt dann anscheinend wieder ab. Bei glatten Wandungen kann man nach diesen Untersuchungen etwa setzen:

Heizflächen-Belastung	12500	25000	50000	100000	150000	175000	200000	kcal/m²h
α_s	2000	3000	4000	7000	10000	11500	12500	kcal/m²h
Wandtemp. = Sättigungs-temp. + °C	6	8	10	12	13	14	15	°C

d) Wärmeübergang durch Berührung und Gasstrahlung

Diese beiden Wärmeübergangsarten treten stets gemeinsam auf. Die Wärmeübergangszahl für diesen Fall ist

$$\alpha_{b\,g} = \alpha_b + \alpha_g \quad \ldots\ldots\ldots \quad (103)$$

Bei niedrigen Gastemperaturen (etwa von 200° C abwärts) kann man insbesondere für dünne Gasschichten $\alpha_b \sim \alpha_{bg}$ setzen, da hier die Gasstrahlung keinen wesentlichen Einfluß mehr hat.

e) Der Wärmedurchgang

Die vom Gas an die Wandung der Heizfläche übertragene Wärme muß zunächst die Wandung durchdringen, d. h. die **Wärmeleitung** der Heizflächenwandung tritt jetzt in Erscheinung, und erst wenn die Wärme die Wandung durchdrungen hat, geht sie an das Wasser, den Dampf oder die Luft über.

Nennt man die Wärmeübergangszahl von Gas an die Wand der vorstehenden Abschnitte allgemein α_b, die Wärmeübergangszalen von Wand an Wasser, Dampf oder Luft (α_s, α_w, $\alpha_{ü}$, α_l) allgemein α und die Wärmeleitzahl der Wand λ, so ist die **Wärmedurchgangszahl**

$$k = \frac{1}{\frac{1}{\alpha_b} + \frac{1}{\alpha} + \frac{d}{\lambda}} \text{ kcal/m}^2\text{h}^\circ\text{C} \quad \ldots\ldots \quad (104)$$

wobei d die Wanddicke in m bezeichnet.

Die **Wärmeleitzahl** λ ist die Wärmemenge, welche in der Stunde durch einen Kubikwürfel von 1 m Dicke je 1° C Temperaturunterschied von einer Fläche zur gegenüberliegenden Fläche hindurchfließt.

Ist die Heizfläche innen mit **Kesselstein** von d' m Dicke und der Wärmeleitzahl λ' belegt, so kommt im Nenner der Formel (104) noch der Wert $+\frac{d'}{\lambda'}$ hinzu. Auch bei Verkrustung der Heizfläche durch Ruß, Asche oder Schlacke von d'' m Dicke und λ'' Wärmeleitzahl wird dementsprechend im Nenner der Wert $+\frac{d''}{\lambda''}$ hinzugesetzt.

Für **Eisen** ist λ = **40—60**, für Kesselstein λ' = **0,1—0,2** und für **Asche und Schlacke** λ'' = **0,06—0,1.**

Beispiel 28: α_b sei = 20 errechnet, α = 5000 für siedendes Wasser angenommen und λ für Eisen = 50, so ist bei einer Wanddicke von d = 0,010 m für die reine Heizfläche

$$k = \frac{1}{\frac{1}{20} + \frac{1}{5000} + \frac{0{,}01}{50}} = 19{,}84.$$

Ist dagegen Kesselstein von d' = 0,005 m und λ' = 0,2 vorhanden, so wird

$$k = \frac{1}{\frac{1}{20} + \frac{1}{5000} + \frac{0{,}01}{50} + \frac{0{,}005}{0{,}2}} = 13{,}25.$$

Das Beispiel läßt den Einfluß der Heizflächenverschmutzung erkennen, wie auch die geringe Bedeutung von α, d und λ, so daß man für reine Heizflächen $\underline{k \sim \alpha_b}$ setzen kann, sofern es sich um Kessel und Wasservorwärmerheizflächen ($w \lesseqgtr 2$ m/sec) handelt. Bei Überhitzer und Luftvorwärmern ist dagegen α stets bei der Berechnung von k zu berücksichtigen.

Die stündlich durch die Heizfläche F gehende Wärmemenge beträgt

$$Q_{bg} = k \cdot F \cdot (t_x - t_y) \ \ldots \text{kcal} \quad \ldots\ldots \quad (105)$$

wenn t_x die Temperatur des Wärmegebers und t_y die Temperatur des Wärmeaufnehmers ist.

Bei Dampfkesseln[1]) kann die Temperatur auf der Wasserseite als annähernd konstant angesehen werden, während die Temperatur auf der Gasseite allmählich durch Wärmeabgabe abnimmt: dagegen ändern sich die Temperaturen bei Dampfüberhitzern, Vorwärmer und Lufterhitzern auf beiden Seiten.

Die einfache Temperatur-Differenz (t_x—t_y) muß daher durch die sog. **mittlere Temperatur-Differenz** t_d[2]) ersetzt werden, welche wie folgt ermittelt wird:

Ist t_a die Anfangstemperatur und t_e die Endtemperatur auf der Gasseite, ferner t_1 die Anfangstemperatur und t_2 die Endtemperatur auf der Wasser-, Dampf- oder Luftseite, so ist

für Gegenstrom

$$t_d = \frac{(t_a - t_2) - (t_e - t_1)}{\ln \frac{t_a - t_2}{t_e - t_1}} \quad \ldots\ldots \quad (106)$$

[1]) Mit Wasserumlauf, bei Durchlauf siehe Beispiel 58, S. 182.

[2]) s. auch Seite 233

und **für Gleichstrom**

$$t_d = \frac{(t_a - t_1) - (t_e - t_2)}{\ln \dfrac{t_a - t_1}{t_e - t_2}} \quad \ldots\ldots \quad (107)$$

Diese Formeln gelten für **Vorwärmer, Dampfüberhitzer** und **Lufterhitzer,** bei denen sich die Temperaturen sowohl auf Gasseite als auch auf der Wasser-, Dampf- bzw. Luftseite verändern.

Bei **Dampfkesseln** dagegen ändert sich die Temperatur nur auf der Gasseite, während sie auf der Wasserseite = Sattdampftemperatur bleibt, und man kann daher hier vereinfacht setzen

$$t_d = \frac{t_a - t_e}{\ln \dfrac{t_a - t}{t_e - t}} \quad \ldots\ldots\ldots\ldots \quad (108)$$

Bei Gegenstrom (Formel 58) stehen sich jeweils die höchsten und die niedrigsten Temperaturen beider Seiten gegenüber, während bei Gleichstrom die höchsten Temperaturen jeweils den niedrigsten gegenüberstehen. Gegenstrom hat daher beim Gasaustritt ein günstigeres Temperaturgefälle als Gleichstrom und ergibt deshalb kleinere Heizflächen. Strömungsarten, die vom reinen Gegen- oder Gleichstrom abweichen, liegen zwischen den mit den Formeln (58) und (59) ermittelten Werten, je nach Strömungsart mehr nach dieser oder jener Seite.

Die **stündlich durchgegangene Wärmemenge** beträgt

$$Q_{bg} = k \cdot F \cdot t_d \ldots \text{kcal} \quad \ldots\ldots\ldots \quad (109)$$

und somit **die Heizfläche** (ganz allgemein)

$$F = \frac{Q_{bg}}{k \cdot t_d} \ldots \text{m}^2 \quad \ldots\ldots\ldots\ldots \quad (110)$$

Bemerkungen: Bei Heizflächen in niedrigen Gastemperaturlagen (Abhitzekessel, Vorwärmer, Lufterhitzer) sollte man die Wärmedurchgangszahl k durch Wahl hoher Gasgeschwindigkeiten steigern, damit die Heizflächen nicht zu groß, d. h. zu teuer ausfallen; auch Durchwirbelung des Gasstromes und Aufstoßen desselben auf die Heizflächen vergrößert k. Bei derartigen Maßnahmen muß allerdings beachtet werden, daß sich hierdurch die Zug- bzw. Druckverluste erhöhen, so daß u. U. die Anwendung von Ventilatorenzug erforderlich wird.

11. Die Kesselheizfläche

Die Größe der Kesselheizfläche bestimmt man häufig nach Erfahrungswerten.

Bei den verschiedenen Kesselsystemen und Feuerungen findet man unter normalen Verhältnissen folgende gebräuchlichen Belastungswerte:

a) Leistung in kg Dampf je m² Heizfläche und Stunde[1]) **für Einflammrohrkessel:**

	normal	angestrengt	vorübergehend (1—2 h)
Steinkohle auf Inn.-Planrost	16	20	23
Braunkohle in Vorfeuerung	22	27	30
für Zweiflammrohrkessel:			
Steinkohle auf Inn.-Planrost	18	22	24
Braunkohle in Vorfeuerung	25	30	35
für Dreiflammrohrkessel:			
Steinkohle auf Inn.-Planrost	20	24	26
Braunkohle in Vorfeuerung	25	30	35
für Schrägrohr- und Steilrohrkessel;			
Steinkohle auf Planrost. . .	18	23	27
Braunkohle in normaler Vorfeuerung	25	30	35
Normalkessel mit mechan. Feuerung	30	40	45
Hochleistungskessel mit mechan. Feuerung	40	50	55
Hochleistungskessel mit mechan. Feuerung und großen Strahlungsflächen im Feuerraum	50	60	65
Strahlungskessel mit mechan. Feuerung:	80	100	120
Doppelkessel (Flammrohr-Rauchröhrenkessel):			
mit Planrost	12	15	18
m. Treppenrost (Braunkohle)	15	18	22

Bem.: Dieses Kesselsystem ist das teuerste in der Herstellung, trotz der geringen Leistungsfähigkeit. Es bietet aber den größten Wasserraum und wird deshalb bei besonders ungünstigen Betriebsverhältnissen gewählt. Im Kapitel „Wirkungsgrad" ist bereits darauf hingewiesen, daß der Doppelkessel **ohne Vorwärmer** den höchsten Wirkungsgrad gegenüber anderen Kesselsystemen erzielt.

Walzenkessel (wenig gebräuchlich):

	normal	angestrengt	vorübergehend
mit Planrost	12	18	22
mit mechanischem Rost . .	16	22	26
Rauchröhrenkessel:	12	16	20
Lokomobilkessel:	17	22	27
Stehende Kessel:	12	14	18

Mit **Kohlenstaub, Gas oder Öl** beheizte Kessel ergeben Leistungen entsprechend den vorstehend genannten Höchstziffern. Die genannten Belastungswerte sind jedoch keineswegs obere Grenzen. Läßt man z. B. höhere Kesselabgastemperaturen zu, so kann die Belastung leicht gesteigert

[1]) s. auch Kapitel „Heizflächenverteilung".

werden, sofern die Feuerungsleistung ausreicht. Man erkennt dies ohne weiteres aus Formel (111) S. 72, denn je größer dort t_e eingesetzt wird, desto kleiner ergibt sich F.

Wahl des Kesselsystems. Für große Anlagen werden heute fast ausschließlich Schrägrohrkessel oder Steilrohrkessel aufgestellt. Die Gründe hierfür sind folgende: Geringste Anschaffungskosten bei den üblich gewordenen hohen Betriebsdrücken, geringster Platzbedarf, hohe Leistungsfähigkeit, geringe Bedienungskosten, weil rein mechanische Feuerungen (wie z. B. Wanderroste) eingebaut werden können, bequeme Flugaschenentfernung während des Betriebes.

Für schlechtes Wasser wählt man besser Flammrohrkessel, sofern man es nicht vorzieht, das Wasser zu reinigen.

Für sehr stark schwankende Belastung kommt der Großwasserraumkessel in Frage, d. h. Flammrohrkessel, Doppelkessel oder andere Großraumkessel.

Für kleine Anlagen unter 100 qm wird meist der Flammrohrkessel vorgezogen.

Größe der Heizflächen (normal):

Einflammrohrkessel	20— 60	m^2
Zweiflammrohrkessel	50— 140	,,
Dreiflammrohrkessel	140— 250	,,
Doppelflammrohr-Rauchröhrenkessel .	100— 400	,,
Schrägrohrkessel	100—1500	,,
Steilrohrkessel	200—1500	,,
Walzenkessel	25— 200	,,
Stehende Kessel	5— 50	,,
Rauchröhrenkessel	20— 300	,,
Lokomobilkessel	10— 120	,,

Es sind nur die gebräuchlichsten Größen angeführt. Schräg- und Steilrohrkessel wurden schon bis 2000 und noch mehr m^2 Heizfläche gebaut. Derart große Einheiten bieten im allgemeinen jedoch kaum Vorteile und sind deshalb nur vereinzelt anzutreffen.

Für Schrägrohr- und Steilrohrkessel, welche mit Wanderrosten arbeiten, empfiehlt es sich, nicht über 1200 m^2 zu gehen, damit man mit einer zweiteiligen Feuerung noch auskommt. Größere Kessel bedingen dreiteilige Wanderroste, welche den Nachteil haben, daß der mittlere Rost von der Seite nicht zugänglich ist, oder man muß zu Rostbreiten über 7 m gehen, welche vorläufig noch nicht genügend erprobt sind. Nimmt man jedoch außer dem Rost noch Kohlenstaub-, Öl- oder Gaszusatzfeuerung, welche die überschießende Leistung deckt, so können auch entsprechend größere Einheiten gewählt werden.

b) Berechnung der Kesselheizfläche

F = Kesselheizfläche in m^2 (Teilheizflächen F_1, F_2 usw.)
B = stündlich verfeuerte Brennstoffmenge in kg oder Nm^3.
G = Gasmenge in Nm^3 je kg oder Nm^3 Brennstoff (im Mittel).
D = Dampfmenge in kg/h.
F_s = direkt bestrahlte, projizierte Kesselheizfläche in m^2 (Teilheizflächen F_s', F_s'' usw.).

t_a = Gastemperatur am Anfang der Heizfläche oder Heizflächenteiles in °C.
t_e = Gastemperatur am Ende der Heizfläche oder Heizflächenteiles in °C.
t_f = Feuerraum-Temperatur in °C.
t = Kesselwasser-Sattdampftemperatur in °C.
t_2 = Speisewassertemperatur beim Eintritt in den Kessel in °C.
i = Gesamtwärme des Sattdampfes in kcal/kg.
C_p = spez. Wärme des Rauchgases bei den fraglichen Temperaturen.
Q_{bg} = infolge Berührung und Gasstrahlung durchgegangene Wärmemenge in kcal/h.
k = Wärmedurchgangszahl in kcal/m²h°C.

Nach den Formeln (108) und (109) S. 69 ist:

$$Q_{bg} = F \cdot k \cdot t_d = F \cdot k \cdot \frac{t_a - t_e}{\ln \frac{t_a - t}{t_e - t}} \text{ kcal/h}$$

und ferner ist auch

$$Q_{bg} = B \cdot G \cdot C_p \cdot (t_a - t_e) \text{ kcal/h.}$$

Somit ergibt sich **die Kesselheizfläche** (F, F_1, F_2 usw.) zu

$$\boldsymbol{F = \frac{B \cdot G \cdot C_p}{k} \cdot \ln \frac{t_a - t}{t_e - t}} \text{ m}^2 \quad \ldots\ldots \quad (111)$$

(s. auch Formel 113 S. 76),

wobei

$$k = \frac{1}{\frac{1}{\alpha_{bg}} + \frac{1}{\alpha_s} + \frac{d}{\lambda}}$$

ist.

Beim Beginn des Berührungsteiles der Kesselheizfläche ist $t_a = t_f$ zu setzen.

Die **Gasendtemperatur** erhält man jeweils aus der Formel

$$\boldsymbol{t_e = t + (t_a - t) \cdot e^{\frac{-F \cdot k}{G \cdot C_p \cdot B}}} \text{ Grad Cels.} \quad \ldots \quad (112)^{1)}$$

(e = Grundzahl der natürlichen Logarithmen = 2,71828; $\ln e^{\pm n} = \pm n$).

Bem.: Bei den vorstehenden Berechnungsarten ist vorausgesetzt, daß die Heizfläche **innen und außen rein ist.** Sind die Heizflächen außen verschmutzt und innen mit Kesselstein belegt, so sinkt k entsprechend dem Grade der Verunreinigung der Heizfläche.

Insbesonders **bei Kesselstein**, welcher eine sehr niedrige Wärmeübergangszahl hat, tritt ein **starker Rückgang** in der Wärmeaufnahmefähigkeit der Heizfläche ein.

Beispiel 29:

1 Schrägrohrkessel mit Wanderrost soll stündlich 10000 kg Dampf von 15 atü Überdruck (Sattdampf) aus Wasser von 100° C erzeugen, wenn westfälische Kohle von 7500 kcal verfeuert wird.

[1]) s. Fußbemerkung S. 75.

Zunächst seien folgende Annahmen gemacht:
Kesselabgase 350° C 10,5 % CO_2.
Feuerungswirkungsgrad $\eta_1 = 0,95$.
$C_p = 0,33$ bei 350° C und $= 0,36$ im Feuerraum.
Bestrahlte Heizfläche $F_s = 10$ m².
Kesselhaustemperatur $t_l = 20°$.

Damit ergibt sich folgende Rechnung:
Nach der Brennstofftabelle ist
die Gasmenge je kg Kohle $G =$ rd. 14,7 Nm³.

Die Verbrennungstemperatur beträgt (nach Formel (56) S. 39):

$$t_v = \frac{7500}{14,7 \cdot 0,36} + 20 = 1435°$$

und der Heizflächenwirkungsgrad (nach S. 48, Formel 81)

$$\eta_2 \sim 1 - \frac{350}{1435} = 0,756,$$

also Gesamtwirkungsgrad

$$\eta = 1,00 - (1,00 - 0,95) - (1,00 - 0,756) = 0,706.$$

Nach Formel (85) S. 52 wird dann der Brennstoffverbrauch

$$B = \frac{10000\,(667 - 100)}{7500 \cdot 0,706} = 1070 \text{ kg}.$$

Die wirkliche Feuerraumtemperatur t_f erhält man nach S. 41/42 zu rd. 1145° C und somit nach Formel (111) S. 72 die Kesselheizfläche, wenn $k = 32,5$ berechnet und C_p zwischen 1145 und 350° C nach S. 34 zu 0,368 ermittelt wurde.

$$F = \frac{1070 \cdot 14,7 \cdot 0,368}{32,5} \cdot \ln \frac{1145 - 200}{350 - 200} \sim \mathbf{330\ m^2}.$$

Der Kessel liefert stündlich je m² Heizfläche

$$\frac{10000}{330} \sim \mathbf{30\ kg}\ \text{Dampf},$$

gut übereinstimmend mit den genannten Erfahrungszahlen.

Bei Abhitzekesseln ist die theoretische Berechnung der Heizfläche von größerer Bedeutung, weil hier die Betriebsverhältnisse so stark voneinander abweichen, daß Erfahrungszahlen wie bei direkt befeuerten Kesseln nicht aufgestellt werden können.

Die Berechnung erfolgt ebenfalls nach Formel (111), wobei $B \cdot G$ durch die zur Verfügung stehende Abgasmenge ersetzt wird. Ferner ist C_p genau festzustellen, da diese je nach Art der Abhitzegase von den üblichen Mittelwerten abweichen kann, und k ist durch Steigerung der Gasgeschwindigkeit (sofern genügend Zugstärke vorhanden) zu erhöhen, wenn niedrige Abhitzetemperaturen vorliegen (s. S. 69);

Beispiel 30: Es sollen die Abhitzegase von 4 Ofenblöcken einer Gasanstalt verwertet werden durch Sattdampferzeugung von 10 atü Überdruck.

Stündlich werden insgesamt 1680 kg Koks von 7000 kcal verfeuert und hierbei Abgase von 600° C und 12 % CO_2 erzielt, während der O-Gehalt der Abgase 8,5 % beträgt. Es wird mit Wasser von 50° C gespeist, und die Kesselabgastemperatur soll mindestens noch 250° C betragen, da mit natürlichem Zug gearbeitet wird.

Rechnet man, daß 5 % durch Ausstrahlung und Leitung verlorengehen, so werden dem Kessel zur Dampfbildung stündlich $1680 \cdot G \cdot C_p \cdot (600 - 250) \cdot 0{,}95$ kcal zugeführt. G ist nach der Tabelle für feste Brennstoffe $= 13{,}15$ Nm³ und C_p wird zwischen 600 und 250° C zu 0,35 errechnet.

Danach werden stündlich

$$\frac{1680 \cdot 13{,}15 \cdot 0{,}35 \cdot (600 - 250) \cdot 0{,}95}{664 - 50} = \mathbf{4200\ kg}$$

Dampf erzeugt.

Die Heizfläche ergibt sich nach Formel (111) mit $k = 23{,}5$

$$\text{zu } H = \frac{1680 \cdot 13{,}15 \cdot 0{,}35}{23{,}5} \cdot \ln \frac{600 - 183}{250 - 183}$$

$$\boldsymbol{H \sim 600\ m^2}.$$

Es werden also je **m² Heizfläche und Stunde**

$$\frac{4200}{600} \sim \mathbf{7{,}0\ kg}$$

Dampf erzeugt.

k wurde hierbei niedrig gewählt, weil mit natürlichem Zug gearbeitet wird und daher zwecks Vermeidung hoher Zugverluste mit geringerer Gasgeschwindigkeit gerechnet werden muß. Höhere Gasgeschwindigkeit würde ein entsprechend höheres k und demnach eine kleinere Heizfläche ergeben, würde aber künstlichen Zug bedingen. Zwecks Verbilligung der Anlage ist allerdings meist die Verwendung einer möglichst kleinen Heizfläche zu empfehlen, da sonst die Wirtschaftlichkeit oft in Frage gestellt ist.

c) Die Beanspruchung der Kesselheizfläche

Die unter a) angegebenen Zahlen für die Leistung je m² Heizfläche sind nur Mittelwerte der Beanspruchungen an den verschiedenen Stellen der Heizfläche. **Die Beanspruchung ist nicht gleichmäßig hoch** für alle Teile der Heizfläche, weil der Wärmedurchgang vom Temperaturgefälle abhängt, und insbesonders weil die bestrahlte Heizfläche nicht nur Berührungswärme, sondern auch Strahlungswärme aufnimmt. Hieraus ergibt sich, daß der erste Teil der Heizfläche viel höher beansprucht wird als der letzte Teil derselben. Die Konstruktion des Kessels soll hier nach Möglichkeit ausgleichend wirken, indem folgendes beachtet wird:

Heizflächenanfang (großes Temperaturgefälle):

geringe Gasgeschwindigkeit } zwecks Herabsetzung
grobe Gasverteilung } des Wärmedurchganges

allmählich übergehend zum

Heizflächenende (kleines Temperaturgefälle):

hohe Gasgeschwindigkeit } zwecks Erhöhung des
feine Gasverteilung } Wärmedurchgangs.

Ferner ist auf die richtige Bemessung der bestrahlten Heizfläche zu achten (siehe auch Kapitel Verbrennungs- und Feuerraumtemperatur).

Die Unterschiede in der Beanspruchung zeigt nachstehendes

Beispiel 31;

Der auf S. 73 mit 330 m^2 errechnete Wasserrohrkessel soll eine direkt bestrahlte Heizfläche von $F_s = 10{,}0\ m^2$ haben.

Bei 10000 kg Dampf von 15 atü nimmt der Kessel insgesamt

$$Q = 10000\,(667 - 100) = 5\,667\,000 \text{ kcal/h}$$

auf.

Die Feuerraumtemperatur wird mit Formel (64) und S-Tabelle S. 41 zu

$$t_f = 1145^\circ \text{ C}$$

berechnet und hiermit ergibt sich die **eingestrahlte Wärmemenge** zu

$$S = 4 \cdot \left[\left(\frac{1145 + 273}{100}\right)^4 - 500\right] \cdot 10{,}0$$

$$\boldsymbol{S = 1592\,000 \text{ kcal/h.}}$$

Es gehen also in Form von **Berührungswärme** noch

$$5\,667\,000 - 1\,592\,000 = \mathbf{4\,075\,000 \text{ kcal/h}}$$

über.

Der vorstehend angegebenen **projizierten** Heizfläche = 10,0 m^2 entspricht eine **wirkliche** Heizfläche von 38,0 m^2, d. h. die beiden unteren Rohrreihen haben im ersten Feuerzug eine Heizfläche von zusammen 38 m^2, wenn eine normale Kesselkonstruktion angenommen wird.

Die vom Feuerraum kommenden Gase haben beim Auftreffen auf die unterste Rohrreihe, wie berechnet, 1145°, und sie verlassen die zweite Rohrreihe nach Formel (112), S. 72 mit

$$t_e = 200 + (1145 - 200) \cdot e^{\frac{-38 \cdot 33}{14 \cdot 0{,}36 \cdot 1050}} = \mathbf{950^\circ}.^{1)}$$

Die 38 m^2 Kesselheizfläche nehmen nach Formel (109), S. 69 an Berührungswärme auf, wenn k mit 33 berechnet wird:

$$Q = 38 \cdot 33 \cdot \frac{(1145 - 200) - (950 - 200)}{\ln \dfrac{1145 - 200}{950 - 200}} = \mathbf{1\,060\,000} \text{ kcal/h.}$$

---

[1]) Es empfiehlt sich hier mit den gemeinen (Briggschen) Logarithmen zu rechnen, für welche ausführlichere Tabellen bestehen. Es ist

$$\log N = \ln N \cdot 0{,}4343 \text{ und } \ln N = \frac{\log N}{0{,}4343}.$$

Z. B. ist $\frac{-38 \cdot 33}{14 \cdot 0{,}36 \cdot 1050} = -0{,}237 = -\ln N$, somit $-0{,}237 \cdot 0{,}4343 = -0{,}1015 = 9{,}8985 - 10 = \log N$ und nach der Logarithmentabelle $N = 0{,}7914 = e^{\frac{-38 \cdot 33}{14 \cdot 0{,}36 \cdot 1050}}$.

Die 38 m^2 nehmen somit insgesamt

$$1592000 + 1060000 = 2652000 \text{ kcal/h}$$

auf und liefern bei $r = 462,7$ kcal Verdampfungswärme/kg

$$\frac{2652000}{462,7} = \mathbf{5740} \text{ kg Dampf je h}$$

$$= \text{rund } 57\,\% \text{ der gesamten Dampfmenge.}$$

Die Leistung der Heizfläche ist für die 38 m^2

$$= \frac{5740}{38} = \mathbf{151} \text{ kg/m}^2\text{h}$$

oder richtiger gerechnet

$$= \frac{1592000 + 530000}{462,7 \cdot 19} = \mathbf{240} \text{ kg/m}^2\text{h}$$

bezogen auf den unteren halben Umfang der beiden Rohrreihen, d. h. auf 19 m^2 Heizfläche, welche die gesamte Strahlungswärme und etwa die Hälfte der für 38 m^2 errechneten Berührungswärme aufnehmen. Für Beispiel 55 ist S. 175 in einem Schaubild die Wärmeaufnahme durch die Heizflächen dargestellt. Aus der Rechnung erkennt man sofort, daß die sog. **Strahlungskessel**, d. h. Kessel, deren Heizfläche vorwiegend aus direkt bestrahlter Heizfläche besteht und deren Leistung mit 100 bis 200 kg/m^2 angegeben wird, tatsächlich keine höhere maximale Beanspruchung aufweisen als normale Kessel. Man braucht bei letzteren nur den hinteren Teil der Heizfläche sich fortdenken, dann erhält man ebenfalls eine Leistung von 100 bis 200 kg/m^2.

Bemerkungen:

Die **Größe der direkt bestrahlten Kesselheizfläche** F_s richtet sich nach der maximal zulässigen Feuerraumtemperatur und nach der bei Schwachlasten für ausreichende Zündung und Ausbrand des Brennstoffes noch erforderlichen Mindest-Feuerraumtemperatur. F_s ist in der nach Formel (63) berechneten Heizfläche F schon enthalten, sofern der Feuergasstrom F_s voll passiert (z. B. die erste Rohrreihe der Schrägrohr- und Steilrohrkessel). Werden dagegen im Feuerraum direkt bestrahlte Heizflächen eingebaut (F_s' F_s''), die nicht vom Gasstrom bestrichen sind, so **vergrößert sich** die nach Formel (63) errechnete Heizfläche um $(F_s' + F_s'') \cdot \pi$. Die auf die direkt bestrahlten Heizflächen übertragenen Wärmemengen werden nach Formel (89), Seite 57 errechnet.

Da $Q_{bg} = D \cdot (i - t_s)$, so kann an Stelle von Formel (63) auch gesetzt werden

$$F = \frac{D \cdot (i - t_s)}{k \cdot t_d} \text{ m}^2 \quad \ldots\ldots\ldots \quad (113)$$

sofern keine zusätzlichen Strahlungsflächen F_s', F_s'' usw. vorhanden sind. Sind solche Heizflächen eingebaut, so muß in obiger Formel bei D die Dampfleistung dieser Zusatzheizflächen in Abzug gebracht werden, wenn F damit errechnet werden soll.

Die **Dampfleistung direkt bestrahlter Röhrenheizflächen** F_s', F_s'' usw. bezogen auf 1 m^2 und den ganzen Rohrumfang ist unter der Annahme, daß nur noch die Verdampfungswärme r aufzubringen ist nach Formel (88) und (89) Seite 57

$$\frac{C \cdot \left[\left(\frac{T_1}{100}\right)^4 - \left(\frac{T_2}{100}\right)^4\right]}{r \cdot \pi} = \frac{4 \cdot \left[\left(\frac{t_f + 273}{100}\right)^4 - \left(\frac{t + 273}{100}\right)^4\right]}{r \cdot \pi} \quad (114)$$

oder nach Formel (64) S. 41 $= \frac{S}{r \cdot \pi}$, so daß man z. B. für 15 atü und die Feuerraumtemperaturen von 1100, 1200, 1300 und 1400° C Leistungen von 96, 128, 167 und 214 kg Dampf je m² Heizfläche erhält. Die **tatsächliche Belastung** ist aber annähernd **doppelt so hoch,** denn die rückwärtige Rohrhälfte nimmt nur wenig teil an der Wärmeaufnahme.

12. Die Dampfüberhitzer-Heizfläche

Man unterscheidet indirekt oder direkt beheizte Dampfüberhitzer; erstere sind in die Feuerzüge der Kessel eingebaut und heißen daher Kesselzugüberhitzer, letztere erhalten eine eigene Feuerung oder werden mit Abhitze beheizt; sie stehen mit den Kesseln nicht in direkter Verbindung. Neuerdings kommen auch Strahlungsüberhitzer zur Verwendung, d. h. Überhitzer, welche von der Feuerung des Kessels direkt bestrahlt werden. Auch kombiniert man derartige Überhitzer mit einem Kesselzugüberhitzer.

a) Kesselzug-Überhitzer

Ist W die vom Dampf mitgerissene Wassermenge/h und r die Verdampfungswärme, so beträgt bei D kg Dampf/h die zur Überhitzung aufzuwendende Wärmemenge

$$Q_{\ddot{u}g} = D \cdot (i_2 - i_1) + W \cdot r \text{ kcal/h} \quad . \; . \; . \; . \quad (115)$$

i_1, i_2 und r werden den Dampftabellen entnommen (siehe Wasserdampfkapitel).

Ferner ist nach Formel (109), S. 69

$$Q_{\ddot{u}g} = F \cdot k \cdot t_d \text{ kcal/h} \quad . \; . \; . \; . \; . \; . \; . \quad (116)$$

wobei t_d[1]) nach Formel (106) oder (107), S. 68 zu berechnen ist.

Hieraus ergibt sich die **Überhitzerheizfläche** zu

$$F = \frac{D\,(i_2 - i_1) + W \cdot r}{k \cdot t_d} \text{ m}^2, \quad . \; . \; . \; . \; . \; . \quad (117)$$

wobei t_a die Gastemperatur vor dem Überhitzer,
t_e ,, ,, hinter dem Überhitzer,
t_1 ,, Sattdampftemperatur,
t_2 ,, Heißdampftemperatur,
k ,, Wärmedurchgangszahl

ist.

$$k = \frac{1}{\frac{1}{\alpha_{\ddot{u}g}} + \frac{1}{\alpha_{\ddot{u}}} + \frac{d}{\lambda}}$$

---

[1]) s. auch Seite 233.

t_a wird nach der Formel (112), S. 72 berechnet,
t_e wird bestimmt aus der Gleichung

$$Q_{bg} = B \cdot G \cdot C_p\,(t_a - t_e),$$

welche

$$t_e = t_a - \frac{Q_{bg}}{B \cdot G \cdot C_p} \quad \ldots\ldots\ldots \quad (118)$$

ergibt oder

$$t_e = t_a - \frac{D \cdot (i_2 - i_1) + W \cdot r}{B \cdot G \cdot C_p} \quad \ldots \quad (119)$$

Die Wärmedurchgangszahl k ist abhängig von der Dampfgeschwindigkeit, vom Wassergehalt des Sattdampfes, von der Kesselleistung, der Verbrennung, der Gasmenge usw. und kann annähernd nach den Formeln (104), (103), (97), (92—96) und (91) bestimmt werden.

Der Wassergehalt W des Sattdampfes ist nicht rechnerisch zu bestimmen, man nimmt im allgemeinen, bezogen auf die Dampfmenge,

bei Großwasserraumkesseln . . . . W = 0,5—2 %
,, Wasserrohrkesseln . . . . W = 1—3 %.

Diese Werte können allerdings je nach den vorliegenden Verhältnissen auch kleiner oder größer ausfallen.

Hieraus ist zu ersehen, daß die Berechnung der Überhitzerheizfläche in erster Linie eine Sache der Erfahrung ist, wenn nicht alle erforderlichen Rechnungsgrundlagen klar bestimmt sind.

Einen weiteren Anhalt kann die nachstehende Tabelle bieten:

Größe der Überhitzerheizfläche

(ausgedrückt in Prozenten von der Kesselheizfläche)

Dampf	**kg/qm**	**300—325°**	**350°**	**375°**
Flammrohrkessel . .	18—25	35 %	40 %	45 %
Wasserrohrkessel . .	18—25	30 %	33 1/2 %	35 %
,, . .	28—35	28 %	30 %	33 1/3 %

Diese Werte beziehen sich auf Steinkohle und normale Konstruktion und werden in der Praxis häufig angetroffen. Oft weichen die Größen aber auch sehr stark von den genannten Werten ab, so insbesonders bei manchen Steilrohrkesseln, welche kleinere Überhitzerheizflächen aufweisen, weil die Überhitzer höhere Gastemperaturen erhalten. Zu beachten ist, daß mit abnehmendem Luftüberschuß die Gasmenge kleiner wird und deshalb die Überhitzerheizfläche größer zu machen ist (Staub-, Gas- oder Ölfeuerung!).

Der Einbau des Überhitzers erfolgt zweckmäßig an einer Stelle, wo die Gastemperatur **800—900° C** nicht übersteigt, damit die Rohrschlangen möglichst vor dem Verbrennen und Verschlacken geschützt bleiben. Bei Verwendung von zunderbeständigem Rohrmaterial kann man jedoch auch wesentlich höhere Gastemperaturen zulassen.

Man führt bei hohen Gastemperaturen den **Dampf im Gleichstrom** mit den Gasen, d. h. man läßt den Sattdampf daeinströmen, wo die heißesten Gase auf den Überhitzer treffen· damit diese gefährdeten Stellen gründlich gekühlt werden.

Geht der **Dampf im Gegenstrom** mit den Gasen, so erhält man günstigere Temperaturgefälle und eine entsprechend höhere Überhitzerleistung.

Die Regulierung der Dampftemperatur[1]) erfolgt durch Mischen des Heißdampfes mit Sattdampf, durch Regulierung der den Überhitzer durchströmenden Gasmenge oder durch Heißdampfkühler. Letztere sind so eingerichtet, daß der Heißdampf durch indirekte Berührung mit dem Sattdampf oder Speisewasser abgekühlt wird. Bei einer anderen Methode wird der Sattdampf vor dem Eintritt in den Überhitzer abgekühlt mittels des Speisewassers und dadurch die Überhitzung herabgedrückt, denn der Überhitzer erhält in diesem Fall stark angenäßten Dampf und muß entsprechend höhere Arbeit leisten. Auch durch Einspritzen von fein zerstäubtem, **reinem** Wasser in den Sattdampf oder den Heißdampf ist eine Regelung zu erzielen.

In vielen Fällen kann auf eine Regulierung verzichtet werden.

Die Dampfgeschwindigkeit darf nicht zu niedrig sein, weil sonst die Röhren mangelhaft gekühlt werden und die Leistung des Überhitzers zu niedrig ausfällt. Bei zu hoher Geschwindigkeit tritt dagegen ein starker Spannungsabfall im Überhitzer ein, der oft nicht zugelassen werden kann.

Man wählt die Dampfgeschwindigkeit für normale Kesselzugüberhitzer im allgemeinen zu

$$v = 18-23 \text{ m/s} \textbf{ im Mittel,}$$

d. h. v ist das Mittel zwischen Ein- und Austrittsgeschwindigkeit. Es ist

$$v = \frac{D \cdot v_2}{3600 \cdot f} \text{ m/s}^{2)} \quad \ldots \ldots \ldots \quad (120)$$

wobei v_2 das spezifische Volumen des Dampfes bei der **mittleren** Dampftemperatur $\frac{t_1 + t_2}{2}$ und f den Querschnitt aller vom Dampf gleichzeitig durchströmten Überhitzerrohre, d. h. den gesamten Durchgangsquerschnitt in m^2 bedeutet, bei D kg Dampf je Stunde.

Die Geschwindigkeit des Sattdampfes beim Austritt aus dem Kessel zum Überhitzer nehme man möglichst nicht über **8—12 m/s**, da bei höherer Geschwindigkeit mehr Wasser mitgerissen wird.

b) Direkt befeuerte Überhitzer

Diese wurden seinerzeit bei Einführung der Dampfüberhitzung für vorhandene Kesselanlagen viel aufgestellt, weil die alten Kessel für den Einbau von Überhitzern meist nicht geeignet waren.

Da solche Überhitzer sehr hohe Temperaturen auszuhalten haben, ist die Lebensdauer bei nicht ganz sorgfältiger Wartung gering und auch die Ausnützung des Brennstoffes ist mäßig. Heute verwendet man direkt gefeuerte Überhitzer am Ver-

---

[1]) s. a. S. 96.

[2]) s. auch S. 111, Formel (148).

brauchsende langer Fernleitungen, um Temperaturverluste aufzuholen.

Die Feuerung ist so einzubauen, daß der Überhitzer keine Strahlungswärme aufnehmen kann. Die Feuerraumtemperatur ist möglichst niedrig zu halten und die Heizfläche ist durch Feuerbrücken vor der Flamme zu schützen. Die Gase sollten mit höchstens 900° auf die Heizflächen treffen.

Unter Umständen muß den Gasen vorher kalte Luft beigemischt werden, wenn die Temperatur nicht durch entsprechende Regulierung des Feuers herabgedrückt werden kann. Empfehlenswert ist das Vorschalten eines kleinen Kessels, um die Gase auf die gewünschte Temperatur herabzudrosseln. Bei dieser Methode arbeitet der Überhitzer wirtschaftlicher und ist vor dem Verbrennen wirksam geschützt.

Die Heizfläche ist nach Formel (68) zu bestimmen.

Die Abgastemperatur darf nicht zu niedrig gewählt werden, im allgemeinen = 350—400°, da sonst die Heizfläche sehr groß ausfällt. Der Wirkungsgrad stellt sich unter diesen Verhältnissen naturgemäß niedrig.

Der Wirkungsgrad beträgt gemäß Formel (79), S. 47

$$\eta = \frac{D\,(i_2 - i_1) + W \cdot r}{B \cdot H_u} \quad \ldots\ldots \quad (121)$$

wenn H_u der Brennstoffheizwert und B die Brennstoffmenge ist.

Nach Formel (80), S. 48, beträgt der Wirkungsgrad

$$\eta_2 = 1 - \frac{G'' \cdot C_p'' \cdot t_e}{G' \cdot C_p' \cdot t_v}$$

und $$\eta = 1{,}00 - (1{,}00 - \eta_1) - (1{,}00 - \eta_2),$$

wobei $\eta_1 = 0{,}85—0{,}9$ gesetzt werden kann.

Mit mehr als 50—60 % Wirkungsgrad kann jedenfalls unter den beschriebenen Verhältnissen ohne Kesselvorlage nicht gerechnet werden.

Die Wärmedurchgangszahl k ist wie vorn angegeben zu errechnen.

Die Dampfgeschwindigkeit soll zwecks wirksamer Kühlung der Rohre wenigstens 20—30 m/s. betragen. Aus demselben Grunde verwendet man meist im ersten Drittel der Heizfläche Gleichstrom, während der übrige Teil der Heizfläche zur Schaffung günstigerer Temperaturgefälle im Gegenstrom arbeitet. Die Verwendung von zunderbeständigem Rohrmaterial ist zu empfehlen.

c) Strahlungs-Überhitzer

Diese haben den Vorteil, daß man mit kleiner Heizfläche hohe Dampftemperaturen erzeugen kann.

Die theoretische Berechnung erfolgt nach Formel (89), S. 57, es ergibt sich danach die **projizierte** Heizfläche

$$F_s = \frac{D \cdot (i_2 - i_1) + w \cdot r}{4 \cdot \left[\left(\frac{t_f + 273}{100}\right)^4 - \left(\frac{t + 273}{100}\right)^4\right]}\ \mathrm{m}^2, \quad \ldots \quad (122)$$

wobei die mittlere Wandungstemperatur $t = \frac{t_1 + t_2}{2} + 50\,°\,\mathrm{C}$.

Nach Angaben von Münzinger sind in den USA. folgende Feststellungen gemacht worden: Druck 90 at, Dampfgeschwindigkeit 15—45 m/s; Leistung je m² Heizfläche, bezogen auf den ganzen Rohrumfang 100 000—150 000 kcal/h; äußerste noch zulässige Leistung 200 000 kcal; Abstand der Rohre hierbei 250 mm vom Mauerwerk und Rohrwandstärke 5—7 ½ mm; die Rohre „kriechen" im Lauf der Jahre, d. h. ihr Durchmesser vergrößert sich und die Rohre reißen bei 29 % Durchmesser-Vergrößerung auf, so daß man es vorzieht, bei 20 % (in etwa 4—5 Jahren) die Rohre auszuwechseln; die Übertemperatur der Außenwand über die Dampftemperatur soll bei normalem Kohlenstoffstahl angeblich 125 und bei Chromstahl 140° C betragen.

Man sieht daraus, daß man Material von hoher Dauerstandfestigkeit und Zunderbeständigkeit wählen sollte, in Deutschland hat man jedenfalls damit bessere Erfahrungen gemacht als vorstehend, angegeben. Unter 30 at sollte man keine Strahlungsüberhitzer nehmen, da mit dem Dampfdruck die Kühlwirkung absinkt.

Während bei Kesselzug-Überhitzern die Dampftemperatur mit der Kesselbelastung steigt, fällt sie im Strahlungsüberhitzer; die Kombination beider Überhitzerarten führt daher zu fast gleichbleibender Dampftemperatur bei allen Belastungen.

d) **Druckverlust in Dampfüberhitzern** s. S. 113.

13. Die Nachschaltheizflächen

Allgemein ist zu beachten, daß die Abgastemperaturen dieser Heizflächen den Taupunkt der Abgase (s. S. 37) nicht unterschreiten dürfen, insbesondere nicht bei Heizflächen aus Schmiedeeisen oder Stahl, weil diese bekanntlich korrosionsempfindlicher sind als die mit der schützenden Gußhaut versehenen gußeisernen Heizflächen.

a) Speisewasser-Vorwärmer

Der Speisewasservorwärmer oder auch „Rauchgasvorwärmer" oder kurz „Vorwärmer" genannt, ist ein hervorragendes Mittel zur **Erhöhung der Wirtschaftlichkeit** einer Kesselanlage. Er entzieht den Abgasen des Kessels die überschüssige Wärme, welche der Kessel selbst nicht mehr aufnehmen kann. Die Wärmeaufnahmefähigkeit der Heizfläche ist abhängig vom Temperaturgefälle zwischen Gasen und Wasser, welches erfahrungsgemäß 100—150° C betragen soll; bei noch niedrigerem Gefälle ergeben sich unwirtschaftlich große Heizflächen. Hat z. B. das Kesselwasser 200°, so soll demnach die Kesselabgastemperatur mindestens 300—350° betragen, dagegen ergibt sich für den Vorwärmer eine Abgastemperatur von nur 130—180°, wenn das Speisewasser mit 30° C da in den Vorwärmer eintritt, wo die Gase austreten. Die den Rauchgasen vom Speisewasser im Vorwärmer entzogene und dem Kessel zugeführte Wärmemenge ist somit sehr erheblich, und dementsprechend groß sind die **Kohlenersparnisse** (je nach den Betriebsverhältnissen 8—15 %).

Heute wird der Speisewasservorwärmer allgemein als unentbehrlicher Bestandteil einer wirtschaftlichen Kesselanlage angesehen, sofern die Abwärmeverwertung nicht zweckmäßiger im Lufterhitzer oder in Trocknungsanlagen erfolgt. Ein weiterer Vorteil liegt darin, daß bei der Erwärmung des Wassers ein großer Teil der Kesselsteinbildner in Form von Schlamm ausgeschieden und vom Kessel ferngehalten wird.

Bei **natürlichem Zug** wird die Vorwärmerabgastemperatur in der Regel mit mindestens 170—180° festgelegt, damit zwecks Erzielung einer ausreichenden Zugstärke nicht zu hohe Schornsteine errichtet werden müssen. Bei **Ventilatorzug** kann man dagegen bis auf etwa 130° heruntergehen, wobei sich allerdings große Heizflächen ergeben, und es ist deshalb genau zu untersuchen, ob der hierdurch erzielte Wärmemehrgewinn in wirtschaftlichem Verhältnis zu den Anschaffungskosten steht. Zu berücksichtigen ist dabei, daß ein Teil des Wärmegewinnes durch den Kraftbedarf der Ventilatoren wieder aufgebraucht wird.

Sehr verbreitet waren früher die gußeisernen „Ekonomiser" mit mechanisch bewegten Rußabkratzern, auch „Glattrohrvorwärmer" genannt, die Röhren ununterbrochen bestreichen. Der große Raumbedarf, die hohen Anlagekosten und die Nichteignung für Drücke über 16 at, haben dazu geführt, daß diese Art von „Ekonomiser" durch den sog. **Rippenrohr-Vorwärmer,** der aus gußeisernen Flanschenröhren mit zahlreichen Querrippen (Rippenabstand 20—30 mm) besteht, ganz verdrängt wurde. Diese Röhren sind horizontal gelagert und durch gußeiserne Doppelkrümmer miteinander verbunden. Diese Art der Heizfläche ist die denkbar billigste. Neuerdings verbreiten sich auch die **Stahlrohrschlangen-Vorwärmer,** welche jedoch reines sowie gas- und luftfreies Speisewasser bedingen; sie kommen besonders für höhere Drucke in Frage und als Vorverdampfer (siehe S. 13 u. 84).

Die **Wärmedurchgangszahl** k wird nach den Formeln (55), (56), (53), (51) oder (49) berechnet; bei geringen Wassergeschwindigkeiten kann $k \sim \alpha_{b_g}$ und bei Gastemperaturen $\leqq 200°$ C $\sim \alpha_b$ gesetzt werden.

Für Rippenrohre würde man bei diesen Berechnungen für k zu hohe Werte erhalten, denn die Heizfläche der Rippen ist der Heizfläche glatter Rohre natürlich nicht gleichwertig. Eine genaue, aber umständliche Berechnung für Rippenröhen gibt E. Neussel in der Zeitschrift „Archiv für Wärmewirtschaft u. Dampfkesselwesen" 1929, Heft 2, an[1]).

Die Wärmedurchgangszahl ist hauptsächlich abhängig von der Rippenhöhe; bei gleichen Rippenabständen wird natürlich dasjenige Rohr, bei dem der Anteil der glatten Rohrheizflächen am größten, d. h. Rippenhöhe am niedrigsten ist, die höchste Wärmedurchgangszahl aufweisen. Der gesamte Wärmedurchgang je m Rohr nimmt aber mit wachsendem Rippenabstand, d. h. mit der Rippenzahl ab.

[1]) s. a. „Die Wärme" 1940, Heft 48 „Wärmeübergangsfragen beim Rippenrohrrauchgasvorwärmer" von Dr.-Ing. M. Lang.

Wärmedurchgangszahlen *k* für gußeiserne Rippenrohre

Nr.	1	2	3	4	5	6
d =	48,0	60,0	68,0	80,0	90,0	97,0
d_r =	106/106	140/140	150/150	204/204	206/206	216/216
a =	20,0	17,0	20,0	30,0	27,5	30,0
A =	150,0	140,0	150,0	220,0	225,0	217,0
H =	1,00	1,00	1,375	2,25	2,54	2,52
f =	0,055	0,055	0,05	0,104	0,087	0,082
***v*:**	***k*:**	***k*:**	***k*:**	***k*:**	***k*:**	***k*:**
4	21,0	12,1	12,0	10,4	9,2	9,3
5	22,1	13,3	13,5	11,5	10,2	10,2
6	23,2	14,3	14,6	12,4	11,0	11,2
7	24,3	15,2	15,7	13,2	11,7	12,2
8	25,2	16,2	16,8	13,9	12,4	13,0
9	26,1	17,1	17,9	14,5	13,0	13,8
10	27,0	17,8	18,9	15,2	13,6	14,5
11	27,8	18,5	19,8	15,8	14,2	15,3
12	28,6	19,2	20,7	16,4	14,7	16,0
14	29,9	20,5	22,2	17,5	15,7	17,3

d = lichter Rohr-ϕ in mm.
d_r = Rippen-[|] in mm.
a = Rippenabstand in mm.
A = Rohrabstand in mm.
H = Heizfläche/m Rohr in m².
f = freier Querschnitt (für die Rauchgase) in m²/m Rohr.
v = Gasgeschwindigkeit in m/s.

Bem.: Die Werte beziehen sich auf Steinkohle und sind für die stark wasserdampfhaltigen Abgase von Rohbraunkohle entsprechend der höheren Gasstrahlung zu erhöhen; bei einer mittleren Gastemperatur von 300° C macht die Erhöhung etwa + 0,5 aus.

Die Rohrwandstärken der Rippenrohre sind in der Regel etwa 10 mm (bei dem kleinen Durchmesser von 60 lw. 8 mm). Bei unreinen Abgasen empfiehlt es sich, die Rippenabstände 30 mm zu wählen, damit keine Verstopfung eintreten kann.

Für hohe Drucke hat man in den letzten Jahren an Stelle der gußeisernen Rippenröhren Stahlröhren mit elektrisch aufgeschweißten Rippen gewählt, und zwar in unveränderter Konstruktion, d. h. mit Flanschverbindungen an beiden Rohr enden oder mit Umkehrstücken, in welche die Rohrenden eingewalzt werden. Bei einer anderen Konstruktion kommen Stahlrohre mit gußeisernem Rippenrohr als Mantel zur Verwendung.

Auch Konstruktionen mit geraden Stahlröhren, jedoch ohne Rippen, werden gebaut und insbesondere auch wieder der altbekannte Schlangenrohr-Vorwärmer aus Stahl.

Alle Vorwärmer aus Stahlröhren bedingen unter allen Umständen gas- und luftfreies Speisewasser, denn es fehlt dem Stahlrohr die gegen Korrosionen widerstandsfähigere Gußhaut des Gußrohres.

Die **Wärmedurchgangszahl** des **Stahlrippenrohres** ist bei gleichen Abmessungen ungefähr den Werten obiger Tabelle gleichzusetzen, denn die geringere Wandstärke des Stahlrohres (5—6 mm) hat fast keinen Einfluß. Für **Schlangenrohre** und gerade, **glatte Stahlrohrvorwärmer** ist k nach dem Kapitel 10 „Wärmeübertragung" zu berechnen.

Berechnung der Heizfläche

Bezeichnet

B die Brennstoffmenge in Nm³/h oder kg/h,
G ,, Gasmenge je Nm³ oder kg Brennstoff in Nm³/h,
C_p ,, spezifische Wärme der Gase,
t_a ,, Gasanfangstemperatur,
t_e ,, Gasendtemperatur,
t_1 ,, Wassereintrittstemperatur,
t_2 ,, Wasseraustrittstemperatur,
D ,, Wassermenge je Stunde in kg,

und rechnet man mit 3 % Leitungs- und Ausstrahlungsverlusten, so ist

$$0{,}97 \cdot B \cdot G \cdot C_p\,(t_a - t_e) = D\,(t_2 - t_1) \text{ kcal.}$$

Die **Wasseraustrittstemperatur** beträgt mithin

$$\boldsymbol{t_2 = \frac{0{,}97 \cdot B \cdot G \cdot C_p\,(t_a - t_e)}{D} + t_1} \quad . \; . \; . \; . \quad (123)$$

und die **Gasaustrittstemperatur**

$$t_e = t_a - \frac{D \cdot (t_2 - t_1)}{0{,}97 \cdot B \cdot G \cdot C_p} \quad . \; . \; . \; . \; . \; . \; . \quad (124)$$

Die **Heizfläche** erhält man zu

$$\boldsymbol{F = \frac{D \cdot (t_2 - t_1)}{k \cdot t_d}} \text{ m}^2 \quad . \; . \; . \; . \; . \; . \; . \quad (125)$$

t_d nach Formel (106) oder (107), S. 68)[1]).

Die Wärmedurchgangszahl ist

$$k = \frac{1}{\frac{1}{\alpha_{bg}} + \frac{1}{\alpha_w} + \frac{d}{\lambda}}.$$

Die **Eintrittstemperatur der Gase** ist = der Kesselabgastemperatur zu setzen, wenn der Vorwärmer dicht beim Kessel steht. Bei langen, gut isolierten Verbindungskanälen ist dagegen ein entsprechender Abzug zu machen, etwa ½ bis 1° je m Kanallänge.

Die **Eintrittstemperatur des Wassers** soll nicht unter dem sog. Taupunkt der Abgase liegen, weil sonst die in den Gasen enthaltenen Dämpfe des Wassers, des Teers und der schwefligen Säure an den kalten Stellen der Röhren kondensieren, wodurch die Rohrwandungen zerstört werden. Auch das Festkleben der Flugasche wird dadurch begünstigt.

Bei Brennstoffen, welche viel Wasserdampf in den Verbrennungsgasen aufweisen, wird man gut tun, die Gase nicht unter 170—180° abzukühlen, da niedrige Gastemperaturen das Kondensieren der Dämpfe begünstigen.

Die Wasseraustrittstemperatur muß in angemessener Grenze unter der Sattdampftemperatur gehalten werden, damit im Vorwärmer keine Dampfbildung eintreten kann, welche dem Vorwärmer gefährlich würde und unter Umständen den Abfluß des Wassers nach dem Kessel verhindern könnte.

Neuerdings neigt man zum Einbau von „**Vorverdampfern**", die das Wasser zunächst auf Sattdampftemperatur bringen

[1]) s. auch Seite 233.

und im Schlußteil durch weitere Wärmeaufnahme noch eine gewisse Dampfmenge erzeugen. Durch ausreichende Wassergeschwindigkeit und freie Verbindung mit dem Kessel muß für sichere Dampfabfuhr gesorgt werden. Die Berechnung des Verdampfungsteiles erfolgt nach Formel (108) und (110), wobei Q_{bg} = im Vorwärmer erzeugte Dampfmenge $D_x \times$ Verdampfungswärme r ist.

Ersparnis durch den Speisewasser-Vorwärmer

Bei D kg Dampf und einer Dampfwärme i (bei Sattdampf i_1, bei Heißdampf i_2) werden verfeuert, wenn H_u der Brennstoffheizwert und η der Wirkungsgrad der Kesselanlage ist

ohne Vorwärmer $\dfrac{D}{\dfrac{H_u \cdot \eta}{i - t_1}}$ kg od. Nm³ Brennstoff,

mit Vorwärmer $\dfrac{D}{\dfrac{H_u \cdot \eta}{i - t_2}}$ kg od. Nm³ Brennstoff.

Durch den Vorwärmer werden also **an Brennstoff gespart**

$$\frac{D \cdot (i - t_1)}{H_u \cdot \eta} - \frac{D\,(i - t_2)}{H_u \cdot \eta} \text{ kg} \quad . \; . \; . \; . \; . \quad (126)$$

oder in Prozenten vom Kohlenverbrauch ohne Vorwärmer ausgedrückt

$$\frac{\dfrac{D \cdot (i - t_1)}{H_u \cdot \eta} - \dfrac{D\,(i - t_2)}{H_u \cdot \eta}}{\dfrac{D \cdot (i - t_1)}{H_u \cdot \eta}}\,100 = 100\,\frac{t_2 - t_1}{i - t_1}\,\% \quad . \; . \; . \quad (127)$$

Der Wirkungsgrad der Kesselanlage wird durch den Vorwärmer um plus

$$\frac{(t_2 - t_1) \cdot D}{H_u \cdot B} \cdot 100\,\% \quad . \; . \; . \; . \; . \; . \; . \; . \; . \quad (128)$$

erhöht. (B = Brennstoffverbrauch für Betrieb mit Vorwärmer.)

Die Formeln für die Berechnung des Schornsteinverlustes im Kapitel Wärmeverluste zeigen, daß mit sinkendem CO_2-Gehalt der Kesselabgase, d. h. bei steigendem Luftüberschuß der Schornsteinverlust steigt. Die Formel (72) für die Berechnung der Wassererwärmung zeigt dagegen, daß mit der Gasmenge G, also mit sinkendem CO_2-Gehalt der Kesselabgase die Wassererwärmung steigt. Hieraus ergibt sich, daß

mangelhafte Feuerbedienung vom Rauchgasvorwärmer wieder ausgeglichen wird,

wenigstens bis zu einem gewissen Grade.

Beispiel 32: Der auf S. 72 berechnete Wasserrohrkessel hat 350° Abgastemperatur, welche im Vorwärmer ausgenützt werden soll. Bei der Berechnung ist mit 100° Speisewasser gerechnet, also angenommen, daß der Kessel einen Vorwärmer hat. Man erhält dann mit Formel (124) die Gastemperatur beim Austritt aus dem Vorwärmer, wenn $t_1 = 30\,°C$ zu

$$t_e = 350 - \frac{(100-30)\cdot 10000}{0,97\cdot 1070\cdot 14,7\cdot 0,32} = \mathbf{207^0\ Cels.}$$

$$t_d = \frac{(350-100)-(207-30)}{\ln\frac{350-100}{207-30}} = 217.$$

Die Heizfläche wird bei $k = 12$

$$F = \frac{10000\,(100-30)}{12\cdot 217} = \mathbf{268\ m^2}.$$

Die Kohlenersparnis beträgt

$$100\cdot\frac{100-30}{667-30} = \text{rund } \mathbf{11\,\%}.$$

Am Wirkungsgrad der Anlage hat der Vorwärmer den Anteil von

$$100\cdot\frac{(100-30)\cdot 10000}{7500\cdot 1070} = \mathbf{8,7\,\%},$$

d. h. der Gesamtwirkungsgrad für Kessel mit Vorwärmer ist = 70,6 % + 8,7 % = **79,3** %.

Bem.: Entsprechend dem geringeren Kohlenverbrauch je 1 kg Dampf kann der Kessel mit Ekonomiser mehr Dampf liefern als der Kessel ohne Ekonomiser, wenn in beiden Fällen dieselbe Kohlenmenge verfeuert wird.

Die **Zugverluste im Rippenrohr-Vorwärmer** Nr. 4 der Tabelle betragen etwa bei 5/10/15 und 20 Rohrreihen übereinander für **4 m/s** 1,5/2,5/4 und 5 mm WS, für **6 m/s** 2,5/5/7 und 10 mm WS, für **8 m/s** 4/7,5/11 und 15 mm WS, für **10 m/s** 7/12/17 und 22 mm WS und für **12 m/s** 10/18/25 und 34 mm WS.

b) Lufterhitzer

Die Ausnutzung der Kesselabgase durch Erhitzung der Verbrennungsluft ist nicht neu, insbesondere bei Schiffskesseln kommt dieses Verfahren schon lange zur Anwendung. Bei stationären Anlagen dagegen hat man bis vor wenigen Jahren vorgezogen, mit Kesselabgasen das Speisewasser zu erwärmen, denn die Kessel werden bei Betrieb mit heißem Wasser geschont und die Leistungsfähigkeit der Kesselheizfläche wird gleichzeitig erhöht, ohne daß die spezifische Belastung der Heizfläche steigt. In allen Fällen aber, wo bereits heißes Wasser zur Verfügung steht, kann an Stelle des Vorwärmers der Lufterhitzer die Wirtschaftlichkeit der Anlage erhöhen.

So wird z. B. neuerdings häufig durch Anzapfdampf das Speisewasser hoch erwärmt (siehe Kapitel 23) und der Lufterhitzer ist aus diesem Grunde mehr als bisher in den Vordergrund des Interesses getreten[1]). Er ist für derartige Anlagen eine Notwendigkeit und bringt außer dem Wärmegewinn noch den Vorteil, daß die Heißluft einen günstigen Einfluß auf den Verbrennungsvorgang hat. Zu beachten ist dabei, daß bei Heißluftbetrieb der Aschen-Erweichungs- bzw. Schmelzpunkt für Rostfeuerungen nicht überschritten wird; der Einbau von Strahlungs-Heizflächen kann hier Abhilfe schaffen.

[1]) W. Gumz, „Die Luftvorwärmung im Dampfkesselbetrieb" 1933, II. Aufl., Verlag Otto Spamer, Leipzig.

Hat das Speisewasser eine verhältnismäßig hohe Anfangstemperatur, welche aber noch nicht an die von der Verdampfungstemperatur bestimmte, zulässige Grenze heranreicht, so können die Kesselabgase zunächst dazu dienen, das Wasser auf diese Temperatur zu bringen, und mit dem Rest der verfügbaren Abwärme kann dann noch die Verbrennungsluft erhitzt werden. Der wärmetechnische Vorteil der Lufterhitzung liegt darin, daß der Schornsteinverlust vermindert und außerdem noch der Temperaturwert der Verbrennungsgase bzw. die Feuerraumtemperatur erhöht wird. Man erkennt dies ohne weiteres aus der Formel (80), Seite 48.

Zu der vom Brennstoff entwickelten Wärme kommt die Heißluftwärme hinzu, und die Formeln von Seite 39 und 41 lauten daher für Heißluftbetrieb wie folgt:

Theoretische Verbrennungstemperatur

$$t_v = \frac{H_u + L \cdot C_{ph} \cdot t_h}{G \cdot C_p} \quad \ldots\ldots\ldots \quad (58)$$

(bezogen auf 0° Kesselhaustemperatur).

Feuerraumtemperatur bei t_l Grad Kesselhaustemperatur

$$t_f = \frac{B \cdot H_u + B \cdot L \cdot C_{ph} \cdot (t_h - t_l)\, S \cdot F_s}{B \cdot G \cdot C_p} + t_l \quad \ldots \quad (66)$$

Hierbei bedeutet:

t_h = Heißlufttemperatur am Lufterhitzer,
C_{ph} = spezifische Wärme der Heißluft (Tabelle 31).

Beispiel 33; Nimmt man für das Beispiel 17 von Seite 42 $t_h = 200°$ an, so erhält man mit dem errechneten $C_{ph} = 0{,}316$ und dem geschätzten $t_f = 1300°$ bei $L = 12{,}06$

$$\frac{1000 \cdot 7500 + 1000 \cdot 12{,}06 \cdot 0{,}316\,(200 - 30) - 242700 \cdot 10}{1000 \cdot 12{,}4 \cdot 0{,}36} = 1290°,$$

so daß der **wirkliche Wert bei etwa 1295°** liegen wird. Man erhält somit eine **Feuerraumtemperatur** $t_f = 1295 + 30 =$ **1325° C**, und die Erhöhung der Feuerraumtemperatur durch die Heißluft beträgt 85° C (1240 auf 1325). Nimmt man ferner die Abgastemperatur sowohl am Ende des Vorwärmers als auch des Lufterhitzers zu 200° an und errechnet nach der Formel (56), Seite 39, im ersten Fall $t_v = 1710$ und im anderen Fall nach der vorstehenden Formel (34a) $t_v = 1840$, so erhält man nach Formel (80), Seite 48, den Heizflächenwirkungsgrad

$$\text{mit Vorwärmer} \quad \eta_2 = 1 - \frac{200 \cdot 13{,}4 \cdot 0{,}33}{1710 \cdot 12{,}4 \cdot 0{,}36} = 0{,}883$$

$$\text{und ,, Lufterhitzer} \quad \eta_2 = 1 - \frac{200 \cdot 13{,}4 \cdot 0{,}33}{1840 \cdot 12{,}4 \cdot 0{,}36} = 0{,}892.$$

Rechnerisch stellt sich somit der Wirkungsgrad der Anlage mit Lufterhitzer um + 0,9 % höher. Allerdings steht diesem Gewinn der Kraftbedarf des Luftgebläses gegenüber.

(Die Gasmenge G ist am Ende mit 13,4 und die spez. Wärme mit 0,33 angenommen.)

Die Lufterhitzer werden aus guß- oder schmiedeisernen Röhren oder Platten (Taschen) hergestellt, welche einerseits von den Abgasen und auf der anderen Seite von der zu erhitzenden Luft möglichst im Gegenstrom bestrichen werden.

Die **Wärmedurchgangszahl** k kann für normale Verhältnisse etwa wie folgt angenommen werden, und zwar für Taschen- und Röhrenlufterhitzer gleich:

Gasgeschwindigkeit	4	6	8	10	m/s
Luftgeschwindigkeit	6	8	10	12	,,
Wärmedurchgangszahl	**8,0**	**10,5**	**11,5**	**12,5**	**kcal/m² h°**
Zugverlust, gasseitig	4	7	13	20	**mm WS**
Druckverlust, luftseitig	8	13	20	30	,, ,,

Die angegebenen Zug- und Druckverluste gelten allerdings für reinen Gegenstrom ohne Umlenkungen (nicht für mehrfachen Kreuzstrom); bei ungünstigeren Bauarten können die Werte sehr stark ansteigen.

Nach Gumz kann für **Taschenlufterhitzer** mit der Spaltbreite b in mm und der reduzierten Geschwindigkeit v_0 gerechnet werden (einschl. genereller Berücksichtigung der Gasstrahlung und Bestreichungsgrad)

für **Gas an die Wand** $\alpha_b = 20{,}68\, b^{-0{,}2} \cdot v_0^{0{,}75} \cdot 0{,}8$ (129)

für **Wand an die Luft** $\alpha_l = 13{,}74\, b^{-0{,}2} \cdot v_0^{0{,}75} \cdot 0{,}8$ (130)

und somit

$$k = \frac{1}{\dfrac{1}{\alpha_b} + \dfrac{1}{\alpha_l}} \left(\frac{d}{\lambda} \text{ kann vernachlässigt werden}\right).$$

Für **Röhrenlufterhitzer** haben je nach Konstruktion gas- und luftseitig die Formeln (90) S. 60, (91) S. 61, (92—96) S. 62 und (103) S. 67 Gültigkeit.

Die nachstehenden Tabellen Q und R erleichtern die Rechnung.

b	$b^{-0{,}2}$
15	0,58
20	0,55
25	0,525
30	0,507

v_0	$v_0^{0{,}75}$	v_0	$v_0^{0{,}75}$
1,5	1,36	5,0	3,35
2,0	1,68	6,0	3,85
2,5	1,99	7,0	4,32
3,0	2,28	8,0	4,76
3,5	2,56	9,0	5,19
4,0	2,83	10,0	5,60

$v_0 = \dfrac{v \cdot 273}{273 + t}$, wobei t die Gas- oder Lufttemperatur im Mittel ist.

Berechnung der Heizfläche

Wie beim Vorwärmer erhält man auch hier mit 3 % Leitungs- und Strahlungsverlusten sinngemäß

$$0{,}97 \cdot B \cdot G \cdot C_p (t_a - t_e) = B \cdot L \cdot C_{ph} (t_h - t_l)$$

und daraus die **Heißlufttemperatur**

$$t_h = \frac{0{,}97 \cdot G \cdot C_p (t_a - t_e)}{L \cdot C_{ph}} + t_l \,°\text{C}, \quad . \quad . \quad . \quad . \quad (131)$$

ferner die **Lufterhitzerheizfläche**

$$F = \frac{B \cdot L \cdot C_{ph}\,(t_h - t_l)}{k \cdot t_d}\ \mathrm{m}^2 \quad \ldots\ldots \quad (132)$$

t_d nach Formel (106) oder (107), S. 68 oder nach S. 233).

Bei Konstruktions- und Wirtschaftlichkeitsberechnungen muß der Gewinn durch den Lufterhitzer wie vorstehend angegeben, durch Bestimmung von η_2 errechnet werden. Bei Aufmachung einer Wärmebilanz kann dagegen dem Lufterhitzer nur der Gewinn durch Verminderung des Schornsteinverlustes angeschrieben werden, weil der Gewinn durch Erhöhung der Feuerraumtemperatur praktisch nicht nachgewiesen werden kann.

Die Regenerativlufterhitzer sind nach dem Buch von Gumz zu berechnen.

14. Heizflächenverteilung

Die Diagramme und Dampftabellen lassen aus der Veränderung der Flüssigkeits-, Verdampfungs- und Gesamtwärme schon erkennen, daß sich **mit steigendem Druck die Wärmeverteilung auf Kessel, Überhitzer und Vorwärmer wesentlich verschiebt,** man wird daher gezwungen sein, die Heizflächen für die veränderten Verhältnisse zu berechnen, denn Erfahrungszahlen fehlen vorerst noch.

Leider sind allerdings die Unterlagen für die Heizflächenberechnungen noch immer unsicher und die Forderung nach wissenschaftlichen Versuchen in dieser Richtung wird daher immer dringender.

Beispiel 34 zeigt anschaulich die mit der Druckveränderung eintretenden Verschiebungen. Die Grundlagen dieses Rechnungsbeispieles sind die Werte des Beispieles 57, S. 177, und dementsprechend sind für die gewählten Drücke 20, 40, 60, 80, 100 und 120 ata folgende Werte gleichbleibend:

Stündlich erzeugte **Dampfmenge 69 733 kg**; Gesamtwärme des überhitzten **Dampfes 778 kcal**; unterer Heizwert der verfeuerten **Rohbraunkohle 2156 kcal; Abgastemperatur 193 ° C;** Lufttemperaturen 22/157° C; CO_2-Gehalt hinter Lufterhitzer 14 % und im Feuerraum 15,5 % (übrige Werte für CO_2 ebenfalls gleichbleibend); Luftüberschuß 21 %; wirkliche Luftmenge 3,29 Nm³; wirkliche Gasmenge 3,627 Nm³; Abgasverlust 12,4 %; Verlust durch Unverbranntes 1,0 %; Verlust durch Leitung und Strahlung 1,2 %; **Wirkungsgrad 85,4 %; Wasseranfangstemperatur 125,5° C**; Feuerraumtemperatur 1245° C; theoretische Verbrennungstemperatur 1420° C; Gastemperatur vor dem Überhitzer 880° C.

Bem.: Diese 880° Gastemperatur ergeben sich aus der Annahme, daß bei 120 ata die Wärmeaufnahme der dem Überhitzer vorgeschalteten Kesselheizfläche gleich der Sattdampferzeugungswärme ist, welche dem Temperaturgefälle 1420/880° C entspricht. Für alle Drücke des Beispieles wird daher entgegen dem Beispiel 57 diese Temperatur als gleichbleibend gewählt.

Kohlenverbrauch stündlich 24633 kg brutto, netto 24388 kg d. h. nach Abzug des Unverbrannten.

Die Vorwärmerleistung ist so groß angenommen, daß das Wasser vor dem Eintritt in den Kessel bereits 93 % der Flüssigkeitswärme enthält.

Für Vorwärmer und Lufterhitzer sind glatte Heizflächen gewählt nicht Rippen- oder andere Flächen). Die Lufterhitzer-Heizfläche bleibt für alle 6 Fälle gleich groß, da die Betriebsbedingungen auch unverändert bleiben.

Bild 7. **Gastemperatur-Verlauf.**

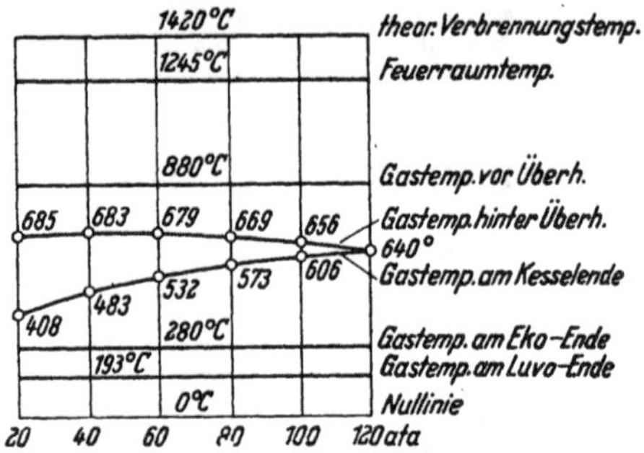

Bild 8. **Heizflächen-Verteilung.**

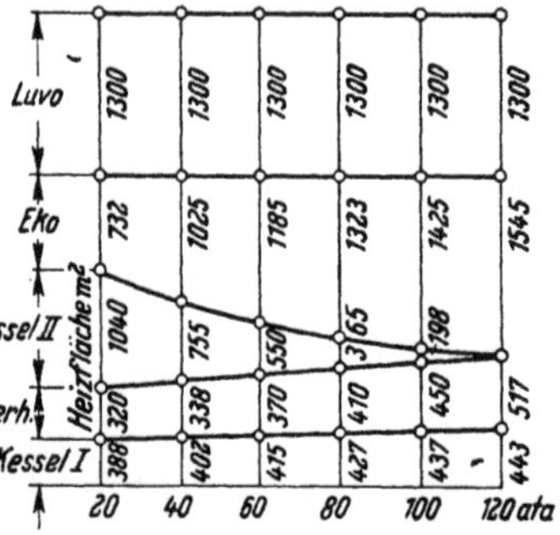

Da bei höheren Wassertemperaturen die spez. Wärme des Wassers von der Temperatur stark abweicht, wird beim Eko mit Flüssigkeitswärme (nicht angenähert mit der Wassertemperatur) gerechnet.

Die nachstehende Tabelle enthält die nach den vorstehenden Kapiteln berechneten Werte.

---

[1]) Eko = Speisewasservorwärmer. [2]) Luvo = Lufterhitzer.

Dampfdruck ata	20	40	60	80	100	120
Dampftemperatur . . . . °C	410	420	430	440	450	460
Sattdampfwärme } = 778[1]) . . kcal/kg	667,8	667,6	663,8	658,3	651,3	642
Überhitzungswärme } . . „ „	110,2	110,4	114,2	119,7	126,7	136,0
93% Flüssigkeitswärme . . . . „ „	202	240	268	291	310	330
= Wasserendtemperatur in Grad C . . .	198	233	260	280	297	315
Wärmeaufnahme in kcal:						
a) im Kessel je kg Dampf	465,8	427,6	395,8	367,3	341,3	312
„ „ insgesamt	32 500 000	29 800 000	27 650 000	25 650 000	23 850 000	21 700 000
b) im Vorwärmer je kg Dampf.	76,25	114,25	142,25	165,25	184,25	204,25
„ „ insgesamt	5 300 000	7 950 000	9 900 000	11 500 000	12 800 000	14 200 000
c) im Überhitzer je kg Dampf	110,2	110,4	114,2	119,7	126,7	136,0
„ „ insgesamt	7 700 000	7 750 000	7 950 000	8 350 000	8 850 000	9 500 000
d) im Lufterhitzer je kg Kohle.	137	137	137	137	137	137
„ „ insgesamt	3 380 000	=	=	=	=	3 380 000
e) { Anteil der Kesselheizfläche vor dem Überhitzer insgesamt.	21 700 000	=	=	=	=	21 700 000
(davon Wärmeeinstrahlung)	7 100 000	=	=	=	=	7 100 000
Gastemperatur-Verlauf:						
a) theoretische Verbrennungstemp. °C	1420	1 420	1 420	1420	1 420	1 420
b) Feuerraum . . . . „	1 245	1 245	1 245	1 245	1 245	1245
c) vor dem Überhitzer. . . . . . . „	880	880	880	880	880	880
d) hinter „ „ . . . . „	685	683	679	669	656	640
e) am Kesselende . . . . „	408	483	532	573	606	—

[1]) Gerechnet mit den Werten der Dampftabellen von 1932; die geringen Unterschiede gegenüber der neuen Tabelle von 1940 spielen hier keine Rolle.

Dampfdruck ata	20	40	60	80	100	120
f) am Eko-Ende. . . . . °C	280	280	280	280	280	280
g) „ Luvo-Ende . . . . „	193	193	193	193	193	193
Wandungstemperatur der Siederohre = Sattdampftemperatur + 10 °C . . .	220	260	285	305	320	335
Einstrahlung je m² Projektion der direkt bestrahlten Heizfläche . . . . kcal	208040	207 180	206520	205920	205 440	204960
Größe dieser Projektion . . . . . . m²	34,1	34,3	34,4	34,5	34,6	34,7
Aufteilung der Heizflächen:						
I. Kesselheizfläche . . . . m²	388	402	415	427	437	443
Überhitzerheizfläche . . . . „	320	338	370	410	450	517
II. Kesselheizfläche . . . . „	1 040	755	550	365	198	—
Vorwärmerheizfläche . . . . „	732	1025	1 185	1 323	1 425	1545
Lufterhitzerheizfläche . . . . . . „	1 300	1 300	1 300	1 300	1 300	1 300
Gesamtheizfläche . . . . m²	3 780	3 820	3 820	3 825	3 810	3 805
Gesamt-Wärmeaufnahme = [69 733 · (778—125,5)] . . . . kcal	45500000	=	=	=	=	45500000
Wärmeaufnahme je m² der Gesamtheizfläche und Stunde. . . . . kcal	~**12 000**	=	=	=	=	**12 000**
desgl. je m² Kesselheizfläche I . (k =) (45)	56000	54000	52300	51000	49600	49000
„ „ „ Überhitzerheizfläche „ (50)	24 000	23000	21400	20300	19650	18400
„ „ „ Kesselheizfläche II „ (33)	10400	10700	10900	11000	10600	—
„ „ „ Vorwärmerheizfläche „ (40)	7250	7750	8350	8700	8970	9200
„ „ „ Lufterhitzerheizfläche „ (18)	2600	=	=	=	=	2600

Bem.: Die in Klammern vor den Heizflächen-Leistungen stehenden Wärmedurchgangszahlen *k*, welche für alle Drucke angenähert gleichbleiben, sind ermittelt für Gasgeschwindigkeiten von 7 m/s in der I. Kesselheizfläche, von 8 m/s im Überhitzer, von 9 m/s in der II. Kesselheizfläche, von 10 m/s im Vorwärmer und Lufterhitzer. Ferner bei einer mittleren Dampfgeschwindigkeit von 18 m/s im Überhitzer und einer mittleren Luftgeschwindigkeit von 15 m/s im Lufterhitzer.

Die Ergebnisse des Rechnungsbeispiels sind sehr interessant, denn sie zeigen, daß unter gleichen Bedingungen sich **die Gesamtheizfläche nur wenig ändert** und daß **die Wärmeaufnahme je m^2 Gesamtheizfläche** dementsprechend zwischen 20 und 120 ata, **nahezu gleichbleibend** ist, in vorliegendem Beispiel = **rund 12000 kcal/m^2 Heizfläche** und Stunde beträgt

Die beigefügten Kurvenblätter lassen die Veränderungen bildmäßig noch deutlicher erkennen.

Die Berechnungen sind mit Rechenschieber-Genauigkeit durchgeführt.

Bem.: Nebenstehende Konstruktion zeigt eine Ausführungsmöglichkeit für alle berechneten Druckstufen. Der Kessel wird hierbei in den Umlaufteil I und den Durchlaufteil II unterteilt. Der Durchlaufteil[1]) wird mit steigendem Druck immer kleiner und fällt bei 120 at ganz weg; dafür wird der darunter liegende Vorwärmer immer größer. Unter dem Vorwärmer liegt der Lufterhitzer.

Bild 9.

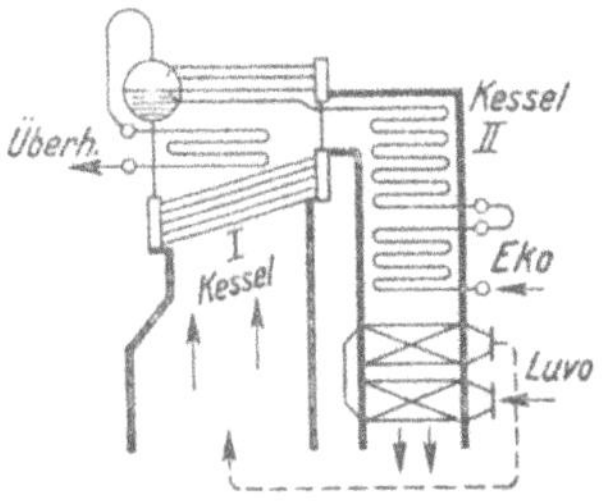

15. Wärmeaustauscher

Unter „Wärmeaustauschern" versteht man in der Regel sog. „**Oberflächenvorwärmer**", d. h. zylindrische Druckbehälter mit eingebautem Rohrsystem, die der Erwärmung bzw. Abkühlung von Wasser, Dampf oder Luft dienen, wobei als Heiz- bzw. Kühlmittel ebenfalls Dampf, Wasser oder Luft in Frage kommen können. Je nach Verwendungszweck kann dabei das Heiz- bzw. Kühlmittel um oder durch die Röhren strömen.

Soll in solchen Wärmeaustauschern Sattdampf erzeugt werden durch Beheizung mittels Dampf von höherer Spannung, d. h. also höherer Temperatur als der zu erzeugende Dampf, so spricht man von „**Dampfumformern**" (s. S. 137).

Soll dagegen Heißdampf auf eine bestimmte Temperatur abgekühlt werden, so nennt man den Wärmeaustauscher „**Heißdampfregler**". In dem behandelten Fachgebiet kommen im allgemeinen folgende Fälle vor:

[1]) Vorverdampfer genannt.

1. Heißes Wasser abkühlen und dabei das Kühlwasser nutzbar erwärmen

Dieser Fall liegt vor, wenn man den Wärmeinhalt des **Absalzwassers** aus Kesseln oder Verdampfern zwecks Vermeidung unnötiger Wärmeverluste soweit als möglich auf das Speisewasser übertragen will (s. S. 46, S. 149 und 134, Bild 17, V_4).

a_b nach Formel (98), S. 65,
a_w ,, ,, (98), S. 65.

2. Dampf kondensieren und das Kühlwasser nutzbar erwärmen

Der **Abdampf** von Speisepumpen oder anderen Hilfsmaschinen oder **Verdampferdampf** ist durch Speisewasser zu kondensieren, wobei das Kondensat dem Speisewasserstrom zugeführt wird. **Anzapfdampf** wird durch Abkühlung mittels Speisewasser kondensiert, und auch hier wird das Kondensat vom Speisewasserstrom aufgenommen (s. S. 134, Bild 17, S. 139, Bild 18, S. 203/204, Bild 37/38).

a_b nach Formel (99), S. 66,
a_w ,, ,, (98), S. 65.

3. Dampf kondensieren und Sattdampf niedriger Spannung erzeugen

Dieser Fall tritt bei den sog. **Dampfumformern** und **Verdampfern** für Zusatzwasser auf (s. Bild 18, 37 und 38), mit denen durch Beheizung mit kondensierendem Dampf höherer Spannung Sattdampf niedrigerer Spannung erzeugt wird. Auch beim **Schmidt-Kessel** findet eine solche Umformung statt (s. S. 161).

a_b nach Formel (99), S. 66,
a_s ,, ,, (102), S. 66.

4. Dampf kondensieren und Luft nutzbar erwärmen

Dieser Fall liegt vor, wenn mittels **Anzapfdampf** oder Hilfsmaschinenabdampf die Verbrennungsluft erwärmt wird (s. S. 203/204, Bild 37/38).

a_b nach Formel (99), S. 66,
a_l ,, ,, (91), S. 61.

5. Heißdampf kondensieren und Sattdampf oder schwach überhitzten Dampf überhitzen

Hat man Sattdampf aus einem Dampfumformer, so kann dieser Dampf mittels kondensierendem Heißdampf von höherer Spannung überhitzt werden.

Ferner kann man Zwischendampf (s. S. 125) auf dieselbe Weise wieder neu überhitzen. Die höchst erreichbare Überhitzung liegt in diesen Fällen 5—20° unter der Sattdampftemperatur des Heizdampfes. In beiden Fällen strömt das heiße Kondensat zur Kesselanlage zurück.

a_b nach Formel (99), S. 66,
$a_{ü}$,, ,, (97), S. 64.

6. Heißdampf abkühlen und Sattdampf oder schwach überhitzten Dampf überhitzen

Dieses Verfahren kommt in den unter Absatz 5 geschilderten Fällen zur Anwendung, nur kondensiert hier der Heißdampf nicht, sondern es wird durch den Wärmeentzug lediglich seine Temperatur herabgesetzt und die des beheizten Dampfes entsprechend heraufgesetzt (s. S. 139, Bild 18). Man erhält hierbei größere Heizflächen als bei dem Verfahren nach Absatz 5, kann aber höhere Dampftemperaturen erzielen.

a_b nach Formel (97), S. 64,
$a_ü$,, ,, (97), S. 64.

7. Heißdampf abkühlen und Sattdampf erzeugen

Zwecks Regelung der Heißdampftemperatur baut man das vom Heißdampfstrom durchströmte Rohrsystem in den Wasserraum des Kessels oder in einen mit diesem Wasserraum verbundenen Behälter ein. Der so erzeugte Sattdampf vergrößert die Sattdampfmenge des Kessels. Man kann den außenliegenden Behälter auch ohne Verbindung mit dem Wasserraum des Kessels geregelt speisen und den erzeugten Sattdampf in den Kessel oder in die Heißdampfleitung einführen. In letzterem Falle setzt die Vermischung die Heißdampftemperatur entsprechend zusätzlich herab.

a_b nach Formel (97), S. 64,
a_s ,, ,, (102), S. 67.

8. Heißdampf abkühlen und Speisewasser erwärmen

Dieser Fall kommt für Heißdampftemperaturregler in Frage.

a_b nach Formel (97), S. 64,
a_w ,, ,, (98), S. 65.

9. Heißdampf abkühlen und Speisewasser im Durchlauf erwärmen und verdampfen

Bei dieser Art von Heißdampftemperaturregler wird ein Teil des Speisewassers durch ein vom Heißdampf beheiztes Rohrsystem geführt, wobei es erwärmt, verdampft und u. U. der erzeugte Sattdampf auch noch leicht überhitzt wird ein

a_b nach Formel (97), S. 64,
a_w ,, ,, (98), S. 65 für Wassererwärmung,
a_s ,, ,, (102), S. 67 für Sattdampferzeugung,
$a_ü$,, ,, (97), S. 64 für Sattdampfüberhitzung.

Bem.: Der erzeugte Dampf wird am besten dem Kessel oder, wenn nicht anders möglich, der Heißdampfleitung zugeführt, wobei in letzterem Falle allerdings die Gefahr besteht, daß u. U. nicht Dampf sondern Speisewasser in die Leitung gelangt.

10. Berechnung der Heizflächen

Für sämtliche Fälle 1—9 gilt ganz allgemein die Formel

$$Q = k \cdot t_d \cdot F \text{ kcal/h (s. S. 69)} \quad \ldots \quad (109)$$

wobei Q = gesamte durchgegangene Wärme in kcal/h,
k = Wärmedurchgangszahl in kcal/m²h°,
t_d = mittlere, log. Temperaturdifferenz nach S. 68

$$k = \frac{1}{\frac{1}{a_b} + \frac{1}{a_s} + \frac{d}{\lambda}} \text{ kcal/m}^2\text{ h °C (s. S. 67)} \quad \ldots \quad (104)$$

dabei ist ganz allgemein

α_b = Wärmeübergangszahl von Dampf, Luft oder Wasser an die Wand in kcal/m² h °C,

α_2 = Wärmeübergangszahl von der Wand an Dampf, Luft oder Wasser in kcal/m² h °C (= α_l, $\alpha_ü$, α_w, α_s),

d = Wanddicke in m,

λ = Wärmeleitzahl der Wand.

16. Wärmemischung

1. Heißdampfkühlung durch Mischung mit Sattdampf

Um die zu hohe Heißdampftemperatur durch Mischung mit Sattdampf auf die gewünschte Höhe herabzudrücken, kann der Kesseldampf benutzt werden, denn er hat infolge des Druckabfalls im Überhitzer eine höhere Spannung als der Heißdampf. Allerdings ist der Regelbereich sehr gering, denn man darf dem Überhitzer nur eine beschränkte Menge Sattdampf entziehen, da sonst u. U. die Kühlwirkung nicht mehr ausreicht und deshalb Überhitzerschäden entstehen können. Mehr als 20° wird man in der Regel die Heißdampftemperatur auf diese Weise nicht herabsetzen können. Wird jedoch durch den zu hoch überhitzten Heißdampf Sattdampf in einem besonderen Behälter erzeugt (s. S. 95, Absatz 7), so kann dieser Sattdampf in den Heißdampfstrom eingeführt werden und er nimmt dann somit an der erforderlichen Temperaturminderung teil.

Ist i_2 = Wärmeinhalt des Heißdampfes in kcal/kg,

i_1 = ,, ,, Sattdampfes in kcal/kg,

i_2' = ,, ,, herabgekühlten Heißdampfes in kcal/kg,

x = Sattdampfmenge in kg/kg Heißdampf,

so gilt

$$i_2 + x \cdot i_1 = i_2' + x \cdot i_2' \ldots \text{kcal.}$$

$$x = \frac{i_2 - i_2'}{i_2' - i_1} \text{ kg Sattdampf/kg Heißdampf} \quad \ldots \quad (133)$$

Die Heißdampfmenge wird vergrößert auf $1 + x$ kg/kg.

Beispiel 35

Dampf von 80 ata und 520° soll auf 500° gebracht werden durch Mischung mit Sattdampf von 82 ata. Nach den Dampftabellen ist

$$i_2 = 823{,}4;\ i_1 = 658{,}2;\ i_2' = 811{,}6 \text{ kcal/kg},$$

$$x = \frac{823{,}4 - 811{,}6}{811{,}6 - 658{,}2} = 0{,}0728 \text{ kg Sattdampf/kg Heißdampf.}$$

Statt 1 kg Heißdampf hat man dann 1,0728 kg herabgekühlten Heißdampf.

2. Heißdampfkühlung durch Einblasen von Wasser

Ein einfaches Mittel zu hoch überhitzten Dampf auf eine bestimmte Temperatur herabzudrücken ist das Einblasen fein zerstäubten Wassers. Allerdings muß dieses Wasser vollkommen rein sein, da andernfalls Überhitzer, Rohrleitungsarmaturen und Maschinen durch Ablagerungen geschädigt werden können.

Ist i_2 = Wärmeinhalt des Heißdampfes in kcal/kg,
i_2' = „ „ herabgekühlten Heißdampfes in kcal/kg,
i_w = „ „ Einblasewassers in kcal/kg,
x = Einspritzwassermenge in kg,

so gilt

$$i_2 + x \cdot i_w = i_2' + x \cdot i_2' \ldots \text{kcal},$$

$$x = \frac{i_2 - i_2'}{i_2' - i_w} \text{ kg Wasser/kg Heißdampf} \quad . \; . \; . \quad (134)$$

Die Heißdampfmenge wird vergrößert auf $1 + x$ kg/kg.

Beispiel 36

Dampf von 80 ata und 520° soll auf 500° gebracht werden durch Einblasen von Wasser mit 100°. Nach den Dampftabellen ist

$$i_2 = 823{,}4;\; i_2' = 811{,}6;\; i_w = 100 \; (c \sim 1 \text{ bei } 100°)$$

$$x = \frac{823{,}4 - 811{,}6}{811{,}6 - 100} = 0{,}0175 \text{ kg Wasser/kg Heißdampf.}$$

Statt 1 kg Dampf hat man dann 1,0175 kg.

3. Wassererwärmung durch Einblasen von ungedrosseltem Dampf

Soll Wasser durch Einblasen von Dampf (in der Regel Anzapfdampf oder Hilfsmaschinenabdampf) erwärmt werden und ist

i_d = Wärmeinhalt des Satt- oder Heißdampfes in kcal/kg,
i_w = „ „ Wassers vor dem Einblasen in kcal/kg,
i_w' = „ „ Wassers nach dem Einblasen in kcal/kg,
x = Einblasedampfmenge in kg,

so gilt

$$i_w + x \cdot i_d = i_w' + x \cdot i_w' \ldots \text{kcal.}$$

$$x = \frac{i_w' - i_w}{i_d - i_w'} \text{ oder } \sim \frac{t_w' - t_w}{i_d - t_w'} \text{ kg Dampf/kgWasser} \quad . \quad (135)$$

bzw.

$$t_w' \sim \frac{t_w + x \cdot i_d}{1 + x} \ldots °\text{C}.$$

Bem.: Nimmt man die spez. Wärme des Wassers = 1 an, so kann man statt i_w die Wassertemperatur t_w und statt i_w' die Temperatur t_w' setzen.

Die Wassermenge wird vergrößert auf $1 + x$ kg/kg.

Beispiel 37

Wasser von 90° soll in einem geschlossenen Behälter durch Einblasen von Anzapfdampf zwecks Entgasung auf ~ 130° gebracht werden. Der Temperatur von 130° entspricht nach den Dampftabellen etwa der Druck von 3 ata (i = 133,4; t_1 = 132,88), womit sich eine Wasserhöchsttemperatur von ~ 133° ergeben kann.

Nimmt man an, daß der Anzapfdampf noch einen Wärmeinhalt von i_d = 680 kcal/kg hat, d. h. leicht überhitzt ist, so wird

$$x = \frac{133 - 90}{680 - 133} = 0{,}0787 \text{ kg}$$

und die Wassermenge wächst an auf 1,0787 kg, d. h. wenn vor dem Einblasen 10000 kg im Behälter waren, so sind nachher 10787 kg vorhanden.

4. Wassererwärmung durch Einblasen von gedrosseltem Dampf

Die **Drosselung des Dampfes** ist bei Vernachlässigung von Leitungs- und Strahlungsverlusten eine Druckminderung ohne Wärmeverlust; der Wärmeinhalt des auf niedrigere Spannung heruntergedrosselten Dampfes ist also gleich dem Wärmeinhalt des noch ungedrosselten Dampfes. Der Drosselvorgang stellt sich demnach im i, s-Diagramm als eine waagrechte Gerade dar, die vom Ausgangspunkt, der dem Dampfanfangszustand entspricht, nach rechts verläuft.

Geht man z. B. von 7,5 ata Sattdampf aus und drosselt auf 3 ata, so hat dieser gedrosselte Dampf nach dem i, s-Diagramm (s. S. 126, Bild 15) eine Temperatur von 152°, d. h. er ist überhitzt, denn Sattdampf von 3 ata hat nur ~ 133°. Vorher hatte der Dampf bei 7,5 ata ~ 167°, die Temperatur hat somit infolge der Drosselung 15° abgenommen. Nimmt man dagegen als Beispiel Heißdampf von 7,5 ata und 300°, so kommt man bei 3 ata auf 295°, verliert also nur 5°, d. h. die Temperaturabnahme ist bei Heißdampf geringer als bei Sattdampf.

Für die Berechnung gelten die Formeln von Absatz 3.

Beispiel 38

Wie im Beispiel 37 soll Wasser auf 133° jedoch mit von 15 ata auf 3 ata gedrosseltem Sattdampf erwärmt werden. Würde man mit 15 ata einblasen, so müßte der Wasserbehälter für diesen Druck gebaut sein, würde also unnötig teuer.

$i_d = 666{,}6$ u. damit $x = \frac{133 - 90}{666{,}6 - 133} = 0{,}0805$ kg Dampf/kg Wasser.

17. Wärmespeicher

Es ist allgemein bekannt, daß eine Kesselanlage bei schwankender Belastung mit schlechterem Wirkungsgrad arbeitet als bei gleichmäßiger Belastung. Werden keine Maßnahmen für den Ausgleich von Belastungsschwankungen getroffen, so muß die Kesselanlage so gebaut sein, daß sie auch die höchsten Belastungsspitzen aufnehmen und daß sie bis auf die kleinsten vorkommenden Belastungen herabgeregelt werden kann. Treten jedoch die Schwankungen plötzlich auf, so hilft keine Regelung mehr, der Dampfdruck geht daher bei Steigerungen der Belastung zurück und beim Nachlassen der Dampfentnahme blasen die Sicherheitsventile und die Abgastemperaturen steigen an.

Die bei einer derartigen Betriebsweise eintretenden Wärmeverluste und Unannehmlichkeiten lassen sich durch die Einfügung von Wärmespeichern vermeiden, dadurch daß diese Wärmeüberschuß aufnehmen und bei Belastungssteigerungen wieder abgeben.

Bis zu einem gewissen Grade ist der Wasserraum des Kessels ein Wärmespeicher und eine Vergrößerung des Wasserraumes wirkt daher stets ausgleichend. Sinkt der Dampfdruck infolge starker Dampfentnahme von p_1 auf p_2 Atm., so bildet sich ohne Wärmezufuhr Dampf[1]), da ein Teil der Flüssigkeitswärme zur Dampfbildung frei wird. Ist W_1 die Anfangswassermenge, W_2 die infolge der Verdampfung verminderte Wassermenge in kg[2]), i' die Flüssigkeitswärme beim Druck p_1 und i'' beim Druck p_2, D die entwickelte Dampfmenge und i_1 der Wärmeinhalt/kg, so ist

$$D = W_1 - W_2 \text{ kg} \quad \ldots\ldots\ldots \quad (150)$$

und angenähert $(W_1 - W_2)\, i_1 = W_1 \cdot i' - W_2\, i''$

$$W_2 = \frac{i_1 - i'}{i_1 - i''} \cdot W_1 \quad \ldots\ldots\ldots \quad (151)$$

Beispiel 39: Man erhält mit $p_1 = 10$, $p_2 = 8$ ata $W_1 = 1000$ kg. $i_1 = 662$ kcal, $i' = 181{,}2$ und $i'' = 171{,}3$

$$W_2 = \frac{662 - 181{,}2}{662 - 171{,}3} \cdot 1000 \sim 980 \text{ kg}$$

$$D = 1000 - 980 = 20 \text{ kg.}$$

Bem.: i_1 entspricht dem mittleren Druck 9 at. Bei gleich großer Dampfmenge fällt die Druckabsenkung um so kleiner aus, je größer W_1, d. h. je größer der Wasserraum ist. Macht man den Raum zwischen dem höchsten und niedrigsten Wasserstand, d. h. den sog. **Speiseraum**, möglichst groß, so kann bei hochgespeistem Speiseraum und verstärkt einsetzender Dampfentnahme die Speisung abgestellt werden, und man braucht dann dem auf Verdampfungstemperatur stehenden Kesselwasser nur noch die Verdampfungswärme r zuführen, um Dampf zu entwickeln. Die Dampfentwicklung wird hierdurch bei unveränderter Feuerleistung um $\frac{i - t}{i_1 - i} \times$ 100 % erhöht (i_1 = Gesamtwärme des Sattdampfes, t = Speisewassertemperatur am Kessel, i = Flüssigkeitswärme).

Beispiel 40: Hat man 20 ata und 100° Speisewassertemperatur, so beträgt die erreichte Leistungssteigerung unter den geschilderten Umständen $\frac{215{,}8 - 100}{668{,}5 - 215{,}8} = 25{,}7\,\%$. Bei sinkender Belastung speist man den Speiseraum hoch und verhindert so bei unveränderter Feuerleistung das Abblasen der Sicherheitsventile und das Ansteigen der Abgastemperatur, da die überschüssige Wärme dazu dient, das eingespeiste Wasser auf Verdampfungstemperatur zu bringen.

Die **Vorteile eines ausreichend großen Speiseraumes** bei schwankender Belastung sind somit folgende:

Gleichmäßigere Rostbelastung,
gleichmäßigere Heizflächenbelastung,
keine oder geringere Druckabsenkung bei steigender Belastung,
keine oder geringere Wärmeverluste bei sinkender Belastung.

[1]) S. auch Archiv für Wärmewirtschaft 1927, Heft 1, Wichtendahl, Dampferzeugung in Heißwasserspeichern.

[2]) Umrechnung in m³ nach Tabelle 31 S. 230.

Diese Vorteile wirken nicht nur günstig auf den Wirkungsgrad, sondern gestatten auch eine Verkleinerung der Rostfläche und Kesselheizfläche. Schwankungen in der Heißdampftemperatur lassen sich allerdings nicht vermeiden durch diese Maßnahme, es muß daher der Überhitzer für die höchste Leistung bemessen und mit einem Temperaturregler versehen werden.

Der vergrößerte Speiseraum kann in den Kessel selbst verlegt sein, oder er wird durch besondere, mit dem Kessel in Verbindung stehende Gleichdruck-Behälter geschaffen. Ein anderer Weg zum Belastungsausgleich ist dadurch gegeben, daß der Überschußdampf dazu benutzt wird in **Gleichdruck-Wasserspeichern** Wasser zu erwärmen, welches dann bei steigender Belastung dem Kessel zugeführt wird. In diesem Falle kann man auch Heißdampf verwenden, wobei sich der Vorteil ergibt, daß der Überhitzer auch bei niedrigen Belastungen ausreichend von dem die Rohrwandungen kühlenden Dampf durchströmt wird. Da Gleichdruck mit dem Kessel herrscht, kann das Speicherwasser bis auf Verdampfungstemperatur gebracht werden und etwa entwickelter Dampf kann dem Kessel zugeführt werden. Gleichdruck-Wasserspeicher mit Pumpen-Umwälzung sind von Kiesselbach eingeführt worden.

Minderdruck-Wasserspeicher können auch Überschußdampf von verschiedener Spannung aufnehmen; der Speicherdruck entspricht hierbei der niedrigsten Dampfspannung und die Überschußdämpfe von höherer Spannung werden auf diesen Druck herabgedrosselt. Die Verdampfungstemperatur des Kessels ist allerdings in solchen Speichern nicht zu erzielen, man hat aber den Vorteil, daß der Speicher auch bei großen Abmessungen infolge des niedrigeren Druckes verhältnismäßig billig wird. Entwickelter Dampf wird den Dampfverbrauchern zugeführt, welche mit dem Speicherdruck arbeiten. Durch Verwendung von **Dampfumformern**, mit welchen Dampf von niedrigerer Spannung auf höhere Spannung gebracht werden kann, sind jedoch auf diesem Gebiete noch weitere Möglichkeiten gegeben.

Der **Ruths-Dampfspeicher**, ein sehr verbreiteter Speicher, schafft den Ausgleich auf andere Weise. Dieser Speicher speichert überschüssige Dampfwärme in Wasser unter Drucksteigerung auf und gibt unter Druckverminderung Dampf ab. Die volle Ausnutzung eines solchen Speichers setzt voraus, daß Druckschwankungen im Speicher von mehreren Atmosphären zugelassen werden, wodurch sich eine außerordentlich große Speicherfähigkeit ergibt.

Die Kesselanlage soll hier stets eine gleichbleibende Dampfmenge liefern und der Speicher übernimmt den Ausgleich der Belastungsschwankungen. Natürlich müssen Belastungsänderungen, welche sich auf einen längeren Zeitraum erstrecken, an der Kesselanlage selbst eingestellt werden.

Die Ruths-Dampfspeicher arbeiten in der Regel mit niedrigerem Druck als die Kesselanlage und haben somit den Ausgleich im Gebiete der niedrigeren Drücke zu bewirken, z. B. in Abdampfturbinen, Heiz- oder Kochanlagen.

Der niedrige Speicherdruck hat den Vorteil geringerer Anschaffungskosten und den weiteren Vorteil, daß Heißwasser bei niedrigem Druck mehr Dampf speichern kann als bei höherem Druck.

Beispiel 41: Nach Seite 99 erhält man bei Druckabsenkung von 25 auf 20 ata bzw. 10 auf 5 ata und bei 100000 kg Wasserinhalt W_1

$$W_2 = \frac{669 - 228{,}5}{669 - 215{,}8} \cdot 100\,000 \sim 97\,500 \text{ kg},$$

$$D = 100000 - 97500 \sim 2500 \text{ kg, bzw.}$$

$$W_2 = \frac{660 - 181{,}2}{660 - 152{,}1} \cdot 100\,000 \sim 94\,250 \text{ kg},$$

$$D = 100000 - 94250 \sim 5750 \text{ kg}.$$

Bem.: i_1 für den mittleren Druck $7^1/_2$ bzw. $22^1/_2$ ata eingesetzt.

Der Ruths-Speicher kann in der verschiedensten Weise in die Wärmewirtschaft eines Werkes eingefügt werden und eignet sich insbesondere für Betriebe, in denen Kraft- und Heizdampf benötigt werden, so z. B. für Textilfabriken, Papierfabriken, Brauereien, Chemische Fabriken usw., aber auch für Bergwerks- und Hüttenbetrieb.

Wie groß der Vorteil einer gleichmäßigen Kesselbelastung ist, hat z. B. Professor Josse durch Verdampfungsversuche an einer neuzeitlichen Kesselanlage nachgewiesen: Bei zwei Versuchen mit schwankender Belastung ergab sich die mittlere Leistung von 20 und 20,8 kg/m² Kesselheizfläche und der Wirkungsgrad zu 67,5 und 68,3 % einschließlich Vorwärmer. Bei gleichmäßiger Belastung ergaben sich dagegen bei zwei weiteren Versuchen die Leistungen zu 21 und 27 kg/m² und die Wirkungsgrade zu 78 und 83 %. Aus diesen Zahlen ist zu erkennen, daß der Einbau von Wärmespeichern große Gewinne bringen kann.

18. Die Rostfläche und Feuerraumgröße

Für die Bemessung der Rostfläche können die nachstehenden, in der Praxis anzutreffenden Zahlen als Anhalt dienen, aber nicht als Norm, denn die Eigenschaften der verschiedenen Kohlensorten müssen berücksichtigt werden, und sie sind derart verschieden, daß eine Norm nicht aufgestellt werden kann. Kohlen aus ein und derselben Zeche weichen oft stark in den Verbrennungseigenschaften voneinander ab, noch mehr kann dies natürlich zutreffen für Kohlen verschiedener Zechen.

Es werden verfeuert auf 1 m² Rostfläche in der Stunde

1. **gute Steinkohle ca. 7500 kcal;**

	normal	**angestrengt**	**maximal**
auf Planrost	85	100	120 kg
,, Wanderrost	110	140	160 ,,

2. **gutartige Kohle mit niedrigerem Heizwert** (Steinkohle, böhmische Braunkohle, Braunkohlenbriketts) im umgekehrten Verhältnis der Heizwerte mehr als unter 1.

3. **schlackenreiche Kohle:**

	normal	angestrengt	maximal
auf Planrost	70	85	100 kg
„ Wanderrost	100	125	145 „

4. **Braunkohle 1800—2500 kcal** auf Treppenrost:

	160—180	200—230	240—300 kg
auf Muldenrost	250—270	280—300	320—350 „

5. **Torf 3800 kcal** auf Treppenrost:

	150	200	270 kg

(besserer oder schlechterer Torf entsprechend weniger oder mehr).

6. **Lohe 1100—1300 kcal** auf Schrägrost:

	140	180	230 kg

7. **Koks** auf Planrost:

	70	80	90 kg

8. **Anthrazit** auf Planrost:

	60	65	75 kg

Durch Anwendung von Unterwind lassen sich höhere Leistungen erzielen, es ist jedoch dabei zu beachten, daß mit der Rostbeanspruchung auch der Verschleiß, je nach Art des Brennmaterials, mehr oder weniger steigt. Braunkohle, Torf und Lohe greifen die Roste kaum an, der Verschleiß ist bei diesen Brennstoffen sehr gering, anderseits dürfen dieselben nur mit schwachem Unterwind verfeuert werden, wenn nicht eine starke Flugaschen- bzw. Flugkoksbildung eintreten soll.

Gasarme Kohlen, wie Anthrazit, gewisse Steinkohlen und Koks brennen schwer und zünden schlecht, sie sind auf Aufwurffeuerungen, nicht Vorschubfeuerungen zu verfeuern, bei geringer Rostbeanspruchung, die durch Verwendung von Unterwind gesteigert werden kann. Von großem Einfluß ist die Gewölbeform bei Wanderrosten, bei geeignetem Gewölbe können unter Umständen auch mit gasarmem Brennmaterial auf diesen Vorschubrosten gute Ergebnisse erzielt werden.

Wasserreiche Kohle, Torf und Lohe sind auf Vorfeuerungen (Halbgasfeuerungen) zu verfeuern.

Die Berechnung der Rostfläche auf rein theoretischer Grundlage ist unzuverlässig, weil die Eigenschaften der Kohlen und sonstigen Brennstoffe hierbei nicht berücksichtigt werden können.

Für die Verbrennung von B kg Kohle sind L m³ Luft erforderlich, welche mit einer gewissen Geschwindigkeit w durch die Rostspalten einströmt.

Die freie Rostfläche, d. h. der Gesamtquerschnitt aller Rostspalten beträgt

$$f = \frac{B \cdot L}{v \cdot 3600} \text{ m}^2, \quad . \quad . \quad . \quad . \quad . \quad . \quad . \quad . \quad (136)$$

wobei im allgemeinen

$v = 0{,}75-1{,}6$ (auch bis 2) m/s für natürlichen,
$v = 2-4$ m/s für künstlichen Zug

gesetzt wird, je nach Rostbeanspruchung.

Das Verhältnis der freien zur totalen Rostfläche wird angenommen zu

$$\left.\begin{array}{ll}\text{für Steinkohle} & = 1/4 \div 1/2 \\ \text{,, Koks} & = 1/3 \div 1/2 \\ \text{,, Holz u. Torf} & = 1/7 \div 1/5 \\ \text{,, Braunkohle} & = 1/5 \div 1/3\end{array}\right\} = m,$$

also **Rostfläche** (total)

$$= \frac{B \cdot L}{v \cdot 3600 \cdot m} \text{ m}^2 \quad \ldots\ldots\ldots \quad (137)$$

Für jede Feuerung ist die richtige Bemessung des **Feuerraumes** und des **Flammenweges**[1]) von großer Wichtigkeit, denn ihre Leistungsfähigkeit hängt in hohem Maße davon ab.

Die Größe des Feuerraumes muß entsprechend der in diesem entwickelten Wärmemenge bemessen werden.

Rosin[1]) erläutert den Begriff „**Feuerraumbelastung**" wie folgt: „Die Belastung eines Verbrennungsraumes ist die Anzahl der Kilogrammkalorien, welche in 1 m³ dieses Raumes stündlich bei vollständiger und restloser Verbrennung, einschließlich etwa aus Vorwärmung hinzukommender Wärme, entwickelt wird."

Bei Kohlenstaub-, Gas- und Ölfeuerungen verbrennt der gesamte Brennstoff schwebend im Raum, bei Rostfeuerungen dagegen verbrennen nur die flüchtigen Bestandteile des Brennstoffes schwebend, während der feste Kohlenstoff (Koksrückstand) auf dem Rost verbrennt und den Feuerraum nicht belastet.

Für Kohlenstaubfeuerungen gibt Rosin die Feuerraumbelastung auf mit $\frac{338000}{z}$ kcal/m³, wobei z die Brennzeit des gröbsten Staubkornes bedeutet. Durch Verringerung der Brennzeit kann man somit die Feuerraumgröße verkleinern. Besonders stark verkürzend auf die Brennzeit wirken Mahlfeinheit, hoher Gehalt an flüchtigen Bestandteilen, hohe Feuerraumtemperaturen und somit auch Vorwärmung der Verbrennungsluft. Auch Wirbelbildungen im Feuerraum sollen in dieser Richtung günstig wirken.

Im allgemeinen findet man heute bei Kohlenstaubfeuerungen Belastungen von 130000—160000 kcal/m³h, es sind aber auch schon bedeutend höhere Werte erzielt worden, man findet in der Literatur Angaben von 225000 und 350000 kcal, bei einem Lokomotivkessel sogar 1500000—2000000 kcal.

Die höheren Werte können jedoch vorläufig noch nicht als normal angesehen werden, und man wird bei Ausführungen sich sicherheitshalber besser an die niedrigeren Werte halten. Allerdings muß das Streben auf Erhöhung der Feuerraumbelastung gerichtet sein, damit die noch sehr hohen Anschaffungskosten herabgesetzt werden.

[1]) Archiv für Wärmewirtschaft 1926, Heft 1: Rosin, Verbrennungsräume für Kohlenstaub. Dasselbe 1926, Heft 8: Loschge, Fortschritte und Aufgaben im Feuerungs- und Kesselbau. Dasselbe 1927, Heft 1: Schulte, Erfahrungen mit Steinkohlenstaubfeuerungen. Dasselbe 1927, Heft 2: Schultes, Rheinisch-westfälische Steinkohlenarten in der Staubfeuerung. Z. d. V. d. I. 1925, Heft 29: Schulte, Neuere Erkenntnisse und Richtlinien der Feuerungstechnik u. a.

Bei Rostfeuerungen rechnet Schulte mit einer Feuerraumbelastung von 100000—200000 kcal durch die flüchtigen Bestandteile und mit Flammenlängen von 1,6—2,2 m für Magerkohle, 2,9—3,1 für Fettkohle, 3,4—3,7 für Gasflammkohle und 2,6—3,3 für Braunkohlenbriketts.

Die Flammenlänge für Staubfeuerungen ist abhängig in erster Linie von der Mahlfeinheit, dem Gasgehalt, der Feuerraumtemperatur, der Einblasegeschwindigkeit und Sekundärluftzufuhr.

Unter günstigen Verhältnissen ist der Flammenweg für Fettkohle nur 2,5 m, man geht aber bis 5 und 6 m. Große Feuerräume erfahren eine geringere Durchwirbelung durch die Sekundärluft und erfordern daher größere Flammenlängen.

Die Erforschung dieser ganzen Verhältnisse ist noch zu jung, es können daher hier bestimmte Werte nicht genannt werden, es empfiehlt sich aber, eine aufmerksame Verfolgung der aus diesem Gebiete erscheinenden Veröffentlichungen.

19. Die Feuerzüge

Die Feuerzüge oder richtiger Gaskanäle sind nach Gasvolumen und Gasgeschwindigkeit zu berechnen.

Die üblichen **Gasgeschwindigkeiten** sind

$$v = 3 - 4 \text{ m/s}$$

bei normaler Zugstärke und bei reichlicher Zugstärke bis 6 m/s.

Bei künstlichem Zug bis 10 m/s und mehr.

Man wähle die Geschwindigkeit im ersten Zug niedrig und lasse sie allmählich ansteigen aus den unter „Beanspruchung der Kesselheizfläche" angegebenen Gründen.

Ist G die Gasmenge je kg Kohle in m³,
B „ gesamte Kohlenmenge in kg/h,
t „ Gastemperatur im Feuerzug,
so beträgt der erforderliche **freie Zugquerschnitt**

$$f = \frac{B \cdot G \cdot (1 + 0{,}00367 \cdot t)}{v \cdot 3600} \text{ m}^2 \quad \ldots \ldots \quad (138)$$

$\left(0{,}00367 = \frac{1}{273}\right.$, siehe „Allgemeine Grundlagen", Absatz c.$\left.\right)$

Zwecks Vermeidung von Zugverlusten sind scharfe Richtungsänderungen zu vermeiden. Bei Richtungsänderungen sollen die Kanäle nach Möglichkeit gut abgerundet und die Geschwindigkeiten niedrig gehalten werden. Bei Querschnittserweiterungen muß der Übergang zwecks Vermeidung von Wirbelbildungen allmählich erfolgen.

Nach unten gehende Feuerzüge bedingen Zugverluste, da der Auftrieb der Gase vom Schornsteinzug überwunden werden muß. Ansteigende Feuerzüge ergeben dagegen infolge des natürlichen Auftriebes der Gase einen Zuggewinn. Die Faustformeln für die Berechnung der Züge sollten nicht angewandt werden, sie entsprechen meist nicht den wirklichen Verhältnissen.

Auf Flugaschenansammlungen ist bei der Querschnittsbestimmung Rücksicht zu nehmen. Neuzeitliche Anlagen erhalten Feuerzüge mit **Flugaschentrichtern,** damit **alle** Flugasche während des Betriebes entfernt werden kann; man vermeidet so Betriebsunterbrechungen, die Reinigungskosten werden herabgedrückt, und man dient der Gesundheit des Personals. Für Braunkohlenanlagen ist eine derartige Ausführung **Bedingung, wenn wirtschaftlich** gearbeitet werden soll.

Flugasche, welche die Heizflächen verdeckt, **erhöht den Kohlenverbrauch.**

Die Feuerzüge müssen möglichst luftdicht sein und müssen gut wärmeisolierend wirken, andernfalls entstehen **Wärmeverluste.** Ein gutes Isolierungsmittel ist Luft, da deren Leitungszahl gering ist (S. 232), sie beträgt nur $^1/_{33}$—$^1/_{25}$ der Leitungszahl für Ziegelmauerwerk. Aus diesem Grund werden in den Umfassungsmauern häufig Lufthohlräume als Isolierung vorgesehen.

Die Berechnung der **Zugsverluste** ist sehr umständlich und unsicher; sie kann nach Münzinger, „Dampfkraft", Berlin, Verlag Julius Springer 1933, oder nach der neueren Veröffentlichung von Erythropel, AEG-Heft Nr. 1, 1938, „Das Kraftwerk" erfolgen.

20. Der Schornstein

Die Berechnung des Querschnittes erfolgt wie die der Feuerzüge nach dem Gasvolumen und der Gasgeschwindigkeit. Aus Gründen der Standfestigkeit ist der obere Querschnitt erheblich kleiner als der untere (wenigstens bei gemauerten Schornsteinen), man kann sich deshalb auf die Berechnung des oberen Querschnittes beschränken.

Ist B die stündl. verfeuerte Brennstoffmenge in kg od. Nm³,
G „ Gasmenge je kg Brennstoff in Nm³,
t_0 „ Gasaustrittstemperatur,
v „ Gasgeschwindigkeit beim Austritt (in m/s),

so berechnet sich nach G. Lang der **lichte obere Querschnitt** zu

$$f = \frac{B \cdot G \cdot (1 + 0{,}00367 \cdot t_0)}{3600 \cdot v} \text{ m}^2 \quad \ldots\ldots \quad (139)$$

Hierbei beträgt v = ca. 4 — 5 für 1 — 3 Kessel
v = „ 5 — 7 „ 4 — 6 „
v = „ 7 — 9 „ 7 — x „

Der obere lichte Durchmesser in m ist

$$d = \sqrt{\frac{4 \cdot f}{a}} \quad \ldots\ldots\ldots\ldots \quad (140)$$

wobei $a = 3{,}1416$ für runden Querschnitt,
$a = 3{,}3137$ „ achteckigen „
$a = 4{,}0000$ „ quadratischen „

Die **Schornsteinhöhe** hs[1]) muß entsprechend der erforderlichen Zugstärke berechnet werden.

Unter „Zugstärke" versteht man den Druckunterschied, welcher zwischen dem Gewicht der Rauchgassäule und der gleich hohen Außenluftsäule besteht.

[1]) h_s = nutzbare Höhe, d. h. Höhe über der Feuerungsbasis.

Bezeichnet γ_1 das spezifische Gewicht der Außenluft und γ_2 das spezifische Gewicht der Rauchgase bei 0° C und 760 mm QS, ferner t_l die Außenlufttemperatur und t_m die mittlere Gastemperatur im Schornstein, so ist

die Zugstärke bezogen auf 760 mm QS

$$Z = h_s \cdot \gamma_1 \cdot \frac{273}{273 + t_l} - h_s \cdot \gamma_2 \cdot \frac{273}{273 + t_m} \text{ mm WS}$$

und somit

$$\mathbf{Z = 273 \cdot h_s \cdot \left(\frac{\gamma_1}{273 + t_l} - \frac{\gamma_2}{273 + t_m}\right) \text{ mm WS}} \quad . (141)$$

Setzt man angenähert $\gamma_1 = \gamma_2 = 1{,}29$, so erhält man umgeformt

$$Z = 1{,}29 \cdot h_s \cdot \left(\frac{1}{1 + 0{,}00367 \cdot t_l} - \frac{1}{1 + 0{,}00367 \cdot t_m}\right) \text{ mm WS} \quad (142)$$

Die Tabelle 30, S. 229 ist nach dieser Formel berechnet und im allgemeinen sind die ermittelten Werte genügend genau, unter Umständen empfiehlt sich aber eine Nachrechnung nach Formel (141) unter Berücksichtigung der Luftfeuchtigkeit und der Meereshöhe.

Das spez. Gewicht γ_1 der Luft kann der nachstehenden Tabelle entnommen werden:

Luftfeuchtigkeit	0	1	2	3	4	5		7	%
spez. Gewicht γ_1	1,293	1,284	1,275	1,267	1,259	1,251	1,242	1,234	

bezogen auf 0° und 760 mm WS.

Das spez. Gewicht γ_2 der Rauchgase ist nach S. 33 zu berechnen.

Wie groß die Unterschiede der Ergebnisse nach Formel (141) bzw. (142) ausfallen können, zeigt nachfolgendes

Beispiel 42:

Schornstein 100 m hoch, 200° t_m, 27° Außenluft, 1,354 γ_2.

a) Luft fast trocken mit $\gamma_1 = 1{,}29$.

Nach Formel (141) ist bei Meereshöhe = 0 m (b = 760 mm QS)

$$Z = 273 \cdot 100 \left(\frac{1{,}29}{273 + 27} - \frac{1{,}354}{273 + 200}\right) = 39{,}3 \text{ mm WS}$$

und bei Meereshöhe = 600 m (b = 707 mm QS)

$$Z = 39{,}3 \cdot \frac{707}{760} = 36{,}6 \text{ mm WS.}$$

Nach der Annäherungsformel (142) erhält man dagegen

$$Z = 100 \cdot 1{,}29 \left(\frac{1}{1 + 0{,}00367 \cdot 27} - \frac{1}{1 + 0{,}00367 \cdot 200}\right) = 42{,}6 \text{ mm WS}$$

für 0 m Meereshöhe bzw.

$$Z = 42{,}6 \cdot \frac{707}{760} = 39{,}6 \text{ mm WS}$$

bei 600 m Meereshöhe.

b) Luftfeuchtigkeit 5 % mit $\gamma_1 = 1{,}251$.

Hier kann natürlich nur die Formel (141) zur Anwendung kommen und es ist

$$Z = 273 \cdot 100 \left(\frac{1{,}251}{273 + 27} - \frac{1{,}354}{273 + 200}\right) = 35{,}6 \text{ mm WS}$$

bei 0 m Meereshöhe und

$$Z = 35{,}6 \cdot \frac{707}{760} = 33{,}2 \text{ mm WS}$$

bei 600 m Meereshöhe.

Aus diesen Beispielen sieht man, daß mit steigendem Wasserdampfgehalt der Rauchgase γ_2 absinkt und sich immer mehr dem Wert 1,29 nähert; für Rohbraunkohle ergibt daher auch die Formel (142) genügend genaue Werte.

Die **Temperaturabnahme** je m Fuchslänge oder je m Schornsteinhöhe rechnet man mit 0,3—0,5° C und es ist daher bei t_0 Gasendtemperatur an der Heizfläche

die **Schornstein-Temperatur** $t_u = t_e - 0{,}3$ bis $0{,}5 \cdot$ Fuchslänge,

die **mittlere Schornstein-Temperatur** $t_m = t_u - \frac{h_s}{2} \cdot 0{,}3$ bis 0,5 und

die **obere Schornstein-Temperatur** $t_0 = t_u - h_s \cdot 0{,}3$ bis 0,5.

Die berechneten Zugstärken werden in Wirklichkeit nicht ganz erreicht, weil in den Formeln die Reibung der Gase an den Schornstein-Wandungen (Reibungsverlust) und die Arbeit zur Erzeugung der Gasgeschwindigkeit im Schornstein (Austrittsverlust) nicht berücksichtigt sind. Überschlägig gerechnet, kann man bei t_m = 120 — 200 — 280° C etwa 20 — 10 — 7 % vom Rechnungsergebnis absetzen.

Da mit steigender Außenlufttemperatur die Zugstärke sinkt, so muß bei der Berechnung die wärmste Außenlufttemperatur (Mittel = 27°) berücksichtigt werden (Rechnungsbeispiel im Schlußkapitel).

Die erforderlichen Zugstärken betragen für normale Anlagen nach Werten aus der Praxis bei normalen Beanspruchungen

	über dem Rost	am Kesselende
für Steinkohle	3—5	10—16
,, hochwertige Braunkohle	8—10	15—21
,, minderwert. Braunkohle	12—20	20—30

Sind Rauchgasvorwärmer und Lufterhitzer vorhanden, so muß die Zugstärke am Ende derselben entsprechend höher sein als am Kesselende.

Die Zugstärke ist jedoch in hohem Maße von der Kesselbauart, vom Brennmaterial, vom Verlauf und der Ausgestaltung der Feuerzüge abhängig, vorstehende Werte haben deshalb keine allgemeine Gültigkeit (s. S. 105).

Zwecks Beschränkung der Zugstärke auf das Mindestmaß ist darauf zu achten, daß alle Öffnungen nach den Feuerzügen gut verschlossen sind und daß die Einmauerung ebenfalls luftdicht ist.

21. Ventilatorzug und Unterwindgebläse

a) **Saugzug-Anlagen** kommen hauptsächlich zur Verwendung bei Hochleistungskesseln, bei Anlagen mit hoher Spitzenbelastung, bei niedrigen Abgastemperaturen, bei beschränkten Raumverhältnissen und schlechtem Baugrund.

Man unterscheidet: direkt wirkende, indirekt wirkende und kombinierte Saugzug-Anlagen.

Beim **direkt wirkenden System** saugt der Ventilator die Gase ab und bläst sie in den Schornstein aus. Der Kraftverbrauch beträgt etwa 0,5—1 % der erzielten Kesselleistung.

Die **indirekt wirkende Anlage** arbeitet in der Weise, daß der Ventilator Luft ansaugt und diese mit hoher Geschwindigkeit in einen mit eingebauten Düsen versehenen Schlot einbläst. Durch die hierbei entstehende Saugwirkung werden die Gase ejektorartig abgesaugt. Kraftbedarf 1,5—2 %.

Das **kombinierte System** arbeitet im Prinzip wie das indirekt wirkende, jedoch saugt hier der Ventilator nicht Luft, sondern einen Teil der Gase an und erzeugt mit diesem Teilstrom die Saugwirkung im Schlot. Der Kraftbedarf stellt sich infolgedessen auf nur etwa 1—1,5 %.

Bevorzugt wird heute überwiegend das direkt wirkende System, weil es den geringsten Kraftverbrauch hat.

Häufig begegnet man auch Anlagen mit Schornsteinen, deren Höhe für normale Kesselleistung ausreicht, während bei höheren Belastungen die mit den Schornsteinen in geeigneter Weise vereinigten Ventilatoren in Tätigkeit treten.

Auf dieselbe Weise kann bei alten Anlagen, deren Schornstein zur Erzeugung der nötigen Zugstärke nicht mehr ausreicht, der Zugmangel behoben werden.

Das indirekt wirkende System eignet sich gut für Anlagen mit hohen Abgastemperaturen, weil der Ventilator nicht mit den Gasen in Berührung kommt.

b) **Unterwind-Gebläse.** Diese sind erforderlich bei Verfeuerung von stark schlackenden Brennstoffen sowie bei Brennstoffen, die in hoher Schicht verfeuert werden müssen bzw. bei hohen Rostleistungen, also überall da, wo ein großer Rostwiderstand vorhanden ist. Dieser könnte natürlich auch von einer Saugzuganlage durch Erzeugung eines hohen Unterdruckes im Feuerraum überwunden werden, doch wäre diese Methode falsch, denn es würde dabei durch alle Undichtheiten sehr viel falsche Luft in die Feuerzüge eingesaugt, was gleichbedeutend ist mit einer Erhöhung des Kraftverbrauches und Herabsetzung der Leistung der Anlage. Eine Anlage mit Unterwindgebläse kommt mit niedrigen Schornsteinen aus, da der Rostwiderstand nicht von diesen überwunden werden muß, und aus demselben Grunde ist es möglich, Zugmangel bei einer alten Anlage durch Einbau von Gebläsen bis zu einem gewissen Grade zu beheben.

c) **Wirkung und Kraftbedarf der Ventilatoren.** Jeder Ventilator muß einen **statischen Druck** h_1 erzeugen, um den Widerstand der Reibung in den Kanälen auf Saug- und Druckseite zu überwinden.

Ferner hat der Ventilator den **dynamischen Druck** h_2 zu erzeugen, welcher der Luft- bzw. Gasgeschwindigkeit entspricht.

Die Gesamtleistung des Ventilators, d. h. die **Gesamtpressung** ist

$$h_3 = h_1 + h_2 \text{ mm WS.}$$

Die **Nutzleistung** eines Unterwind-Ventilators ist lediglich der Teil des statischen Druckes auf der Druckseite; sie wird als Überdruck in mm WS gemessen.

Beim Saugzug-Ventilator ist die Nutzleistung der Teil des statischen Druckes auf der Saugseite; sie wird als Unterdruck in mm WS gemessen.

Die übrige vom Ventilator geleistete Arbeit ist Verlustarbeit, deren Hauptteil die dynamische Pressung h_2 ist.

Diese wird berechnet zu

$$h_2 = \frac{v^2}{2 \cdot g} \cdot \gamma = \frac{v^2}{19{,}62} \cdot \gamma \text{ mm WS} \quad . \; . \; . \; . \; (143)$$

Hierin ist

v die Luft- bzw. Gasgeschwindigkeit im Ausblasestutzen,

γ das spez. Gewicht der Luft oder des Gases.

Durch diffusorartige Ausbildung des Ausblasestutzens kann ein Teil der Verlustarbeit h_2 zurückgewonnen werden, indem die Geschwindigkeit durch allmähliche Querschnittserweiterung in Druck umgesetzt wird. Der Gewinn ist der Geschwindigkeitshöhenunterschied, errechnet nach obiger Formel (143) aus der Geschwindigkeit bei Austritt aus dem Ventilator und der Geschwindigkeit beim Austritt aus dem Druckstutzen.

Die Mengenleistung eines Ventilators ist proportional der $\sqrt{h_3}$, es gilt daher wenn Q die Fördermenge ist,

$$\frac{Q}{\sqrt{h_3}} \text{ oder } \frac{Q^2}{h_3} = \text{konstant.}$$

Ferner ist die Mengenleistung direkt proportional der Umdrehungszahl n, deshalb gilt auch

$$\frac{n}{\sqrt{h_3}} \text{ oder } \frac{n^2}{h_3} = \text{konstant.}$$

Liegt die Luftmenge bzw. Umdrehungszahl für eine bestimmte Pressung h_3 fest, so kann aus obigen Beziehungen für jede andere Luftmenge bzw. Umdrehungszahl die Pressung ermittelt werden.

Es sollte stets **mit der Umdrehungszahl reguliert** werden, denn bei Regelung mittels Drosselklappe entstehen natürlich große Stoßverluste und Wirbelbildungen, welche Kraft verzehren, und außerdem steigt bei Drosselung die Pressung, was nicht den wirklichen Verhältnissen entspricht, denn mit sinkender Fördermenge sinkt auch der Zugbedarf einer Anlage.

Ebenso wirken ungünstig auf den Kraftverbrauch einer Anlage die Stoßverluste und Wirbelbildungen, welche bei scharfen Richtungsänderungen und plötzlichen Querschnittsverengungen oder -erweiterungen auftreten.

Der **Kraftverbrauch** berechnet sich zu

$$N = \frac{Q \cdot h_3}{3600 \cdot 75 \cdot \eta} \text{ PS} \quad \ldots\ldots\ldots \quad (144)$$

Hierin ist

Q die Luft- oder Gasmenge in m^3 je Stunde,
h_3 die Gesamtpressung $= h_1 + h_2$ in mm WS,
η der Ventilatorwirkungsgrad.

Der statische Druck h_1 muß nach der Erfahrung bestimmt werden, allgemein gültige Werte können nicht angegeben werden. Der Teil von h_1 auf der Saugseite von Unterwindventilatoren kann $= 0$ gesetzt werden, sofern keine Saugleitung vorhanden ist und der Teil von h_1 auf der Druckseite von Saugventilatoren kann für normale Ausblasestutzen $= 5 - 10$ mm WS angenommen werden.

Der **Ventilatorwirkungsgrad** wird für die üblichen Konstruktionen $= 65-75$ % gesetzt; er kann nach obiger Formel (144) ausgedrückt werden

$$\eta = \frac{Q \cdot h_3}{3600 \cdot 75 \cdot N} \quad \ldots\ldots\ldots \quad (145)$$

Bei Feststellung des vollen Kraftverbrauches ist auch noch der Wirkungsgrad des Antriebes zu berücksichtigen.

Der nach Formel (144) mit der Gesamtpressung h_3 errechnete Wirkungsgrad ist der sog. **mechanische Wirkungsgrad,** da aber der Ventilator einen großen Teil Verlustarbeit leistet, ist der **tatsächliche Wirkungsgrad** mit dem Nutzteil des statischen Druckes h_1 zu errechnen nach

$$\eta = \frac{Q \cdot h_x}{3600 \cdot 75 \cdot N}, \quad \ldots\ldots\ldots \quad (146)$$

wobei $h_x = h_1$ minus Verlusthöhe auf der Saugseite bei Unterwind,
und $h_x = h_1$ minus Verlusthöhe auf der Druckseite bei Saugzug.

Dieser tatsächliche Wirkungsgrad kann mit etwa 35 bis 45 % angenommen werden für normale Konstruktion und Verhältnisse.

Mit diesem Wirkungsgrad errechnet sich

$$N = \frac{Q \cdot h_x}{3600 \cdot 75 \cdot \eta} \text{ PS} \quad \ldots\ldots\ldots \quad (147)$$

Bem.: Antriebsmotoren sind etwa 25 % stärker zu wählen.

Beispiel 43: Ein Ventilator soll stündlich maximal 30 000 m^3 Gase absaugen bei einer Nutzleistung von 80 mm WS, am Saugstutzen des Ventilators gemessen. Im Ausblasestutzen entstehe ein Verlust von 5 mm WS und der tatsächliche Wirkungsgrad betrage 35 %.

Aus diesen Zahlen erhält man nach Formel (147)

$$N = \frac{30\,000 \cdot 75}{3600 \cdot 75 \cdot 0{,}35} = 23{,}8 \text{ PS.}$$

Ein einem Ventilatorkatalog entnommener Ventilator liefert stündlich 30 500 m^3 mit 130 mm Gesamtpressung bei 0,31 m^2 Ausblasequerschnitt, 910 U/min und 21,2 PS Kraftverbrauch.

Für diesen Ventilator ist die dynamische Pressung nach Formel (143)

$$h_2 = \frac{27^2}{19,62} \cdot 1,34 = 50 \text{ mm WS}$$

und somit die Nutzleistung

$$h_x = 130 - 50 - 5 = 75 \text{ mm WS}.$$

Der mechanische Wirkungsgrad ist nach Formel (145)

$$\eta = \frac{30\,500 \cdot 130}{3600 \cdot 75 \cdot 21,2} = 0,695$$

und der tatsächliche Wirkungsgrad nach Formel (146)

$$\eta = \frac{30\,500 \cdot 75}{3600 \cdot 75 \cdot 21,2} = 0,4.$$

Soll derselbe Ventilator nur 20000 m³ fördern, so ist die Umdrehungszahl herabzumindern auf

$$n = \frac{910 \cdot 20\,000}{30\,500} = 596 \text{ U/min},$$

wobei sich eine Nutzleistung von

$$h_x = \frac{75 \cdot 596^2}{910^2} = 32 \text{ mm WS ergibt.}$$

Der Kraftbedarf beträgt in diesem Falle bei Annahme desselben Wirkungsgrades noch

$$N = \frac{20\,000 \cdot 32}{3600 \cdot 75 \cdot 0,4} = 5,93 \text{ PS.}$$

Diese große Ersparnis wird allerdings kaum erreicht werden, denn der Ventilator arbeitet bei der schwächeren Belastung mit ungünstigerem Wirkungsgrade als bei der vollen Belastung, für welche er gebaut ist.

Der Antriebsmotor ist etwa 15—20 % stärker zu bemessen.

22. Rohrleitungen

a) **Dampfleitungen.** Dieses umfangreiche Sondergebiet kann hier nur in den hauptsächlichsten Punkten gestreift werden.

Der Durchmesser der Dampfleitung berechnet sich nach der Formel

$$d = \sqrt{\frac{D \cdot 4}{3600 \cdot \gamma \cdot v \cdot \pi}} \text{ m} \quad \ldots \ldots \quad (148)$$

hergeleitet aus der Beziehung

$$\frac{d^2 \cdot \pi}{4} \cdot v = \frac{D}{3600 \cdot \gamma}.$$

Hierbei bezeichnet:

d den lichten Leitungsdurchmesser in m,
D das stündliche Dampfgewicht in kg,

v die Dampfgeschwindigkeit in m/s,

γ das spez. Gewicht des Dampfes $= \frac{1}{v_1}$ oder $= \frac{1}{v_2}$ (siehe Dampftabellen).

Man wählt die **Dampfgeschwindigkeit** im allgemeinen = 25—40 m/s für Sattdampf und = 30—60 m/s für Heißdampf. Ausschlaggebend für die Höhe der Dampfgeschwindigkeit ist der zulässige Druckverlust und der zulässige Temperaturverlust. Je größer die Geschwindigkeit, desto geringer der Temperaturverlust, desto kleiner auch der Leitungsdurchmesser und desto niedriger die Anschaffungskosten, um so höher aber der Druckverlust.

Die Verbindungsleitung zwischen Kessel und Überhitzer sollte mit mäßigen Geschwindigkeiten von etwa 15 m/s berechnet werden, denn hohe Dampfgeschwindigkeiten begünstigen das Mitreißen von Wasser aus dem Kessel.

Bei unregelmäßigem Dampfverbrauch mit plötzlich auftretenden Schwankungen ist es richtig, mit den kleineren Geschwindigkeiten zu arbeiten.

Der **Druckverlust** ist nach Schüle, Thermodynamik, Berlin 1930 (nicht für lange Leitungen gültig)

$$Z = \frac{c \cdot v^2}{10000 \cdot 2g} \cdot \gamma \text{ at}, \quad \ldots \ldots \quad (149)$$

wobei c = Widerstandszahl und $2g = 19{,}62$ ist.

Eberle berechnet für die Leitung selbst $c = 0{,}0206 \frac{l}{d}$, wenn l die Rohrleitungslänge in m bezeichnet.

Für die verschiedenen Rohrleitungs-Bestandteile kann c der nachstehenden Tabelle entnommen werden.

Widerstandszahl $c = c_1 + c_2 + c_3 + c_4 + c_5 + c_6 + c_7$

Lichtweite mm	25	50	100	150	200	250	300	350	400	450	500
Normalventil. . c_1	4,8	5,0	5,4	5,8	6,2	6,6	7,0	7,3	7,7	8,0	8,3
Freiflußventil . c_2	3,3	2,83	2,33	1,78	1,4	1,17	1,0	0,94	0,89	0,83	0,82
Eckventil . . . c_3	3,0	3,35	4,1	4,75	5,3	5,7	6,1	6,4	6,7	6,8	6,9
Schieber. . . . c_4	—	—	0,2	0,23	0,25	0,28	0,3	0,33	0,35	0,38	0,4
T-Stück . . . . c_5	3,5	3,1	3,0	3,2	3,5	3,9	4,35	4,8	5,3	5,85	6,4
90° Bogen . . . c_6	0,5	0,5	0,5	0,5	0,5	0,5	0,5	0,5	0,5	0,5	0,5
Wellrohr-Ausgleicher . c_7	2,0	1,7	1,6	1,7	1,75	1,8	1,9	1,95	2,0	2,15	2,27
10 m Leitung . c_8	8,25	4,12	2,06	1,37	1,03	0,82	0,69	0,59	0,52	0,46	0,41

Beispiel 44: Rohrleitung 100 mm Lichtweite, 100 m lang, mit 2 Freiflußventilen, 4 T-Stücken, 3/90° Bogen und 1 Wellrohrausgleicher.

Hierbei beträgt die Widerstandszahl

$$c = 2 \cdot 2{,}33 + 4 \cdot 3{,}0 + 3 \cdot 0{,}5 + 1 \cdot 1{,}6 + \frac{100}{10} \cdot 2{,}06 = 40{,}36.$$

Der **Druckverlust in Dampfüberhitzern** wird nach derselben Formel berechnet; hierbei sind die Anschlüsse der Rohrschlangen an die Überhitzerkasten mit c_s zu bewerten und bei mehreren **parallel** geschalteten Rohrschlangen sind nur die Anschlüsse einer Schlange und auch l ist natürlich nur gleich der Länge von einer Schlange einzusetzen.

Der **Temperaturverlust** kann nach Eberle, Z. d. V. d. I. 1908, Nr. 13—17, berechnet werden. Er ist um so größer, je größer die Leitungsoberfläche ausfällt, d. h. je geringer die Dampfgeschwindigkeit gewählt wird.

Im allgemeinen wird die engere Leitung mit hoher Dampfgeschwindigkeit und entsprechend hohem Druckabfall, jedoch geringerem Temperaturabfall wärmewirtschaftlich günstiger arbeiten. Rechnungen hierüber müssen die ganze Maschinenanlage mit umfassen, da nur so der günstigste Dampfverbrauch ermittelt werden kann.

Bei überhitztem Dampf und vollständig gut isolierter Leitung beträgt unter normalen Verhältnissen der Temperaturverlust je m Leitungslänge in geschlossenen Räumen etwa 0,25° C, bei nicht isolierten Flanschen etwa 0,35° C.

Der **Ausbildung der Dampfleitungen** ist größte Sorgfalt zu widmen, so muß insbesonders bei hochüberhitztem Dampf durch Einbau von Federbogen oder anderen Ausgleichern der Längenänderung Rechnung getragen werden, andernfalls hat man dauernd Undichtheiten in der Leitung oder gar Betriebsstörungen infolge von Rohrleitungsbrüchen. Kondenswasser ist zwecks Vermeidung von Wärmeverlusten in den Speisewasserbehälter zurückzuleiten, nicht entwässerte Wassersäcke müssen unbedingt vermieden werden, sie führen zu Wasserschlägen, welche Rohrleitungs- und Maschinenanlage gefährden.

b) **Speisewasserleitungen.** Der Durchmesser wird ebenfalls nach der Formel (148) berechnet, wobei γ mit 1000 einzusetzen ist (1 m³ = 1000 kg).

Die Wassergeschwindigkeit v wählt man in der Regel mit 0,5—0,75 m/s.

c) **Übrige Kesselhausleitungen.** Die Kesselablaß-Zweigleitungen erhalten 50 lw., die Vorwärmer-Ablaßleitungen ebenfalls und die Überhitzer-Ablaßleitungen 25 lw. Gewöhnlich werden sämtliche Ablaßleitungen in einer Sammelleitung vereinigt, welche je nach Größe der Anlage 80—125 lw. erhält.

Die Vorwärmer-Überlaufleitungen von 50 lw. münden in eine Sammelleitung von 80—100 lw., welche das Überlaufwasser in den Speisewasserbehälter zurückführt.

III. Teil

23. Dampfkrafterzeugung

a) Allgemeines

Die wirtschaftliche Dampferzeugung hängt so eng mit der Umwandlung des Dampfes in Kraft zusammen, daß es notwendig ist, dieses Gebiet hier kurz zu behandeln. Die Wahl des günstigsten Dampfdruckes und der günstigsten Heißdampftemperatur ist von der Art der Kraftanlage und dem etwa mit dieser gekuppelten Heizbetrieb abhängig, und selbst die Art der Ausnutzung der Kesselabgase kann von der Kraftmaschinenanlage maßgebend beeinflußt werden.

Beim reinen **Krafterzeugungsbetrieb** expandiert der Dampf in der Kraftmaschine von seinem Anfangsdruck bis auf den atmosphärischen Druck, d. i. **Auspuff-Betrieb**, oder bis auf den niedriger liegenden Kondensatordruck, d. i. **Kondensations-Betrieb**.

Der **Unterdruck** oder das sog. **Vakuum** (Luftleere) wird im Kondensator dadurch gebildet, daß der von der Maschine einströmende Abdampf unter der Einwirkung von **Kühlwasser**[1]) zum Kondensieren gebracht wird. Je kälter das Kühlwasser ist, desto niedriger kann der Unterdruck, d. h. desto höher kann das Vakuum eingestellt werden. Beispielsweise entspricht dem Druck von 0,075 ata das Vakuum von $(1,0-0,75) \cdot 100 = 92,5\,\%$; bei diesem Unterdruck von 0,075 ata erhält man nach den Dampftabellen eine Dampftemperatur von 40° C, d. h. das Kondensat wird ebenfalls diese Temperatur haben und man wird eine Kühlwassertemperatur von etwa 27° benötigen, um den Dampf zu kondensieren.

Im Kondensationsbetrieb erhält man somit ein höheres Druck- bzw. **Wärmegefälle** als im Auspuffbetrieb, d. h. man erhöht durch Einfügung des Kondensators die Kraftleistung, denn das Wärmegefälle, also der Teil der im Dampf enthaltenen Wärme, der in Kraft umgewandelt werden kann, wird größer.

Der Kondensationsbetrieb hat den weiteren Vorteil, daß man reines Kondensat als Speisewasser zurückerhält, wobei nur etwa 3—5 % Wasserverluste auftreten, und man braucht also nur 3—5 % Zusatzwasser aufzubereiten, um diesen Verlust zu decken.

Im Auspuffbetrieb geht dagegen der ganze Abdampf, d. h. das gesamte Speisewasser verloren, und man muß daher diese Wassermenge immer wieder neu aufbereiten.

Der Vorteil des reinen Kondensates ist allerdings nur beim **Oberflächenkondensator** gegeben. In diesem wird der Abdampf durch indirekte Berührung mit dem Kühlwasser niedergeschlagen, und nur bei Undichtheiten im Wärmeaustauscher können **Kondensat-Verunreinigungen** durch einbrechendes Kühlwasser eintreten. Bei der Konstruktion, Anfertigung und Instandhaltung von Oberflächenkondensatoren ist daher größter Wert auf dauerndes Dichthalten zu legen.

---

[1]) oder Luft, s. Archiv für Wärmewirtschaft, Die Luftkondensation im Kraftwerk, von Dr.-Ing. Kurt Lang, 1939, S. 19.

Beim **Einspritzkondensator** wird der Abdampf durch direktes Einspritzen von kaltem Wasser zum Kondensieren gebracht, so daß man also ein unreines Gemisch von Kondensat und Kühlwasser erhält, dessen zur Kesselspeisung benötigter Teil wie beim Auspuffbetrieb immer wieder neu aufbereitet werden muß. Dieses großen Nachteiles wegen soll der Einspritzkondensator hier ganz außer Betracht bleiben.

Hat man Dampf für **Krafterzeugung und Heizzwecke** nötig, so wäre es wärmewirtschaftlich ganz falsch, den Kraftmaschinendampf und den Heizdampf getrennt zu erzeugen, wie später noch nachgewiesen wird[1]). Man kuppelt in diesen Fällen beide Betriebe derart, daß der gesamte Dampf erst in der Kraftmaschine krafterzeugend expandiert und dann erst mit dem gewünschten Druck in die Heizleitung überströmt.

Übertrifft die für die Krafterzeugung benötigte Dampfmenge die Heizdampfmenge, so wird diese während der Expansion mit dem erforderlichen Heizdruck der Maschine entnommen, während der Rest des Dampfes weiter expandiert und zuletzt in den Kondensator einströmt. Man spricht in diesen Fällen von Entnahme- oder **Anzapfdampfbetrieb.** Überwiegt dagegen die Heizdampfmenge, so geht der gesamte Dampf nach der Expansion bis auf den Heizdruck (Gegendruck) in die Heizleitung über und man bezeichnet diese Betriebsweise mit **Gegendruckbetrieb.**

Bildlich gesehen stellen sich die 3 Betriebsarten wie folgt.

Bild 10. **Kondensationsbetrieb**

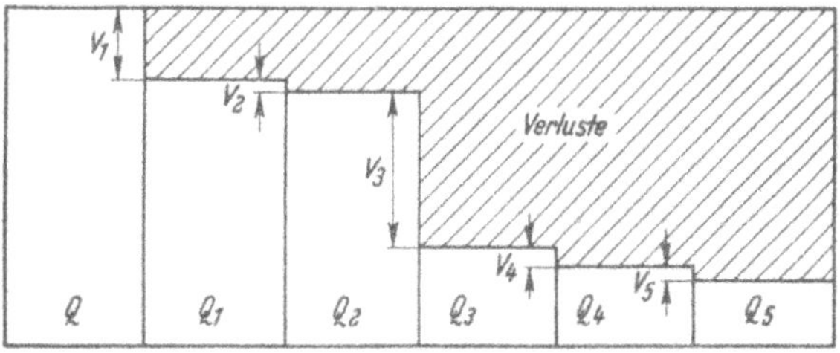

Hierbei ist in kcal

Q = Brennstoffwärme,
Q_1 = Dampfwärme am Kessel,
Q_2 = Dampfwärme an der Maschine,
Q_3 = Dampfkraft (an der Kupplung),
Q_4 = Strom (an den Klemmen des Dynamos),
Q_5 = Stromabgabe (in die Fernleitung),
V_1 = Wärmeverluste bei der Dampferzeugung,
V_2 = Wärmeverluste bei der Dampffortleitung,
V_3 = Wärmeverluste bei der Krafterzeugung,
V_4 = Wärmeverluste bei der Stromerzeugung,
V_5 = Stromeigenverbrauch der Anlage.

[1]) s. S. 135, 136, 138.

Bild 11. **Anzapfdampfbetrieb**

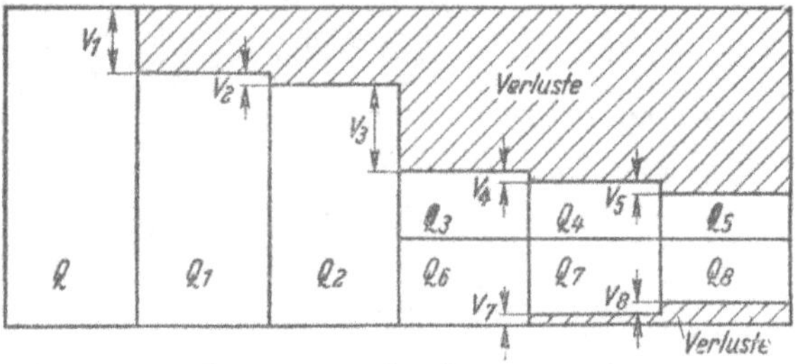

Q_6 = Anzapfdampfwärme (an der Anzapfstelle),
Q_7 = Anzapfdampfwärme (an der Verbrauchsstelle),
Q_8 = aufgenommene Anzapfdampfwärme,
V_7 = Wärmeverluste in der Anzapfdampfleitung,
V_8 = Wärmeverluste der Anzapfdampf-Verbrauchsstellen.

Bild 12. **Gegendruckbetrieb**

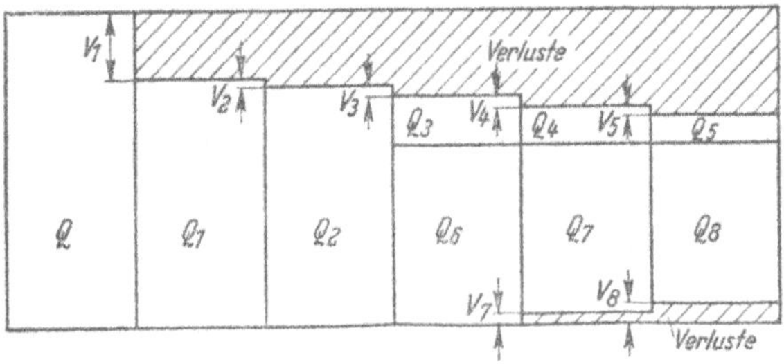

Bem.: Bei V_5 (mechan. und andere Verluste + Abdampfverlust) ist hier der Abdampfverlust = 0.

Der **Gesamtwirkungsgrad**, d. h. der Ausnutzungsgrad der im Brennstoff enthaltenen Wärme ist

beim Kondensationsbetrieb $\eta_{ges.} = \frac{Q_5}{Q}$

beim Anzapfdampfbetrieb und Gegendruckbetrieb $\eta_{ges.} = \frac{Q_5 + Q_8}{Q}$

Während beim reinen Kondensationsbetrieb günstigsten Falles nur etwa 25 % (s. später) der Brennstoffwärme nutzbar gemacht werden können (im Auspuffbetrieb sogar nur etwa 17 %), steig dieser Prozentsatz im Gegendruckbetrieb bis auf ~ 75 % und der Anzapfdampfbetrieb ergibt Werte für $\eta_{ges.}$, die zwischen beiden liegen, und zwar um so günstiger, je größer die Anzapfdampfmenge anteilig ist.

Bei Heizdampfverwertung sollte möglichst das ganze Kondensat in reinem Zustande und mit voller Temperatur der

Kesselanlage wieder zugeführt werden, andernfalls wird der Wirkungsgrad der Gesamtanlage natürlich beeinträchtigt.

Die größte Verlustquelle im Dampfkraftbetrieb ist die **Abdampfwärme,** die um so größer ist, je niedriger das Vakuum ausfällt, d. h. je höher der Enddruck ist. Beim Auspuffbetrieb mit 1 ata Enddruck fällt also dieser Verlust am größten aus. Außerdem ist zu berücksichtigen, daß beim Auspuffbetrieb die Abdampfwärme direkt und ganz verlorengeht, während beim Kondensationsbetrieb wohl der größte Teil im Kühlwasser fortgetragen, aber doch ein kleiner Teil im Kondensat wieder zurückgewonnen wird.

Beim Gegendruckbetrieb wird der größte Teil der Abdampfwärme für andere Zwecke nutzbar gemacht, d. h. der Abdampf wird nutzbringend kondensiert und die im Kondensat enthaltene Restwärme dem Kessel mit diesem wieder zugeführt. Es ist daher ohne weiteres klar, daß der Gegendruckbetrieb die Brennstoffwärme weitaus am besten ausnutzt.

Der Anzapfdampfbetrieb ist ein gekuppelter Kondensations-Gegendruckbetrieb und je weniger Abdampf dem Kondensator zuströmt, desto mehr nähert sich natürlich der Ausnutzungsgrad dem des Gegendruckbetriebes.

Erwärmt man im Kondensationsbetrieb das Speisewasser mittels Anzapfdampf, so entzieht man dem Kondensator eine gewisse Abdampfmenge und erhöht so den Ausnutzungsgrad um einige Prozente. Diese **Anzapfdampf-Speisewasservorwärmung** kann in einer oder mehreren Stufen erfolgen, d. h. man zapft den Dampfstrom z. B. bei 3 ata an und kommt dabei auf 120°, eine weitere Anzapfung bei 6 ata bringt dann das Wasser von 120 auf 145°, mit 10 ata steigt es auf 165° usw. Je höher der Anfangsdruck des Dampfes ist, desto mehr Anzapfstufen kann man wählen, doch geht man über 4—5 Stufen kaum hinaus, weil der prozentuale Gewinn mit steigender Stufenanzahl abnimmt, die Anschaffungskosten jedoch erheblich zunehmen. Geht man mit der Vorwärmung des Speisewassers durch Anzapfdampf sehr weit, so kann man die Abgaswärme nicht mehr oder nur noch zu einem Bruchteil zur Speisewasservorwärmung ausnutzen und muß sie daher zur **Erhitzung der Verbrennungsluft** verwerten. Da jedoch **Rostfeuerungen** bei Kohlensorten, die einen verhältnismäßig niedrigen Schlackenschmelzpunkt haben (z. B. Mittelprodukte, d. h. Abfallkohlen der Steinkohlenzechen, sandhaltige Braunkohlen u. a.), eine höhere Lufttemperatur nicht zulassen, weil die Rostbett-Temperaturerhöhung durch die Heißluft zum Fließen der Schlacke führt und dadurch die Rostspalten verkleben, ist man in solchen Fällen u. U. gezwungen, zur **Kohlenstaubfeuerung** überzugehen, sofern man nicht folgenden **Ausweg** wählt: mittels Anzapfdampf bis zu 3 atü wird zunächst die Speisewasseraufbereitung versorgt und außerdem wird **mittels Anzapfdampf die Verbrennungsluft erwärmt.** Man kann so die Vorteile der Anzapfung ebenfalls ausnützen und erhält Luft von 100—120° C, d. h. von einer Temperatur, die die meisten Brennstoffe auf Rostfeuerungen noch zulassen. Das dabei erzielte wärmewirtschaftliche Ergebnis entspricht etwa dem einer 4—5 stufigen Anzapfdampf-Speisewasservorwärmung (s. Beispiel 61). Das Speisewasser tritt in einem solchen Falle mit 110—120° in den abgasbeheizten Speisewasservorwärmer ein und man erhält bei Abgastemperatur von 180—200° somit ein Temperaturgefälle von 70—80° zwischen Wasser und Gas, wobei sich noch Heizflächen von wirtschaftlichem Ausmaße ergeben.

Auch die **Vorwärmung des Brennstoffes** (z. B. Gas oder Öl) mittels Anzapfdampf bringt gleiche wärmewirtschaftliche Erfolge, vorausgesetzt ist natürlich in allen Fällen, daß das heiße Kondensat des Anzapfdampfes zum Kessel zurückfließt.

b) Krafterzeugung

Läßt man den **Dampf in der „verlustlosen" Maschine „adiabatisch" expandieren,** d. h. wird dem Dampf während der Expansion von außen weder Wärme zugeführt, noch entzogen, so erscheint die **„Expansionslinie"** im i, s-Diagramm als Senkrechte.

Verlustlose Maschinen gibt es allerdings nicht, denn es treten **Verluste** ein durch Dampfreibung, Dampfdrosselung, Wärmeableitung und Wärmeabstrahlung. Aus diesem Grunde kann die Expansionslinie keine Senkrechte sein, sie ist vielmehr eine Linie, die, wie Bild 13 zeigt, vom Ausgangspunkte ab nach rechts abweicht, d. h. die **„Entropie"** nimmt zu (s. auch S. 12).

Der adiabatischen Expansion des Wasserdampfes in der verlustlosen Maschine entspricht die **Arbeitsleistung**

$$A = \frac{i_s - i_0}{J} = (i_s - i_0) \cdot 427 \text{ mkg} \quad . \; . \; . \; . \; . \quad (152)$$

dabei ist

i_s = Gesamtwärme des Heißdampfes an der Maschine in kcal/kg,

i_0 = Gesamtwärme des Abdampfes beim Enddruck p_0,

J = mechanisches Wärmeäquivalent $= \frac{1}{427}$ (s. S. 2).

Ferner ist (s. S. 2)

1 PS = 75 mkg/s und 1 PSh = 270 000 mkg/h,

1 PSh = 270 000 : 427 = 632,3 kcal,

oder 1 kWh = 1,36 · 632,3 ~ 860 kcal.

Der **theoretische Dampfverbrauch** der verlustlosen Maschine beträgt somit

$$D_{th} = \frac{632{,}3}{i_s - i_0} \text{ kg/PSh} \quad . \; . \; . \; . \; . \; . \; . \; . \quad (153)$$

oder

$$D_{th} = \frac{860}{i_s - i_0} \text{ kg/kWh} \quad . \; . \; . \; . \; . \; . \; . \quad (154)$$

Das **theoretische Wärmegefälle** $i_s - i_0$ kann jedoch wegen des Zunehmens der Entropie nicht voll ausgenutzt werden, vielmehr nur das **wirkliche Wärmegefälle** $i_s - i_x$.

Das Verhältnis $(i_s - i_x) : (i_s - i_0)$ bezeichnet man mit dem Ausdruck **„innerer Wirkungsgrad"** oder **„Gütegrad"** der Maschine, d. h.

$$\eta_g = \frac{i_s - i_x}{i_s - i_0} \text{ oder } i_s - i_x = (i_s - i_0) \cdot \eta_g \quad . . . (155)$$

Ferner ist noch der **„mechanische Wirkungsgrad"** η_m der Maschine zu berücksichtigen, der den Kraftverbrauch zur Überwindung der Reibung in der Maschine erfaßt.

Der **„thermodynamische Wirkungsgrad"** der Dampfkraftmaschine ist somit

$$\eta_{td} = \eta_g \cdot \eta_m \quad . . . . (156)$$

und man erhält mit diesem den **„tatsächlichen** (effektiven) **Dampfverbrauch"** der Maschine mit

$$D_e = \frac{632{,}3}{(i_s - i_0) \cdot \eta_{td}} \text{ kg/PSh} \quad . . . . . . (157)$$

oder

$$D_e = \frac{860}{(i_s - i_0) \cdot \eta_{td}} \text{ kg/kWh} \quad . . . . . . (158)$$

$$\left(\text{bzw. } D_e = \frac{632{,}3}{(i_s - i_x) \cdot \eta_m} \quad \text{bzw. } = \frac{860}{(i_s - i_x) \cdot \eta_m}\right).$$

Bezeichnet man mit i_w die Wärmemenge, die das Speisewasser je kg dem Kessel zuführt, so wurde je PSh oder kWh die Wärmemenge $(i_s - i_w) \cdot D_e$ oder, wenn t die Speisewassertemperatur bezeichnet und die spez. Wärme des Wassers ~ 1 gesetzt wird, $(i_s - t) \cdot D_e$ von der Maschine verbraucht.

Der **„tatsächliche** (effektive) **Wirkungsgrad"** der Maschine ist somit

$$\eta_e = \frac{632{,}3}{(i_s - i_w) \cdot D_e} \text{ bzw. } \frac{632{,}3}{(i_s - t) \cdot D_e} \text{ bezogen auf PS} \quad (159)$$

oder

$$\eta_e = \frac{860}{(i_s - i_w) \cdot D_e} \text{ bzw. } \frac{860}{(i_s - t) \cdot D_e} \text{ bezogen auf kW} \quad (160)$$

Der **„Gesamtwirkungsgrad" der Dampfkraftanlage** umfaßt alle auf S. 116 angegebenen Verluste; er wird ausgedrückt durch das Verhältnis „nutzbar gemachte Wärme" zu „verbrauchter Wärme", d. h. im Kondensationsbetrieb ist

$$\eta_{\text{ges.}} = \frac{Q_5}{Q} \quad . . . . (161)$$

und dagegen im Anzapfdampf- oder Gegendruckbetrieb

$$\eta_{\text{ges.}} = \frac{Q_5 + Q_8}{Q} \quad . . . . (162)$$

Die **„Ermittlung des Wärmegefälles"** erfolgt in einfacher Weise mit Hilfe des i, s-Diagrammes wie folgt:

Man sucht den Schnittpunkt I der Linie des Anfangsdruckes p' mit der Linie der entsprechenden Anfangstemperatur t_s des Heißdampfes (i_s), fällt von diesem Punkt eine Senkrechte (die Adiabate) bis zum Schnittpunkt II mit der Linie des gewählten Enddruckes p_0. Der Abstand der Punkte I und II voneinander ist das theoretische Wärmegefälle $i_s - i_0$.

Sodann trägt man vom Schnittpunkt I aus auf der Adiabate das wirkliche Wärmegefälle $i_s - i_x = (i_s - i_0) \cdot \eta_g$ ab und erhält so Punkt III. Zieht man darauf von diesem Punkt nach rechts eine Waagrechte, so schneidet diese die

Linie des Enddruckes p_0 im Schnittpunkt IV. Die Verbindungslinie von Punkt I mit Punkt IV stellt sodann die wirkliche Expansionslinie dar (s. Bild 13). Außerdem erhält man gleichzeitig den **Dampfgehalt** des Abdampfes mit Hilfe der im i, s-Diagramm im Naßdampfgebiet verlaufenden x-Linien.

Beispiel 45 (Kondensationsbetrieb). Eine Dampfturbine soll mit dem Anfangsdruck von $p' = 14$ ata und der Anfangstemperatur von $t_s = 360°$ C arbeiten. Der Enddruck (Kondensatordruck) beträgt 0,08 ata; der Gütegrad η_g sei $=$ 0,8 und der mechanische Wirkungsgrad $\eta_m = 0{,}95$. Die Dampfturbine ist mit einer Dynamo direkt gekuppelt.

Bild 13. **Expansion im i, s-Diagramm.**
(Zu den Beispielen 45 und 46.)

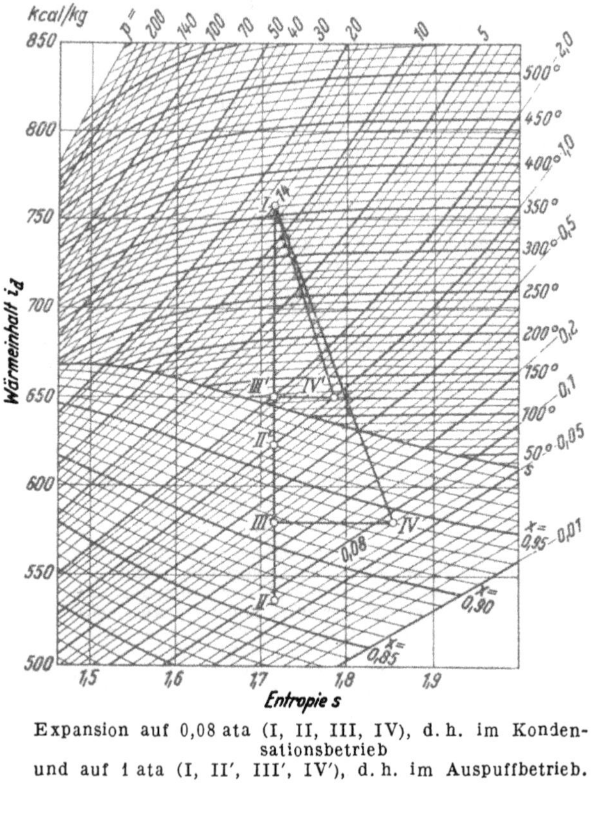

Expansion auf 0,08 ata (I, II, III, IV), d. h. im Kondensationsbetrieb
und auf 1 ata (I, II', III', IV'), d. h. im Auspuffbetrieb.

Nach den Dampftabellen bzw. nach dem i, s-Diagramm ist $i_1 = 756{,}4$ kcal undman erhält aus dem Diagramm $i_1 - i_0 \sim 221$ kcal und damit $i_1 - i_x = 221 \cdot 0{,}8 = 176{,}8$ kcal. Die Waagrechte schneidet die Drucklinie 0,08 ata bei $x = 0{,}94$, d. h. der Abdampf hat 94 % Dampfgehalt und 6 % Wassergehalt, der zulässig ist (s. S. 125).

Der thermodynamische Wirkungsgrad ist

$$\eta_{td} = 0{,}8 \cdot 0{,}95 = 0{,}76$$

und damit der wirkliche Dampfverbrauch

$$D_e = \frac{860}{221 \cdot 0{,}76} = 5{,}12 \text{ kg/kWh}.$$

Der tatsächliche Wirkungsgrad der Dampfturbine beträgt

$$\eta_e = \frac{860}{(756{,}4 - 35) \cdot 5{,}12} = 0{,}234, \text{ d. h. } 23{,}4\,\%,$$

sofern das Speisewasser mit 35° angenommen wird (Kondensattemperatur bei $p_0 = 0{,}08 \sim 40°$ C und Verlust in Leitung 5°).

Wird eine Kohle von $H_u = 7000$ kcal verfeuert und arbeitet die Kesselanlage mit 80 % Wirkungsgrad, ist der Druckverlust in der Dampfleitung 2 at und der Temperaturverlust 20°, so erzeugt 1 kg bei dem entsprechenden Dampfzustand von 16 ata und 380° (i_2) nach S. 52

$$\frac{7000 \cdot 0{,}8}{765{,}9 - 35} = 7{,}66 \text{ kg Dampf}$$

und für 1 kWh Kupplungsleistung sind somit an Kohle

$$\sim \frac{1 \cdot 5{,}12}{7{,}66} = 0{,}671 \text{ kg/h}$$

zu verfeuern. Damit erhält man

$$Q = 7000 \cdot 0{,}671 = 4700 \text{ kcal/kWh}$$

und mit dem angenommenen Kesselwirkungsgrad den Verlust $V_1 = 0{,}2 \cdot 4700 = 940$ kcal. Der Verlust in der Dampfleitung ist $V_2 = (765{,}9 - 756{,}4) \cdot 5{,}12 \cong 48{,}5$ kcal.

Bei der Umsetzung der Dampfwärme in Kraft ist nach Formel (160) $\eta_e = 23{,}4$ und daher der Verlust $V_3 = (100 - 23{,}4) \cdot (4700 - 940 - 48{,}5) = 2850$ kcal. Bis zur Kraftübertragungskupplung entsteht somit der Verlust

$$V_1 + V_2 + V_3 = 940 + 48{,}5 + 2850 = 3838{,}5 \text{ kcal, d. s.}$$

$$\frac{3838{,}5}{4700} \cdot 100 = 81{,}5\,\% \text{ von } Q,$$

d. h. bis dahin arbeitet die Anlage mit $100 - 81{,}5 = 18{,}5$ % Wirkungsgrad.

Von der Kupplungsleistung gehen aber je kWh bei einem angenommenen Dynamowirkungsgrad von 93 % noch verloren

$$V_4 = 1 \cdot (1 - 0{,}93) = 0{,}07 \text{ kWh und bei } 3\,\%$$

Eigenkraftverbrauch der Gesamtanlage (s. S. 50) außerdem noch

$V_5 = 1 \cdot 0,03 = 0,03$ kWh, so daß noch
$Q_5 = (1 - 0,07 - 0,03) \cdot 860 = 774$ kcal

übrigbleiben. Damit wird der Gesamtwirkungsgrad

$$\eta_{ges.} = \frac{774}{4700} = \mathbf{16{,}5\,\%}.$$

Beispiel 46 (Auspuffbetrieb): Wählt man wie im Beispiel 45 14 ata und 360° Dampfanfangszustand (i_1) und erwärmt man mit dem Auspuffdampf von 1 ata das Speisewasser auf 90°, so ist bei Beibehaltung der Annahmen des vorhergehenden Beispiels

$i_1 - i_0 = 138$ kcal (s. Bild 13); $D_e = 860 : (138 \cdot 0,76) = 8,2$ kg/kWh; $\eta_e = 860 : (756,4 - 90) \cdot 8,2 = 0,158$; 1 kg Kohle erzeugt $(7000 \cdot 0,8) : 765,9 - 90) = 8,28$ kg Dampf; für 1 kWh Kupplungsleistung werden verfeuert $8,2 : 8,28 = 0,99$ kg Kohle; $Q = 7000 \cdot 0,99 = 6930$ kcal; $V_1 = 0,2 \cdot 6930 = 1386$ kcal; $V_2 = (765,9 - 756,4) \cdot 8,2 = 78$ kcal; $V_3 = (100 - 15,8) \cdot (6930 - 1386 - 78) = 4600$ kcal; $V_1 + V_2 + V_3 = 1386 + 78 + 4600 = 6064$ kcal $= 87,6\,\%$ von Q und bis dahin ist der Wirkungsgrad der Anlage $= 100 - 87,6 = 12,4\,\%$; $V_4 = 1 \cdot (1 - 0,93) = 0,07$ kWh; $V_5 = 1 \cdot 0,03 = 0,03$ kWh; $Q_5 = (1 - 0,07 - 0,03) \cdot 860 = 774$ kcal und damit wird $\eta_{ges.} = 774 : 6920 = \mathbf{11{,}2\,\%}$.

x, d. h. der Dampfgehalt des Abdampfes ist in diesem Falle $= 1,00$, denn der Abdampf ist sogar noch leicht überhitzt, wie aus Bild 13 zu ersehen ist.

Aus den Beispielen 45 und 46 ist zu erkennen, daß bei mäßigem Druck und mäßiger Heißdampftemperatur im Kondensationsbetrieb die Ausnützung der Brennstoffwärme mit etwa 16 ½ % noch sehr niedrig liegt und daß der Auspuffbetrieb sogar nur etwa 11,2 % bringt.

Wie weit im Kondensationsbetrieb **durch Dampfdruck- und Dampftemperatursteigerung die Ausnutzung der Brennstoffwärme erhöht** werden kann, soll das nachfolgende Beispiel in überschlägiger Berechnung zeigen.

Beispiel 47 (Kondensationsbetrieb): Es werden stündlich 5000 kg Kohle von 7000 kcal unterem Heizwert verfeuert und es ist zu untersuchen, wieviel Nutzkilowattstunden man bei den folgenden Verhältnissen mit dieser Kohlenmenge erzeugen kann.

Enddruck 0,08 ata; $x = 0,92$; Speisewasser 40° bei isolierter Leitung; Druckverlust in der Dampfleitung 12,5 %, Temperaturverlust 4 %; Gütegrad der Turbine abnehmend mit steigendem Druck, d. h. $\eta_g = 82$; 81; 80; 79 % und mechanischer Wirkungsgrad $\eta_m = 0,965$; 0,96; 0,955; 0,95 %; Kesselwirkungsgrad 83 %. Untersucht werden sollen die Turbinendampfdrucke von $p' = 16$, 40, 60 und 80 ata.

Bei den gleichbleibend angenommenen Werten für Enddruck und Dampfgehalt erhält man die zugehörigen Heißdampftemperaturen aus dem i, s-Diagramm (s. Bild 14) durch ausprobieren der Lage der Adiabaten A_{16}, A_{40}, A_{60} und A_{80}.

i_x liegt natürlich unter diesen Umständen für alle 4 Fälle gleich hoch und beträgt 568 kcal lt. Diagramm.

Die Schnittpunkte der Adiabaten mit den zugehörigen Anfangsdrucklinien ergeben die Heißdampftemperaturen 350, 440, 480 und 500° C.

Bild 14. **Expansion im *i, s*-Diagramm.**
(Zu den Beispielen 47 und 48.)

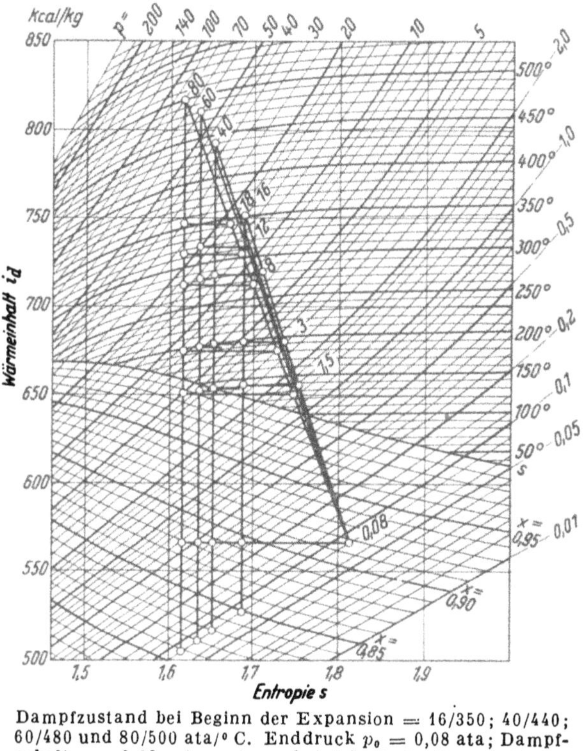

Dampfzustand bei Beginn der Expansion = 16/350; 40/440; 60/480 und 80/500 ata/° C. Enddruck p_0 = 0,08 ata; Dampfgehalt $x \sim 0{,}92$. Anzapfung bei 1,5, 3, 8, 12 und 18 ata.

Die nachstehende Berechnungstabelle zeigt, daß eine Steigerung der Ausnutzung des Brennstoffes bis auf ~ 21,5 % möglich ist, sofern man den Dampfdruck auf 80 ata und die Heißdampftemperatur auf 500° steigert. Das entspricht einer Wärmeersparnis von ~ 15,0 %. Allerdings sieht man auch, daß bei Druckerhöhung von 16 auf 40 ata die Ersparnis bereits 11,4 % beträgt und daß die Erhöhung von 40 auf 60 ata nur noch 3,2 %, von 60 auf 80 ata sogar nur noch 0,4 % bringt.

Berechnungstabelle von Beispiel 47

Druck an der Turbine p' ata Temperatur an der Turbine t_3 °C	16 350	40 440	60 480	80 500
Druck am Kessel p . . . . . . ata	18	45	67	90
Temperatur am Kessel t_2 . . . °C	365	460	500	520
i_2 am Kessel . . . . kcal/kg	757,2	798,5	815,10	820,9
Speisewasser t . . . . °C	40	40	40	40
i_2—t an Kessel . . . . . . kcal/kg	717,2	758,5	775,1	780,9
Turbine η_g	0,82	0,81	0,80	0,79
,, η_m	0,965	0,96	0,955	0,95
,, η_{td}	0,79	0,778	0,765	0,75
i_3 an der Turbine. . . . . kcal/kg	750,4	789,1	805,5	811,6
i_x ,, ,, ,, ... kcal/kg	568	568	568	568
$i_3 - i_x$ an der Turbine . . kcal/kg	182,4	221,1	237,5	243,6
Dampfverbrauch D_e = kg/kWh . .	4,88	4,06	3,8	3,72
kg Dampf/kg Kohle	8,10	7,66	7,50	7,43
Dampf kg/h	40 500	38 300	37 500	37 150
an der Kupplung . . . . kW	8 300	9 430	9 860	10 000
Dynamo-Wirkungsgrad	0,93	0,93	0,93	0,93
an den Klemmen . . . . kW	7 720	8 760	9 160	9 300
Eigenverbrauch (n. S. 50) . . ~ kW	290	380	475	560
Nutzleistung . . . . kW	**7 430**	**8 380**	**8 685**	**8 740**
Nutzwärme Q_s . . . . kcal/h	6 400 000	7 210 000	7 460 000	7 520 000
Wärmeverbrauch Q . . . . kcal/h	35 000 000	35 000 000	35 000 000	35 000 000
Ges. Wirkungsgrad $\eta_{ges.}$ . . . . %	**18,3**	**20,6**	**21,3**	**21,5**
kcal/kWh Nutzl.	4 710	4 175	4 025	4 000
Ersparnis . . . . %	0	11,4	14,6	15,0

Man erkennt aus diesem Beispiel, daß eine Steigerung der Brennstoffausnutzung bis auf etwa 21,5 % möglich ist, während man bei Auspuffbetrieb und gleichem Dampfanfangszustand auf etwa 17 % kommen kann.

Durch weitere **Absenkung des Enddruckes,** d. h. des Kondensatordruckes, kann aber eine nicht unerhebliche Steigerung der Ausnützung erzielt werden, denn dabei wächst das Wärmegefälle $i_3 - i_0$ bzw. $i_3 - i_x$, doch ist die Höhe des Enddruckes von der Kühlwassertemperatur abhängig, die bei Flußwasser im Mittel 15° und bei Rückkühlung, d. h. bei Kühlwasserkreislauf mit Rückkühlanlage, 27° beträgt.

Diesen Kühlwassertemperaturen entsprechen etwa 30 bzw. 40° Kondensattemperatur und Enddrucke von 0,05 bzw. 0,08 ata. Außerdem ist bei Festlegung des Enddruckes zu beachten, daß die Endnässe des Dampfes im allgemeinen bei Turbinen nicht größer als 10 % sein soll ($x = 0,9$). Bei Kolbendampfmaschinen soll die Expansion dagegen möglichst „trocken" verlaufen.

Die Dampfnässe setzt den Gütegrad der Turbinen herab und außerdem werden die Turbinenschaufeln u. U. bei größerer Dampfnässe vom Wasser angegriffen. Bei der Kolbenmaschine besteht bei unzulässiger Dampfnässe die Gefahr von Wasserschlägen.

Bei hohen Anfangsdrücken endigt die Expansion im Kondensationsbetrieb u. U. mit großer Dampfnässe und man greift in solchen Fällen zur sog. **„Zwischenüberhitzung"**, d. h. man läßt den Dampf im Hochdruckteil zunächst soweit expandieren, daß er noch leicht überhitzt ist, leitet ihn sodann dem **Zwischenüberhitzer** zu, in dem er durch Wärmezufuhr von neuem und so hoch überhitzt wird, daß die dann bis zum Enddruck weiter durchgeführte Expansion mit der noch zulässigen Endnässe endigt. Nötigenfalls kann die Zwischenüberhitzung mehrmals wiederholt werden.

Der bei der Zwischenüberhitzung auftretende Wärmegewinn beträgt etwa 4—7 %[1]; der im Zwischenüberhitzer auftretende, unvermeidliche Druckabfall ist zwar ein Verlust, doch liegt ein nicht unbedeutender Vorteil darin, daß der Gütegrad der Turbine mit abnehmender Endnässe im allgemeinen verbessert wird.

Die Zwischenüberhitzung erfolgt durch die Rauchgase des Kessels, d. h. in diesem Falle muß der vorexpandierte Dampf wieder zu dem rauchgasbeheizten Zwischenüberhitzer des Kessels zurückgeleitet und nach erfolgter Überhitzung wieder der Maschine zugeführt werden.

Um die hierbei erforderlichen zusätzlichen Rohrleitungen zu vermeiden, kann man auch den Hochdruckheißdampf für Zwischenüberhitzung verwenden in der Weise, daß der bei der Maschine angeordnete Zwischenüberhitzer durch konden-

[1]) „Einrichtungen zur Sicherung des Betriebes von Kraftwerken" von F. Kaißling, Elektrizitätswirtschaft 1940, Heft 32, S. 447.

Bild 15. Zwischenüberhitzung im *i, s*-Diagramm

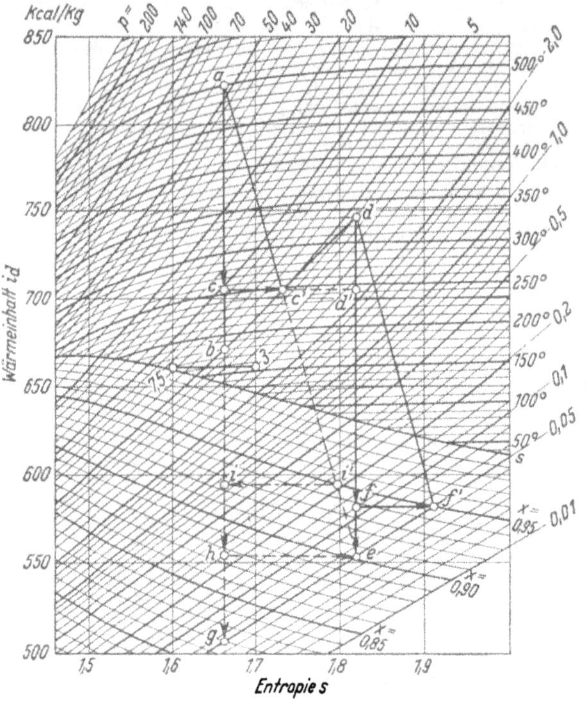

Beispiel einer Zwischenüberhitzung:
Vorgeschrieben sei $p_0 = 0{,}05$ und $x = 0{,}95$
$p' = 55$ ata; $t_s = 500°$.

1. Expansion ohne Zwischenüberhitzung. a—g adiabatisch; a—$h = (a$—$g) \cdot \eta_g$; wirkliche Expansion $= a$—e mit $x \sim 0{,}901$ und $p_0 = 0{,}05$. Da aber $x = 0{,}95$ sein soll, muß Expansion bei i' endigen, d. h. $p_0 \sim 0{,}2$ ata.
2. Expansion mit Zwischenüberhitzung. a—b adiabatisch; a—$c = (a$—$b) \cdot \eta_g$; wirkliche Expansion $= a$—c'; c'—d Zwischenüberhitzung mit leichtem Druckverlust; d—e adiabatisch; d—$f = (d$—$e) \cdot \eta_g$; wirkliche Expansion d—f' mit $x = 0{,}95$ und $p_0 = 0{,}05$ wie vorgeschrieben.
3. Wärmegefälle.
Im Falle $2 = (a - c) + (d' - f)$, dagegen nur
im Falle $1 = a - i$, d. i. ein Wärmegefällegewinn von $\sim 4\frac{1}{2}\,\%$ durch die Zwischenüberhitzung.

sierenden, der Hauptleitung entnommenen Heißdampf beheizt wird. Auch der strömende Heißdampf kann, bevor er in die Maschine eintritt, zur Beheizung des Zwischenüberhitzers dienen, wobei er durch Wärmeabgabe an den Zwischendampf abgekühlt wird, d. h. mit entsprechend niedrigerer Temperatur in die Maschine eintritt. Die **Grenze der Expansion ohne Zwischenüberhitzung** ist außer von der Dampfnässe, vom Enddruck, d. h. von der Kühlwassertemperatur und vom Gütegrad der Maschine abhängig.

Nimmt man z. B. einen thermodynamischen Wirkungsgrad ($\eta_g \times \eta_m$) von 80 % und eine Dampfnässe von 10 % an, so kann man bei 15° Kühlwassertemperatur und 500° Dampftemperatur an der Maschine mit 80 ata noch ohne Zwischenüberhitzung auskommen, während bei 27° die obere Grenze bei 95 ata liegt. Der Gütegrad nimmt bei Dampfturbinen mit zunehmendem Anfangsdruck ab, weil sich im Hochdruckteil infolge des abnehmenden spezifischen Dampfvolumens entsprechend niedrige Schaufelhöhen ergeben und dadurch nehmen die Spaltverluste zwischen den Schaufelreihen zu. Dieser Mangel tritt natürlich bei kleinem stündlich durchgesetzten Dampfvolumen besonders in Erscheinung und die Wirtschaftlichkeit der Drucksteigerung ist daher auch von der Turbinengröße abhängig. Je größer die Turbinenleistung, desto höher liegt die obere wirtschaftliche Grenze für den Druck, wobei das Maximum bei etwa 100 ata erreicht sein dürfte[1]).

Auch der mechanische Wirkungsgrad wird mit zunehmendem Druck etwas schlechter. Das wärmewirtschaftliche Ergebnis kann aber keinesfalls allein für die **Wahl des Anfangsdruckes** maßgebend sein, es sind vielmehr die Kohlenkosten, die jährliche Benutzungsdauer, die Anschaffungskosten, Abschreibung und Verzinsung, Betriebskosten usw. in einer gesamtwirtschaftlichen Berechnung (s. Beispiel 61, S. 201) mit in Ansatz zu bringen.

Ein weiteres Mittel zur Erhöhung des Ausnutzungsgrades der Brennstoffwärme ist die **Speisewasservorwärmung mittels Anzapfdampf** beim Kondensationsbetrieb (s. S. 117), deren Gewinne im folgenden Beispiel unter Beibehaltung der Grundlagen von Beispiel 47 überschlägig berechnet werden sollen.

Beispiel 48 (Kondensationsbetrieb mit Anzapfdampf-Speisewasservorwärmung). Nimmt man neben den Grundlagen des Beispiels 47 an, daß etwa 60 % der Flüssigkeitswärme *i* durch Speisewasservorwärmung mittels Anzapfdampf gedeckt werden sollen, während der Rest von einem abgasbeheizten Vorwärmer aufgenommen wird und die übrige noch zur Verfügung stehende Abgaswärme der Verbrennungslufterhitzung auf eine vorgeschriebene Maximaltemperatur dient, so erhält man die Anzapfdrücke wie folgt:

---

[1]) F. Kaißling, Die wirtschaftliche Grenze für die Höhe des Dampfdruckes in Kondensationskraftwerken. Archiv für Wärmewirtschaft 1939, Heft 9 und 10.

1. Anzapfdampfdrücke

Kesseldruck p ata	18-90	18	45	67	90
Flüssigkeitswärme i kcal/kg .	—	210,1	266,5	297,3	323,6
Anzapfdruck ata.	1,5	3,0	8,0	12,5	18,0
Sattdampftemp. °C.	111	133	170	189	206
Temp.-Gefälle*) °C.	6	7	11	13	16
Speisewassertemp. t °C	105	126	159	176	190
$i \cdot 0{,}60$ kcal/kg = Speisewasserwärme i_w	105	126	160	178	194

*) Steigend mit dem Druck, damit die Heizflächen, die bei höherem Druck teuerer werden, nicht zu groß ausfallen.

Bem.: Um eine möglichst große Dampfmenge auf möglichst niedrigen Druck expandieren zu lassen zwecks Erzielung einer möglichst großen Kraftausbeute, wird das Speisewasser, d. h. das Kondensat in allen Fällen zunächst mittels einer bei 1,5 ata liegenden Anzapfstufe von 40° auf 105° gebracht und dann erst auf 126°. Man erhält somit für die Expansion der 4 Fälle folgende Tabelle:

2. Enddrücke $p_I - p_V$ und p_0

Turbinenanfangsdruck p' ata	16	40	60	80
Anzapfstufe p_I . . . . ata	—	—	—	18
,, p_{II} . . . . ata	—	—	12,5	12,5
,, p_{III} . . . . ata	—	8	8	8
,, p_{IV} . . . . ata	3	3	3	3
,, p_V . . . . ata	1,5	1,5	1,5	1,5
Enddruck p_0 . . . . ata	0,08	0,08	0,08	0,08

Aus dem i,s-Diagramm Bild 14, S. 123, erhält man für die verschiedenen Expansionen das wirkliche Wärmegefälle $i_s - i_x$ und daraus mit Formel (158), S. 119, den wirklichen Dampfverbrauch D_e und weiterhin ergeben sich aus dem i, s-Diagramm die Werte für den Wärmeinhalt $i_{x\,I} - i_{x\,V}$ und damit die Wärmeabgabe q_{I-V} des Anzapfdampfes; in nachstehenden Tabellen sind sämtliche Werte aufgeführt. Dabei ist

3. Wirkliche Wärmegefälle in kcal/kg Dampf u. wirkliche Dampfverbrauchszahlen in kg/kWh. (η_g verändert sich mit dem Gefälle)

Turbinendruck p' ata Heißdampftemp. t_s °C	16 350		40 440		60 480		80 500	
	$i_s - i_x$	D_e	$i_s - i_x$	D_e	$i_s - i_x$	D_e	$i_s - i_x$	D_e
Expansion von p' auf p_I	—	—	—	—	—	—	68	13,3
,, ,, p' ,, p_{II}	—	—	—	—	72	12,5	83	10,9
,, ,, p' ,, p_{III}	—	—	73	12,3	91	9,9	101	9,0
,, ,, p' ,, p_{IV}	71	12,5	111	8,1	129	7,0	137	6,6
,, ,, p' ,, p_V	96	9,3	136	6,6	152	5,9	160	5,7
,, ,, p' ,, p_0	182,4	4,88	221,1	4,06	237,5	3,8	243,6	3,72

4. Wärmeabgabe des Anzapfdampfes q_{I-V} in kcal/kg

Turbinendruck p' ata	16	40	60	80
Anzapfdruck 18 ata, i_{xI} $-i'$	—	—	—	534
„ 12,5 „ , i_{xII} $-i'$	—	—	541	537
„ 8 „ , i_{xIII} $-i'$	—	546	545	540
„ 3 „ , i_{xIV} $-i'$	547	544	543	540
„ 1,5 „ , i_{xV} $-i'$	544	543	541	539

z. B. $i_{xI} - i' = q_I$, wenn mit i' die dem Anzapfdruck entsprechende Flüssigkeitswärme bezeichnet wird.

Die Verdampfungsziffer in kg Dampf/kg Kohle erhält man mit Formel (86), S. 52, und daraus ergibt sich die stündliche Dampferzeugung durch Multiplikation mit den für alle 4 Fälle stündlich verfeuerten 5000 kg Kohle. Die berechneten Werte enthält die nächste Tabelle.

Bild 16. **Schaltbild einer Anzapfdampf-Speisewasser-Vorwärmung**

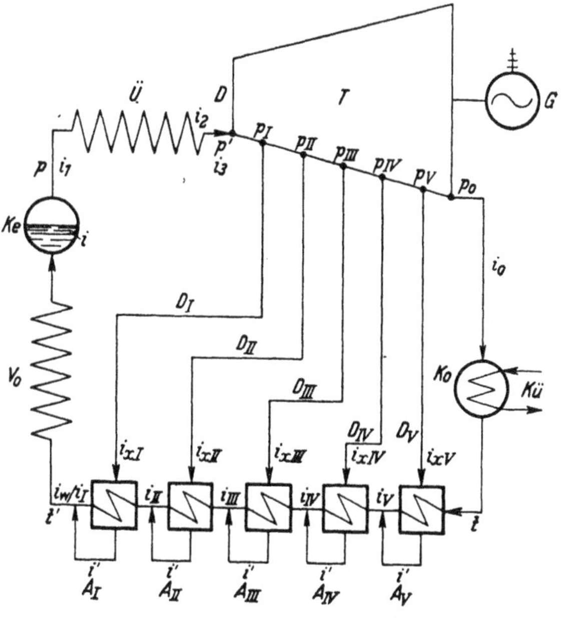

Ke = Kessel, T = Turbine,
$Ü$ = Überhitzer, G = Generator,

Ko = Kondensator,
$Kü$ = Kühlwasser,
A_{I-V} = Anzapfdampfvorwärmer,
V_0 = rauchgasbeheizter Vorwärmer,
D = gesamte Dampfmenge in kg/h,
D_{I-V} = Anzapfdampfmengen in kg/h,
p = Dampfdruck im Kessel in ata,
p' = Dampfdruck vor der Turbine in ata,
p_{I-V} = Anzapfdampfdrücke in ata,
p_0 = Enddruck (Kondensator) in ata,
t = Kondensat (Speisewasser) Temperatur in °C,
t' = Speisewassertemperatur am Kesselvorwärmer in °C,
i_w = Speisewasserwärme zu t' in kcal/kg,
i = Flüssigkeitswärme in kcal/kg,
i_1 = Sattdampfwärme im Kessel in kcal/kg,
i_2 = Heißdampfwärme hinter Überhitzer in kcal/kg,
i_3 = Heißdampfwärme vor der Turbine in kcal/kg,
i_{xI-V} = Anzapfdampfwärme in kcal/kg,
i_0 = Abdampfwärme in kcal/kg,
i_{I-V} = Speisewasserwärme in kcal/kg,
i' = Flüssigkeitswärme des Anzapfdampfes in kcal/kg,
q_{I-V} = Wärmeabgabe des Anzapfdampfes in kcal/kg',
$= i_{xI-V} - i'$.

Angenähert gilt

$$D_I \cdot q_I = (D - D_I) \cdot (i_I - i_{II})$$
$$D_{II} \cdot q_{II} = (D - D_I - D_{II}) \cdot (i_{II} - i_{III}) \text{ usw.}$$

Daraus erhält man die Anzapfdampfmengen

$$D_I = \frac{D \cdot (i_I - i_{II})}{q_I + i_I - i_{II}} \text{ kg Dampf/h} \quad \ldots \ldots \ldots \ldots (163)$$

$$D_{II} = \frac{(D - D_I) \cdot (i_{II} - i_{III})}{q_{II} + i_{II} - i_{III}} \text{ kg Dampf/h} \quad \ldots \ldots \ldots (164)$$

$$D_{III} = \frac{(D - D_I - D_{II}) \cdot (i_{III} - i_{IV})}{q_{III} + i_{III} - i_{IV}} \text{ kg Dampf/h} \quad \ldots (165)$$

$$D_{IV} = \frac{(D - D_I - D_{II} - D_{III}) \cdot (i_{IV} - i_V)}{q_{IV} + i_{IV} - i_V} \text{ kg Dampf/h} \quad (166)$$

$$D_V = \frac{(D - D_I - D_{II} - D_{III} - D_{IV}) \cdot (i_V - t)}{q_V + i_V - t} \text{ kg Dampf/h} \quad \ldots (167)$$

Sind es weniger als 5 Stufen, so werden die entfallenden Stufen I usw. in den Formeln = 0 gesetzt.

Es ist nicht berücksichtigt, daß i', d. h. das Vorwärmerkondensat von höherer Temperatur dem Speisewasser jeweils zugeführt wird, der Fehler ist aber nicht groß, zumal auch der Wärmeverlust der Vorwärmer und Rohrleitungen unberücksichtigt bleibt; beide Ungenauigkeiten heben sich ungefähr auf.

Für das vorliegende Beispiel erhält man so die Anzapfdampfmengen und wenn man diese mit den zugehörigen Dampfverbrauchszahlen D_e dividiert, so ergeben sich die auf jedem Expansionsweg erzeugten Strommengen in kW; zusammengezählt erhält man sodann die gesamte Kupplungsleistung in kW. Diese Werte umfaßt die nachstehende Tabelle, in der auch die Endberechnung durchgeführt ist.

5. Verdampfungsziffer in kg Dampf/kg Kohle und Dampfmenge in kg/h

Kesseldruck p ata Heißdampftemp. t_2 °C	18 365	45 460	67 500	90 520
Gesamtwärme i_2 . . . kcal/kg	757,2	798,5	815,1	820,9
Speisewasserwärme i_w kcal/kg	126,0	160,0	178,0	194,0
Erzeugungswärme $i_2 - i_w$ . . . . . . kcal/kg	631,2	638,5	637,1	626,9
kg Dampf/kg Kohle	9,20	9,08	9,10	9.25
stündliche Dampfmenge aus 5 000 kg Kohle . . kg	46 000	45 400	45 500	46 250

Den Zusammenhang zeigt das Schaltbild Bild 16 auf Seite 129.

6. **Stromerzeugung, Gesamtwirkungsgrad, Wärmeersparnis**

Turbinendruck p' ata	16	40	60	80
Anzapfdampf D_I . . kg/h	—	—	—	1 320
,, D_{II} . . ,,	—	—	1 460	1 455
,, D_{III} . ,,	—	2 660	2 600	2 580
,, D_{IV} . ,,	1 700	1 590	1 540	1 530
,, D_V . ,,	4 730	4 400	4 280	4 230
Kondensatordampf D_0 ,,	39 570	36 750	35 620	35 135
Gesamtdampf D . . kg/h	46 000	45 400	45 500	46 250
Strom aus D_I . . . kW	—	—	—	99
,, ,, D_{II} . . . ,,	—	—	117	133
,, ,, D_{III} . . . ,,	—	216	263	287
,, ,, D_{IV} . . . ,,	136	197	220	232
,, ,, D_V . . . ,,	510	667	726	743
,, ,, D_0 . . . . ,,	8 100	9 040	9 400	9 450
Kupplungsleistung . kW	8 746	10 120	10 726	10 944
Klemmenleistung (× 0,93) . . . . . ,,	8 125	9 410	10 000	10 180
Eigenkraftverbrauch ,,	310	330	545	660
Nutzleistung . . . . ,,	**7 815**	**9 080**	**9 455**	**9 520**
Nutzwärme. . . . kcal/h	6 720 000	7 820 000	8 130 000	8 200 000
Wärmeverbrauch . ,,	35 000 000	35 000 000	35 000 000	35 000 000
Gesamtwirkungsgrad η_{ges} . . . . %	**19,2**	**22,3**	**23,2**	**23,4**
kcal/kWh Nutzleistung .	4 480	3 860	3 700	3 680
Wärmeersparnis (bezogen auf 4 480) . . %	**0**	**13,9**	**17,4**	**17,8**
(bezogen auf 4 710), S. 124	4,9	18,0	21,5	21,9

Stellt man die Rechnungsergebnisse dieser beiden Beispiele für Kondensationsbetrieb zusammen, so erkennt man den großen Wert der Anzapfdampfvorwärmung:

7. **Gegenüberstellung**

Turbinendruck p' und Temperatur t_s	16/350	40/440	60/480	80/500
Gesamtwirkungsgrad η_{ges} mit Anzapfung . . . . . %	19,2	22,3	23,2	23,4
η_{ges} ohne Anzapfung . . . %	18,3	20,6	21,3	21,5
Erhöhung durch Anzapfung +	0,9	1,7	1,9	1,9
Wärmeersparnis (bezogen auf 16/350 ohne Anzapfung) mit Anzapfung	4,9	18,0	21,5	21,9
ohne Anzapfung	0,0	11,4	14,6	15,0
Gewinn durch Anzapfung + .	4,9	6,6	6,9	6,9
Stufenanzahl	2	3	4	5
Speisewassertemperatur . °C	126	159	176	190

Während z. B. die Dampfzustandsveränderung von 40/440 auf 60/480 ohne Anzapfung nur eine Wirkungsgraderhöhung von 20,6 auf 21,3 = + 0,7 bringt, bzw. die Wärmeersparnis von 11,4 auf 14,6 = + 3,2 ansteigt, erzielt man bei Beibehaltung des Zustandes 40/440 mit 3stufiger Anzapfung eine Wirkungsgraderhöhung von 20,6 auf 22,3 = + 1,7 und ein Ansteigen der Wärmeersparnis von 11,4 auf 18 = + 6,6!, d. h. eine Verbesserung um mehr als das Doppelte gc enüber Druck- und Temperatursteigerung.

Ferner ist zu bemerken, daß bei Anzapfung der Gewinn durch Druck- und Temperatursteigerung höher ausfällt; so beträgt z. B. der Wirkungsgradgewinn bei Steigerung von 16/350 auf 80/500 mit Anzapfung 23,4 — 19,2 = + 4,2 gegenüber 21,5 — 18,3 = + 3,2 ohne Anzapfung und die Wärmeersparnis ist 21,9 — 4,9 = + 17 gegenüber nur + 15.

Gesamtwirtschaftlich gesehen wird sich die Druck- und Temperatursteigerung im Kondensationsbetrieb meist nur dann lohnen, wenn gleichzeitig die Anzapfdampf-Speisewasservorwärmung mit eingeführt wird und auch die durch Zwischenüberhitzung erzielbaren Gewinne werden bei hohen Drucken nicht entbehrlich sein.

Der Anzapfdampf kann zunächst auch zum Antrieb von Hilfsturbinen für Speisepumpen, Ventilatoren, Staubaufbereitung usw. verwertet werden, um dann als Auspuffdampf dieser Hilfsturbinen der Speisewassererwärmung zu dienen.

Das nachstehende Schema Bild 17 zeigt eine ausgeführte Anlage als Beispiel.

Beispiel 49 (Schaltschema einer Kondensationskraftanlage mit Hochdruckvorschaltturbine).

Eine vorhandene Kraftanlage mit Mitteldruck-Kondensationsturbinen für 16 ata und 325° C soll unter Ausschaltung

Bild 17. **Schaltschema**

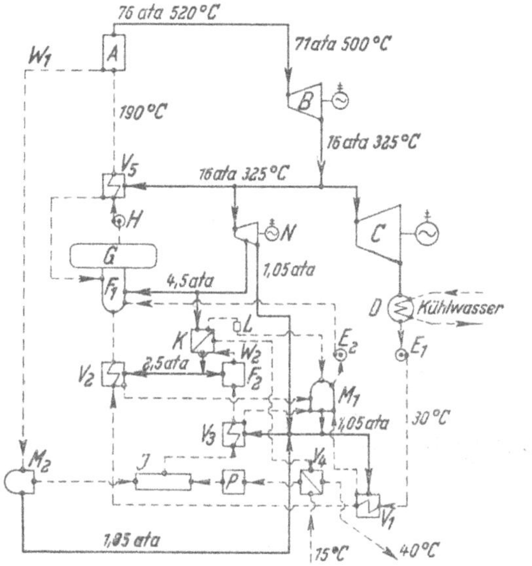

Erläuterungen: —— Dampfleitungen; ---- Wasserleitungen.

A Hochdruck-Kesselanlage
B Hochdruck-Vorschaltturbine
C Mitteldruck-Kondensationsturbine
D Kondensator dazu
E_1 Kondensatpumpe dazu
F_1 Mischvorwärmer und Entgaser
G Warmwasserspeicher
H Hochdruck-Speisepumpen
J Tiefwasser-Behälter
K Verdampfer-Anlage
L Kondensat-Rückleiter

M_1 Wasser-Entspanner
M_2 ,, ,,
N Hilfs-Turbine
P Permutit-Anlage
F_2 Entgaser
E_2 Kondensat-Pumpe
V_1 Wasser-Vorwärmer
V_2 ,, ,,
V_3 ,, ,,
V_4 ,, ,,
V_5 ,, ,,
W_1 Entsalzungs-Abschlamm-Wasser
W_2 Entsalzungs-Abschlamm-Wasser

der veralteten und nicht mehr betriebssicheren Kesselanlage in der Leistung erhöht werden. Zu diesem Zwecke wird eine neue Hochdruck-Kesselanlage *A* mit einem Konzessionsdruck von 85 ata errichtet, welche aus dem Überhitzer Dampf von 76 ata und 520° C ins Rohrnetz gibt. An der neuen Vorschaltturbine *B* wird dann noch Dampf von 71 ata und 500°C zur Verfügung stehen. In dieser Turbine expandiert der Dampf krafterzeugend auf den bisherigen Druck von 16 ata und hat dann auch noch die bisherige Temperatur von 325° C. Man hat also den Anfangsdruck und die Überhitzung des Hochdruckdampfes so hoch gewählt, um ohne Zwischenüberhitzung und ohne Druckverlust für die Mitteldruck-Turbine auszukommen. Die Dampfmenge ist entsprechend der gegebenen Schluckfähigkeit der Mitteldruck-Turbine *C* nur um den Dampfbedarf der neuen Mitteldruck-Hilfsturbine *N* höher geworden.

Diese Hilfsturbine arbeitet auch mit bis auf 16 ata und 325° C expandiertem Dampf; sie hat eine Anzapfstelle bei 4,5 ata für Heizdampf zum Mischvorwärmer F_1 und zum Verdampfer *K*, während der Enddruck 1,05 ata beträgt und zur Beheizung der Vorwärmer V_1 und V_2 dient. Die Hilfsturbine arbeitet also im reinen Gegendruckbetrieb mit Abdampfverwertung, d. h. mit dem denkbar höchsten Gesamtwirkungsgrad (s. S. 136—137).

Auch im übrigen ist auf beste Wärmeausnutzung Rücksicht genommen: Das Kessel-Entsalzungs- und Abschlämmwasser wird im Entspanner M_2 entspannt und der dabei erzeugte Dampf von 1,05 ata für Heizzwecke verwendet. Desgleichen werden die aus dem Verdampfer *K* und aus den Vorwärmern V_2 kommenden Kondensatmengen im Entspanner M_1 auf 1,05 ata entspannt und der entstehende Dampf strömt in das Heiznetz ab. Ferner gibt das vom Verdampfer abgezapfte Laugenwasser, das zwecks Entsalzung und Entschlämmung der Anlage natürlich wegfließen muß, an das Rohwasser im Vorwärmer V_4 seine Wärme bis auf etwa 40° C an das Rohwasser ab. Die mit diesem auf 40° herabgekühlten Laugenwasser fortgehende Wärme ist aber die einzige Verluststelle des Hochdruckteiles der Anlage (abgesehen von den unvermeidlichen Leitungs- und Strahlungsverlusten, Schornsteinverlusten, Verlusten durch Unverbranntes und Turbinenverlusten).

Wie die Einschaltung der Hilfsturbine *N*, so bringt auch die Vorwärmung des Speisewassers mittels Dampf von 16 ata im Vorwärmer V_3 eine Verminderung der Kondensator-Wärmeverluste (s. S. 117).

Die Mitteldruckanlage hat im übrigen natürlich, wie bisher, die größte Verluststelle des Kondensations-Kraftwerkes, den Kondensator, mit dessen Kühlwasser ein sehr großer Teil der erzeugten Wärme abströmt (s. S. 117).

Im **gekuppelten Kraft-Wärmebetrieb** kann ein bedeutend größerer Teil der Brennstoffwärme nutzbar gemacht werden als im reinen Kondensationsbetrieb. Der Unterschied soll mit nachfolgendem Beispiel aufgezeigt werden.

Beispiel 50 (Anzapfdampfbetrieb)

Wählt man wieder dieselben Grundlagen wie in dem Beispiel 47 und nimmt man weiter an, daß bei 3 ata eine Anzapfung für Heizzwecke erfolgt, wobei stündlich einschließlich der Wärmeverluste 10 000 000 kcal benötigt werden und das Kondensat mit 125° zurückkommt, so ergibt sich folgende angenäherte Berechnung:

Turbinendruck p' ata	16	40	60	80
Gesamtkohlenverbrauch . . . . kg/h	5 000	5 000	5 000	5 000
Heizdampfwärmebedarf . . . kcal/h	10 000 000	10 000 000	10 000 000	10 000 000
Wärmeinhalt des Anzapfdampfes . . . . kcal/kg	680	677	676	673
Kondensatwärme des Anzapfdampfes . . kcal/kg	125	125	125	125
Wärmeabgabe somit kcal/h	555	552	551	548
Anzapfdampfmenge (z. B. 10 000 000 : 555 = 18 000) . . . . kg/h	18 000	18 150	18 200	18 250
Wärmeinhalt des Heißdampfes . . . . kcal/kg	757,2	798,5	815,1	820,9
Kondensatwärme des Anzapfdampfes . . kcal/kg	125	125	125	125
Erzeugungswärme kcal/kg	632,2	673,5	690,1	695,9
1 kg Kohle erzeugt kg Dampf	9,2	8,65	8,43	8,35
Kohlenverbrauch für Anzapfdampf . . . . . kg/h	1 960	2 100	2 160	2 190
Restkohlenmenge für Kondensationsdampf . . kg/h	3 040	2 900	2 840	2 810
Erzeugungswärme des Kondensationsdampfes . . kcal/kg	717,2	758,5	775,1	780,9
1 kg Kohle erzeugt kg Dampf	8,1	7,66	7,5	7,43
Kondensationsdampfmenge somit . . . . kg/h	24 600	22 200	21 300	20 900
Gesamte Dampfmenge kg/h	**42 600**	**40 350**	**39 500**	**39150**
Dampfverbrauch bei Expansion p' auf 3 ata . . kg/kWh	12,5	8,1	7,0	6,6
und Dampfverbrauch bei Expansion p' auf p_0 . . kg/kWh	4,88	4,06	3,8	3,72
Kupplungsleistung bei Expansion p' auf 3 ata kW	1 440	2 240	2 600	2 770
und Kupplungsleistung bei Expansion p' auf p_0 kW	5 040	5 460	5 600	5 620
Gesamte Kupplungsleistung . . . . kW	6 480	7 700	8 200	8 390
Klemmenleistung . . kW	6 060	7 160	7 630	7 800
Eigenkraftverbrauch . kW	270	370	475	500
Nutzleistung . . . . . kW	**5 770**	**6 790**	**7 155**	**7 230**
Wärmemenge, entsprechend . . . . . kcal/h	4 960 000	5 840 000	6 150 000	6 220 000
Nutzbar gemachte Anzapfdampfwärme [z. B. (680—133) · 0,98 · 18 000] bei 2 % Verlust . kcal/h	9 650 000	9 650 000	9 650 000	9 650 000
Gesamte nutzbar gemachte Wärmemenge . . . kcal/h	14 610 000	15 490 000	15 800 000	15 870 000
Wärmeverbrauch	35 000 000	35 000 000	35 000 000	35 000 000
Gesamtwirkungsgrad η_{ges} %	**41,8**	**44,3**	**45,2**	**45,4**
kcal/kWh Nutzleistung . .	6 120	5 150	4 880	4 840
Wärmeersparnis für Krafterzeugung . . . . . . %	**0**	**14,9**	**19,4**	**20,0**

Der Gewinn könnte auch für diesen Fall noch weiter dadurch gesteigert werden, daß, wie im Beispiel 48, die Speisewasservorwärmung mittels Anzapfdampf eingeführt würde.

Das nächste Beispiel zeigt, daß man im reinen **Gegendruckbetrieb** auf die beste Ausnutzung der Brennstoffwärme kommt.

Turbinendruck p' ata	16	40	60	80
Gesamte Kohlemenge . . . . . kg/h	5 000	5 000	5 000	5 000
Wärmeinhalt des Heißdampfes . . . . kcal/kg	757,2	798,5	815,1	820,9
— Kondensatwärme . . . . . "	125	125	125	125
Erzeugungswärme . . . . . "	632,2	673,5	690,1	695,9
1 kg Kohle erzeugt kg Dampf . . .	9,2	8,65	8,43	8,35
Gesamte Dampfmenge . . . . kg/h	**46 000**	**43 250**	**42 150**	**41 750**
Dampfverbrauch bei der Expansion p' auf 3 ata . . . . . . kg/kWh	12,5	8,1	7,0	6,6
Kupplungsleistung . . . . . . kW	3 680	5 340	6 020	6 330
Klemmenleistung . . . . . . "	3 420	4 930	5 600	5 880
Eigenkraftverbrauch . . . . . "	170	280	400	480
Nutzleistung . . . . "	**3 250**	**4 680**	**5 200**	**5 400**
Wärmemenge, entsprechend . kcal/h	2 800 000	4 030 000	4 470 000	4 650 000
Nutzbar gemachte Anzapfdampfwärme (s. Beisp. 50) . . . kcal/h [z. B. (680—133) · 0,98 · 46 000]	24 650 000	23 100 000	22 400 000	22 100 000
Gesamte nutzbar gemachte Wärmemenge . . . . kcal/h	27 450 000	27 130 000	26 870 000	26 750 000
Wärmeverbrauch . . . . . . "	35 000 000	35 000 000	35 000 000	35 000 000
Gesamtwirkungsgrad $\eta_{ges.}$ . . . . . %	**78,5**	**77,6**	**76,8**	**76,5**
kcal/kWh Nutzleistung	10 750	7 460	6 730	6 480
Wärmeersparnis für Krafterzeugung . . . . . . %	**0**	**30,6**	**37,4**	**39,8**

Beispiel 51 (Gegendruckbetrieb)

Bei einer Anlage mit den Grundlagen des Beispiels 47 soll der gesamte Dampf mit 3 ata, d. h. mit dem „Gegendruck" von 3 ata in die Heizdampfleitung übergehen. Nimmt man an, daß das gesamte Kondensat mit 125° von den Heizdampfverbrauchsstellen nach den Kesseln zurückkommt, so ergibt sich die Berechnung auf S. 136.

Man erkennt, daß der reine Gegendruckbetrieb einen sehr hohen Gesamtwirkungsgrad hat, der für alle 4 Fälle gleich hoch liegen würde, wenn nicht der Turbinengütegrad mit steigendem Druck abnehmen und der Eigenkraftverbrauch zunehmen würde. Der Vorteil liegt in der hohen Wärmeersparnis für Krafterzeugung und dem damit gegebenen Kraftgewinn durch Druck- und Temperatursteigerung.

Besonders deutlich zeigt sich der Gewinn durch Anzapfdampf- bzw. Gegendruckbetrieb, wenn man für die Anlagen Beispiel 50 und 51 die Rechnung für getrennte Kraftdampf-und Heizdampferzeugung durchführt wie im Beispiel 52. S. 138.

Ist es bei Hochdruckanlagen nicht möglich, vollkommen reines Speisewasser zu bereiten, wie es für einen sicheren Hochdruckkesselbetrieb Bedingung ist, so kann die Anwendung des sog. **Dampfumformers** ein Ausweg sein. Bei diesem Verfahren läßt man den Hochdruck-Heißdampf in der Kraftmaschine bis auf die gegebene Gegendruckspannung expandieren und führt den Maschinenabdampf einem Wärmeaustauscher, dem Dampfumformer, zu. Hier gibt der Abdampf etwa noch vorhandene Überhitzungswärme und die Verdampfungswärme an den Wasserinhalt des Umformers ab, wobei Sattdampf von einer einige at unter dem Gegendruck liegenden Spannung erzeugt wird. Je kleiner dieser Spannungsunterschied, d. h. also der Temperaturunterschied gewählt wird, desto größer fällt natürlich die Umformer-Heizfläche aus; in der Regel wählt man den Temperaturunterschied im Sattdampfbereich mit etwa 10 bis 20° C.

Das Kondensat des Gegendruckdampfes wird wieder der Hochdruckkesselanlage zugeführt und die nur geringen Verluste ersetzt man mittels einer kleinen Verdampferanlage (s. S. 166).

Der im Umformer erzeugte Sattdampf wird direkt verwertet oder je nach Bedarf überhitzt durch Einschaltung von Zwischenüberhitzern wie vor beschrieben.

Allerdings geht bei der Anwendung von Umformern ein verhältnismäßig großes, mit dem Spannungsunterschied wachsendes Wärmegefälle verloren und man kann diesen Verlust immerhin z. B. bei 100/15 ata Gegendruck und 15° Temperaturdifferenz mit etwa 15 % der Vorschaltmaschinenleistung annehmen (s. a. Engler, „Feuerungstechnik" 1938, Heft vom 15. Oktober, über „Auslegung von Hochdruck-Dampfanlagen"). Gleiche Vorschaltleistung wird z. B. erreicht bei 54 ata ohne Umformer, gegenüber 70 ata mit Umformer und 10° C Temperaturunterschied oder 110 ata mit Umformer und 20° C Temperaturunterschied. Das Schema S. 139 zeigt ein Beispiel für die Einfügung eines Dampfumformers.

Beispiel 52. Parallele Kraft- und Heizdampferzeugung

Turbinendampf p' ata	16	40	60	80
a) Vergeich mit Beispiel 50:				
Nutzleistung . . . . . kW	5 770	6 790	7 155	7 230
kg Kohle/kWh im Kond. Betrieb (nach Beispiel 48 Tabelle 6)	0,64	0,55	0,528	0,525
Kohlenverbrauch somit für Krafterzeugung . . kg/h	3 700	3730	3 780	3 800
Heizdampfwärmebedarf . . . . . kcal/h	10000000	10000000	10000000	10000000
Kohlenverbrauch hierfür 10000000: (7000 · 0,83) kg/h	1 720	1 720	1 720	1 720
Gesamter Kohlenverbrauch . . . . . kg/h	5 430	5 450	5 500	5 520
Nutzwärme aus kWh . . . . . kcal/h	4 960000	5 840000	6 150000	6 220000
„ aus Heizdampf . . . . . „	9 650000	9 650000	9 650000	9 650000
„ insgesamt . . . . . „	14 610000	15 490000	15 800000	15 870000
Wärmeverbrauch . . . . . „	38 010000	38 150000	38 500000	38 640000
Gesamtwirkungsgrad $\eta_{ges.}$ . . . . . %	38,5	40,5	41,0	41,2
Verlust gegen $\eta_{ges.}$ von Beispiel 50	**—3,3**	**—3,8**	**—4,2**	**—4,2**
Mehrverbrauch an Kohle . . . . . %	8,4	9,0	10,0	10,4
b) Vergleich mit Beispiel 51:				
Nutzleistung . . . . . kW	3 250	4 680	5 200	5 400
Kohlenverbrauch hierfür (wie oben) . . . . kg/h	2 080	2 580	2 750	2 830
Heizdampfwärmebedarf . . . . . kcal/h	25 600000	24 000000	23 250000	22 950000
z. B. $= \frac{24\,650\,000 \cdot (650{,}3 - 125)}{(650{,}3 - 133) \cdot 0{,}98} = 25\,600\,000$				
Kohlenverbrauch hierfür . . . . . kg/h	4 420	4 140	4 010	3 960
Gesamter Kohlenverbrauch . . . . . „	6 500	6 720	6 760	6 790
Nutzwärme aus kWh . . . . . kcal/h	2 800000	4 030000	4 470000	4 650000
„ „ Heizdampf . . . . . „	24 650000	23 100000	22 400000	22 100000
Nutzwärme insgesamt . . . . . kcal/h	27 450000	27 130000	26 870000	26 750000
Wärmeverbrauch . . . . . „	45 500000	47 040000	47 320000	47 530000
Gesamtwirkungsgrad $\eta_{ges.}$ . . . . . %	60,3	57,7	56,8	56,3
Verlust gegen $\eta_{ges.}$ von Beispiel 51	**—18,2**	**—19,9**	**—20,0**	**—20,2**
Mehrverbrauch an Kohle . . . . . %	30,0	34,4	35,2	35 ,8

Durch die Anwendung von **Sonderkesseln**, die auch bei Hochdruckdampferzeugung normal aufbereitetes Speisewasser zulassen, kann der verlustbringende Umformerbetrieb vermieden werden (s. S. 161 u. 162).

Dieser kurze Überblick läßt auch den Fernerstehenden das Wesentliche erkennen, im übrigen muß auf ausführlichere Werke verwiesen werden.

Bem.: Die gegebenen Erläuterungen und Berechnungen sollen lediglich die Zusammenhänge klarlegen, sie können aber keinen Anspruch auf Ausführlichkeit und Genauigkeit machen. Die Ausführungen und Berechnungen genügen aber jedenfalls als **„Brücke" von der Dampferzeugung zur richtigen Dampfverwertung**, auf die im Rahmen dieses Taschenbuches näher nicht eingegangen werden kann.

Bild 18. **Schaltbild einer Vorschalt-Hochdruckanlage mit Dampfumformer**

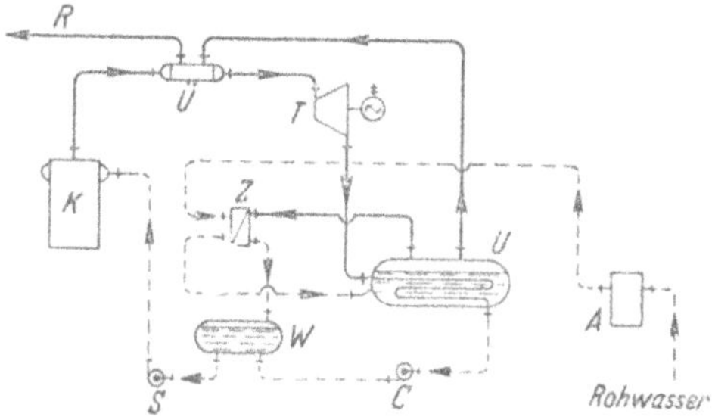

K = Hochdruckkessel,
T = Hochdruckturbine,
U = Dampfumformer,
R = Rohrleitung für den überhitzten Umformerdampf nach den Verbrauchsstellen,
C = Kondensatpumpe,
W = Speisewasserbehälter für reines Kondensat,
Z = Zusatzwasser-Kondensator,
$Ü$ = Dampfüberhitzer für Umformerdampf (beheizt durch Hochdruck-Heißdampf),
S = Speisepumpe,
A = chemische Rohwasser-Aufbereitung.

24. Wärmewirtschaftliche Betriebsüberwachung

1. Instandhaltung. Tadellose Instandhaltung der Kesselanlage ist erste Bedingung zur Erzielung eines wärmewirtschaftlich guten Ergebnisses. Insbesondere sind **folgende Fehler zu vermeiden;**

Undichtes Mauerwerk (Risse und schlechte Abdichtung gegen den Kesselkörper), schlecht schließende Feuertüren, Reinigungsluken, Aschentrichterverschlüsse und sonstige mangelhaft abdichtende Verschlüsse in den Feuerzügen, undichte Flanschen und Ventile, schlechte Isolierung der freiliegenden Kessel- und Rohrleitungsteile, Abblasen der Sicherheitsventile, unreine Heizflächen und Verlagerung derselben mit Flugasche, übermäßiges Kesselwasserablassen.

2. **Überwachungssystem.** In der Werbeschrift für einen Wassermesser ist zu lesen, daß man täglich nur das Wasser zu messen braucht, dann die gewogene Kohlenmenge in die Wassermenge dividiert, so ein Bild von der täglichen Verdampfungsziffer erhält und auf diese Weise die Anlage auf ihre Wirtschaftlichkeit prüfen kann.

So einfach liegen die Verhältnisse nun allerdings nicht, denn meist ist schon die Feststellung der täglich verfeuerten Kohlenmenge sehr schwierig, außerdem müssen zur Beurteilung Kohlenheizwert, Dampfdruck, Dampftemperatur und Speisewassertemperatur bekannt sein, alle diese Werte sind aber mehr oder weniger großen Schwankungen unterworfen.

Während die drei letzten Werte mittels selbstschreibender Instrumente leicht festzustellen sind, macht die Bestimmung des Heizwertes oft unüberwindliche Schwierigkeiten, wenn man bedenkt, daß unter den heutigen Verhältnissen in einer Woche oft die verschiedenartigsten Kohlensorten und Gemische verfeuert werden müssen.

Die Bestimmung der täglich verfeuerten Kohlenmenge kann nur schätzungsweise erfolgen, wenn ein Bunker vorhanden ist, aber zwischen Bunker und Feuerungen keine Kohlenwaagen eingebaut sind. Hieraus ist zu ersehen, daß das **Hauptaugenmerk auf die Überwachung der Verbrennung** zu legen ist.

Bei gut instandgehaltener Anlage und guter Verbrennung weiß der Betriebsleiter, daß er nicht zu viel Kohlen verfeuert.

Die Feststellung der **Abgastemperatur** zeigt ihm, ob die Heizflächen günstig arbeiten, und die **Wassermessung** ergibt die Belastung der Anlage, die weder abnormal schwach belastet, noch überlastet sein soll. Jede Anlage hat bei einer bestimmten Belastung ihren Bestwirkungsgrad.

Die einfachste und **unerläßliche Überwachung** muß somit umfassen:

a) Überwachung der Verbrennung (S. 31),
b) Feststellung der Abgastemperatur,
c) Feststellung des Wasserverbrauches.

Daß daneben die angefahrenen Kohlenmengen gewogen werden, ist selbstverständlich, und ebenso sollte auch der Heizwert der jeweiligen Sendungen bestimmt werden, damit wenigstens, auf einen größeren Zeitraum bezogen (1 Woche oder 1 Monat), Verdampfungsziffer und Wirkungsgrad berechnet werden können.

Schwanken Dampfdruck, Dampftemperatur und Speisewassertemperatur, so müssen auch diese Werte fortlaufend festgestellt werden.

Möglichste Einfachheit der Überwachung sollte stets angestrebt werden, andernfalls erfordert die Überwachung hohe Personalkosten oder muß die Überwachung bei Personalmangel vernachlässigt werden.

So ist es durchaus nicht nötig, für jeden einzelnen Kessel die Untersuchungen anzustellen, denn schließlich kommt es doch nur auf das Gesamtergebnis der ganzen Anlage an.

Zur Entlastung des Überwachungspersonals müssen die Messungen selbsttätig erfolgen und aufgezeichnet werden, geeignete Apparate für diesen Zweck besitzen wir, es darf aber nicht übersehen werden, daß durch noch so viele Apparate weder der **wärmetechnisch gebildete Betriebsleiter,** noch der **geschulte Heizer** entbehrlich werden.

Damit der Heizer seine ganze Aufmerksamkeit dem Verbrennungsvorgang widmen kann, empfiehlt sich die Beschaffung **automatischer Feuerungen,** welche zudem gegenüber Handfeuerungen wirtschaftlicher arbeiten und Bedienungspersonal sparen.

Ferner ist aus demselben Grunde **automatische Speisung** durch Wasserstandsregler zu empfehlen, zumal dadurch gleichzeitig dem Kessel schädliche Druck- und Temperaturschwankungen vermieden werden.

3. **Überwachungseinrichtungen.** a) **Der Überwachung der Verbrennung** dienen die selbsttätigen, aufschreibenden Rauchgasprüfer, welche den CO_2-Gehalt der Abgase feststellen (Ados, Eckardt, Mono, Siemens-Halske u. a.). Einige dieser Apparate können auch für Bestimmung des O_2-Gehaltes eingerichtet werden und ermöglichen so eine verschärfte Kontrolle der Verbrennung. Die Bestimmung des CO_2-Gehaltes erfolgt in ganz kurzen Zeitabständen, und das Ergebnis ist sofort auf dem Schreibstreifen sichtbar, so daß der Heizer laufend vom Gang der Verbrennung unterrichtet ist und danach die Feuerung bedienen kann.

Besteht die Anlage aus mehreren Kesseln, so müßte eigentlich jeder Kessel einen Rauchgasprüfer erhalten, man wird sich aber häufig darauf beschränken können, einen gemeinsamen Rauchgasprüfer an der Vereinigungsstelle der Abgase aller Kessel einzubauen und spart so die Instandhaltungsarbeit, welche eine größere Anzahl Apparate verursachen würden.

Zeigt der gemeinsame Rauchgasprüfer einen zu niedrigen CO_2-Gehalt, so ist zu untersuchen, welche der Feuerungen ungünstig arbeitet. Diesem Zwecke kann ein zweiter Apparat dienen, der an sämtliche Kessel umschaltbar angeschlossen ist. Zweckmäßig werden die Umschaltorgane hierbei in einem verschließbaren Kasten untergebracht, damit die Heizer nicht wissen, welcher Kessel nachgeprüft wird.

Für die Kontrolle einzelner Kessel können auch die sog. **Differenzzugmesser** zur Verwendung kommen. Die zeigen den Zugstärkenunterschied zwischen Feuerraum und Kesselende an und lassen bei einiger Übung Rückschlüsse ziehen auf den CO_2-Gehalt der Gase, denn je größer der Zugunterschied ausfällt, desto größer ist die Gasmenge, d. h. desto größer ist der Luftüberschuß und desto niedriger der CO_2-Gehalt. Hierbei ist allerdings gleiche Belastung der zu vergleichenden Kessel sowie gleiche Bauart und Größe vorausgesetzt. Treffen diese Voraussetzungen nicht zu, so wird man auf dem Versuchswege für jeden Kessel und Brennstoff die günstigste Zeigerstellung ermitteln und in einer Betriebsanweisung niederlegen müssen.

Hat der Differenzzugmesser einen zweiten Zeiger, der den Unterdruck im Feuerraum anzeigt, so kann aus der Stellung dieses Zeigers auf die Belastung geschlossen werden, denn mit steigendem Unterdruck im Feuerraum steigt auch die Kesselbelastung, sofern der hohe Unterdruck nicht durch Verschlackungen des Rostes erforderlich wird. In letzterem Falle wird aber gleichzeitig vom anderen Zeiger ein geringer Zugunterschied angezeigt, da die Gasmenge wegen geringer Rostleistung und wegen Luftmangel klein ausfällt.

Hat man eine zu niedrige und löcherige Brennschicht, so ist der Unterdruck im Feuerraum gering, dagegen der Zugunterschied infolge zu großen Luftüberschusses unverhältnismäßig hoch.

Für die Feststellung unverbrannter Gase stehen selbsttätige $CO + H_2$-Prüfer zur Verfügung, deren Anschaffung zu empfehlen ist.

b) **Die Abgastemperatur** wird durch ein selbstschreibendes Pyrometer festgehalten, welches neben dem gemeinsamen Rauchgasprüfer zum Einbau kommt. Dabei ist darauf zu achten, daß das Tauchrohr bis zur Höhenmitte des Kanals eintaucht und nicht von den Strahlen einer Heizfläche getroffen werden kann, weil es sonst zu niedrige Temperaturen anzeigt.

c) **Der Wasserverbrauch** wird durch einen Wassermesser mit Zählwerk festgestellt (Siemens-Halske, Bopp & Reuther, Eckardt u. a.). Erhält der Messer Schreibvorrichtung, so sind aus der aufgezeichneten Linie die Schwankungen in der Speisung zu erkennen; bei gleichmäßiger, automatischer Speisung werden diese Schwankungen mit den Schwankungen in der Kasselbelastung annähernd übereinstimmen.

Der Einbau erfolgt zweckmäßig in der gemeinsamen Speisewasser-Druckleitung, so daß er den Gesamtverbrauch der Anlage anzeigt. Man kann außerdem noch jeden Kessel mit einem eigenen Messer versehen und erhält so ein Bild über die Verteilung der Leistung auf die einzelnen Kessel.

Jedenfalls aber sollte in der Speiseleitung jedes Kessels ein Paßstück vorgesehen sein, welches den schnellen Einbau eines Wassermessers für Versuchszwecke ermöglicht.

d) **Der Kohlenverbrauch** wird mittels automatischer Waagen bestimmt, und zwar in der Gesamtmenge auf dem Wege ins Kesselhaus bzw. in den Bunker.

Will man bei Anlagen mit Bunkern den täglichen Verbrauch feststellen, so sind in die Bunkerauslaufrohre automatische Waagen mit Zählwerk einzubauen, denn der Bunkerinhalt kann nie genau ermittelt werden.

e) **Der Brennstoffheizwert** ist von einem chemischen Laboratorium oder im eigenen Betrieb mit Hilfe der bekannten „Bombe" zu ermitteln. Auf sachgemäße Auswahl der Proben muß hierbei genau geachtet werden.

f) **Dampfdruck, Heißdampftemperatur** und **Speisewassertemperatur** werden mittels selsbtschreibender Manometer bzw. Thermometer festgestellt; aus den aufgezeichneten Linien ergeben sich die Tagesdurchschnitte.

Der Einbau des Manometers und Heißdampfthermometers erfolgt an der Stelle der Dampfsammelleitung, wo sich der Dampf sämtlicher Kessel bereits vereinigt hat. Das Speisewasserthermometer wird in die Speisewasser-Druckleitung beim Wassermesser eingebaut.

g) **Leistungsmesser** (Dampfmesser) sind zur Überwachung der Belastung der einzelnen Kessel zweckmäßig; sie lassen auf einer Skala die jeweilige Belastung des Kessels direkt ablesen. Mit Schreibvorrichtung versehen, gibt der Leistungsmesser ein genaues Bild der Belastungsschwankungen.

Bemerkung: Alle Anlagen mit mehreren Schornsteinen müssen natürlich mit einer entsprechenden Anzahl von Rauchgasprüfern und Abgas-Pyrometern ausgerüstet werden.

Ebenso hängt auch die Zahl der Wassermesser, Manometer und Thermometer von der Ausbildung der Rohrleitungen ab.

4. **Verwertung der Meßergebnisse.** Besondere Aufmerksamkeit ist täglich den Schreibstreifen mit den Werten für CO_2 und der Abgastemperatur zu widmen. Soweit erforderlich, sind durch sorgfältig durchgeführte Versuche mit dem in Frage kommenden Brennmaterial die erreichbaren günstigsten Werte für CO_2 und für die Abgastemperatur zu ermitteln.

Zeigen die Betriebsmessungen ungünstigere Werte, so muß nach den Ursachen geforscht werden, welche im allgemeinen folgende sein werden:

a) **CO_2 zu niedrig,** Luftüberschuß zu groß, entweder infolge schlechter Rostbedeckung und zu hoher Zugstärke oder infolge von Undichtheiten in den Zügen (S. 18 und 31), oder infolge unverbrannter Gase.

b) **CO_2 zu hoch,** Luftüberschuß zu klein infolge zu hoher Brennschicht bei zu geringer Zugstärke oder infolge Rostverschlackung (S. 18).

c) **Abgastemperatur zu hoch** läßt auf Verunreinigung der Heizflächen schließen; auch bei zu großem Luftüberschuß, also zu niedrigem CO_2-Gehalt, wird die Abgastemperatur höher ausfallen, desgl. bei Nachverbrennungen.

d) **Abgastemperatur zu niedrig** zeigt, daß falsche Luft in die Kanäle eindringt.

Bei zu großem Verbrennungsluft-Überschuß wird man eine gleichmäßige und genügend hohe Brennschicht sowie möglichst geringe Zugstärke einstellen müssen, während bei zu kleinem Luftüberschuß für eine niedrigere Brennschicht und höhere Zugstärke zu sorgen ist. Kommt der Luftmangel von Rostverschlackung her, so ist der Rost zunächst einmal gründlich abzuschlacken.

Eine höhere Abgastemperatur wird übrigens auch eintreten, wenn die Anlage mit Speisewasser von höherer Temperatur gespeist wird, und ebenso wird die Abgastemperatur niedriger ausfallen, wenn das Speisewasser kälter ist.

Ferner steigt die Abgastemperatur mit erhöhter Kesselleistung, was bei Bewertung der Temperaturlinie zu berücksichtigen ist.

Fallen trotz günstiger Werte für CO_2-Gehalt und Abgastemperatur Verdampfungsziffer und Wirkungsgrad zu niedrig aus, so sind die Verluste durch Unverbranntes in den Herdrückständen bzw. in der Flugasche oder die Restverluste zu groß (s. S. 44 u. 145).

Unter Umständen kann es auch erforderlich werden, so z. B. bei häufigem Kohlen- und Lastwechsel, das **„Unverbrannte" laufend festzustellen,** um bedeutende Kohlenverluste zu vermeiden.

Insbesondere bei Kohlenstaubfeuerungen können durch falsche Bedienung leicht solche Verluste auftreten, ohne daß man dafür sofort sichtbare Anhaltspunkte hätte. Die laufende Kontrolle des Unverbrannten im Flugstaub bedingt allerdings eine wirksame Abscheideanlage (s. S. 158), der man die Aschenproben entnehmen kann.

Auf S. 155 ist erwähnt, daß bei Kohlenstaubfeuerungen 85 % und noch mehr der Brennstoffasche als Flugasche abgehen, und man darf sich daher bei dieser Kontrolle auf die Untersuchung der dem Rauchgasentstauber entnommenen Proben beschränken.

Der Verlust durch Unverbranntes errechnet sich dann nach der Formel (71) S. 45. Dieser so erhaltene Kontrollwert kommt dem tatsächlichen Wert[1]) um so näher, je wirksamer der Abscheider arbeitet, d. h. je weniger Staub durch den Schornstein abzieht und je geringer die in der Feuerung zurückgehaltenen und in den Kesselzügen ausgeschiedenen Aschemengen ausfallen.

Es gibt Großbetriebe mit Kohlenstaubfeuerungen, in denen diese Kontrolle des Unverbrannten mindestens in jeder Schicht einmal, aber auch oft zweistündlich vorgenommen wird, um vermeidbare Kohlenverluste sicher auszuschalten.

Bei Rostfeuerungen ist man natürlich gezwungen, nicht nur die Flugasche, sondern auch die Herdrückstände zu untersuchen, um einen brauchbaren Kontrollwert für das „Unverbrannte" zu erhalten. Allerdings müßte man sich hierbei die umständliche Arbeit machen, die abgehenden Mengen zu ermitteln, um den Verlust errechnen zu können. Auch die Entnahme richtiger Proben der Herdrückstände ist schwierig, und man beschränkt sich daher im allgemeinen darauf, so gut als möglich Mittelproben zu nehmen und diese auf den Prozentsatz an Unverbranntem zu untersuchen. Dasselbe geschieht mit der Flugasche des Entstaubers, und man verzichtet auf die Errechnung von V_u, weil die Mengen auch nicht annähernd bekannt sind.

Hat man zwischen Feuerung und Entstauber noch andere Flugaschenfangstellen, die erhebliche Mengen abscheiden, so sind auch hier Proben zu entnehmen und zu untersuchen. Bei der Kohlenstaubfeuerung mit Schmelzkammer braucht man nur die granulierte Schlacke (s. S. 155) abzuwiegen, um für die Errechnung des Verlustes durch Unverbranntes in

---

[1]) „Die Wärme" 1942, Heft 38/39, „Reinaschenbilanzen bei Verdampfungsversuchen" von Dr.-Ing., Dr. phil. J. Engel.

der Flugasche die Formel (71) S. 45[1]) sinngemäß anwenden zu können. Die nachfolgenden Beispiele sollen als weitere Erläuterungen dienen:

Beispiel 53a:

a) Bei einem Kohlenstaubkessel normaler Bauart mit geringem Herdrückstand und keiner Zwischenentnahmestelle für Flugasche, der eine Kohle von $H_u = 7000$ kcal/kg mit einem Aschengehalt von $A = 7\,\%$ verfeuert, wurde das Unverbrannte in der dem Rauchgasfilter entnommenen Aschenprobe zu $U = 30\,\%$ festgestellt.

Der Verlust durch Unverbranntes beträgt somit nach Formel (71) S. 45 ungefähr

$$V_u = \frac{7 \cdot 30 \cdot 8100}{(100 - 30) \cdot 7000} = 3{,}4\,\%.$$

b) Bei Verfeuerung von Mittelprodukt mit $H_u = 5000$ kcal/kg und $A = 28\,\%$ ergab sich dagegen das Unverbrannte der Flugaschenprobe zu $U = 20\,\%$, und damit erhält man

$$V_u = \frac{28 \cdot 20 \cdot 8100}{(100 - 20) \cdot 5000} = 11{,}3\,\%.$$

Bem.: Der Vergleich zeigt, daß nur V_u ein richtiges Bild des Verlustes gibt; der Vergleich von U würde für das Mittelprodukt ein scheinbar günstigeres Bild ergeben.

Bei diesem Beispiel ist angenommen, daß die Herdrückstände und der Schornsteinauswurf gering sind und daß sie etwa ebensoviel Unverbranntes aufweisen wie die Flugasche.

Beispiel 53b: Hätte der Kessel von Beispiel 64 eine Schmelzkammer, bei der etwa 45 % der Brennstoffasche flüssig abgezogen werden, so würde man unter sonst gleichen Annahmen den Verlust durch Unverbranntes wie folgt erhalten

$$\text{für a)}\quad V_u = \frac{7 \cdot 30 \cdot 8100}{(100 - 30) \cdot 7000} \cdot \frac{100 - 45}{100} = 1{,}87\,\%$$

$$\text{und für b)}\quad V_u = \frac{28 \cdot 20 \cdot 8100}{(100 - 20) \cdot 5000} \cdot \frac{100 - 45}{100} = 6{,}25\,\%.$$

Bem.: Die Schmelzkammer ergibt somit einen Wirkungsgradgewinn bei a) von 1,53 Punkten und bei b) von 5,05 Punkten. Man sieht hieraus, daß die Schmelzkammer bei aschereichen Brennstoffen besonders lohnend sein kann. Davon ab geht noch die Schlackenwärme mit 0,225 bzw. 1,26 Punkten $= (A \cdot x \cdot 5) : H_u$, wobei x = Anteil der flüssigen Schlacke in % ist.

Beispiel 53c: Bei einem Wanderrostkessel, der mit Steinkohle von $H_u = 7000$ kcal/kg und einem Aschengehalt von $A = 7\,\%$ arbeitet, beträgt das Unverbrannte in den Herdrückständen $U' = 30\,\%$, und die Menge der Herdrückstände sei 70 % der gesamten Brennstoffasche, während die im Entstauber ausgeschiedenen 30 % (Flugasche) einen Gehalt an

[1]) Nach Rammler setzt man hierbei an Stelle von 8100 H_u für C bei Steinkohle richtiger 8030 und bei Braunkohle 7400, da Flugkoks kein reiner Kohlenstoff ist.

Unverbranntem von $U'' = 35\,\%$ aufweisen. Unter diesen Umständen ist

$$V_u' = \frac{7 \cdot 30 \cdot 8100}{(100 - 30) \cdot 7000} \cdot \frac{70}{100} = 2{,}43\,\%$$

$$V_u'' = \frac{7 \cdot 35 \cdot 8100}{(100 - 35) \cdot 7000} \cdot \frac{30}{100} = 1{,}31\,\%$$

$$V_u \quad \text{somit zusammen} = 3{,}74\,\%$$

Bem.: In gleicher Weise werden andere Entnahmestellen berücksichtigt, man muß nur für jede Stelle den ausgeschiedenen Prozentsatz der gesamten Brennstoffasche bestimmen.

5. **Auswertung der Messungen.** Aus den Schreibstreifen für CO_2, t_e, t_2, p und t_1 sind die täglichen Mittelwerte zu bestimmen und in einer Tabelle niederzulegen, desgleichen auch die tägliche Wassermenge nach dem Zählwerk des Wassermessers.

Ferner werden in der Tabelle die jeweils angefahrenen Kohlenmengen und die zugehörigen Heizwerte vermerkt.

Der **Monatsabschluß** wird dann wie folgt berechnet:

Beispiel 53:

Monatsmittel für $CO_2 = 10\,\%$, $t_e = 190^\circ$ C, $t_2 = 355^\circ$ C, $p = 14{,}5$ atü Überdruck und $t_1 = 40^\circ$ C.

Ferner: $D = 7\,200\,000$ l Wasser und $B = 507\,500$ kg Nußkohle mit 7500 kcal, 203 000 kg Schlammkohle mit 5200 kcal und 304 500 kg Koksgrus mit 5800 kcal, d. h. zusammen 1 015 000 kg Brennmaterial mit durchschnittlichem Heizwert von 6530 kcal.

Nach dem i, s-Diagramm ist die Heißdampfwärme

$$i_2 = 752 \text{ kcal.}$$

Nach S. 52 beträgt die **Bruttoverdampfungsziffer**

$$\frac{7\,200\,000}{1\,015\,000} = \mathbf{7{,}09}$$

und die **Nettoverdampfungsziffer**

$$\frac{7{,}09 \cdot (752 - 40)}{639} = \mathbf{7{,}9.}$$

Der **Wirkungsgrad** ist nach S. 47

$$\eta = \frac{(752 - 40) \cdot 7200000}{6530 \cdot 1015000} = \mathbf{77{,}3}\,\%,$$

wobei zu berücksichtigen ist, daß die Anheizverluste und Abstellverluste mit eingeschlossen sind. Je häufiger die Betriebsunterbrechungen sind, desto niedriger fällt der so errechnete Wirkungsgrad aus.

6. **Niedrige Dampfkosten** zu erzielen, muß das Bestreben sein, nicht die Erzielung recht hoher Verdampfungsziffern und Wirkungsgrade; die finanzwirtschaftlichen Gesichtspunkte dürfen über den rein wärmewirtschaftlichen nicht übersehen werden.

Ist ein Betrieb in der glücklichen Lage, eine Auswahl in den verschiedenen Brennstoffen treffen zu können, so muß nach den Monatsergebnissen festgestellt werden, welcher Brennstoff am billigsten zu stehen kommt.

Bezeichnet man mit K die Brennstoffkosten je Tonne ab Zeche, mit B die verfeuerte Brennstoffmenge und mit D die erzeugte Dampfmenge in kg im gleichen Zeitraum, so betragen ohne Berücksichtigung der Nebenkosten **die Kosten für 1 kg erzeugten Betriebsdampfes**

$$\frac{B \cdot K}{D} \text{ bzw. } \frac{B \cdot K}{D} \cdot \frac{639}{i_d - t}$$

bezogen auf Normaldampf (S. 53).

Für die Berechnung der **tatsächlichen Dampfkosten** sind jedoch noch folgende Punkte zu berücksichtigen:

Frachtkosten, Kraftverbrauch für Transport innerhalb des Werkes und hierbei verauslagte Löhne, Heizerkosten, Kraftverbrauch etwa benötigter Unterwindgebläse und Saugzugventilatoren, Kraftverbrauch der Feuerung, Instandhaltungskosten, Reinigungskosten, Kraftverbrauch und Löhne für Aschenabfuhr, Abschreibung und Verzinsung der Anlagekosten.

Diese zusätzlichen Kosten können für die verschiedenen Brennstoffe recht verschieden hoch ausfallen und müssen deshalb bei Berechnung der Dampfkosten in Ansatz gebracht werden, wenn es sich darum handelt, den billigsten Brennstoff festzustellen.

Auch beim Neubau von Kesselanlagen ist es zweckmäßig, durch Voranschlagsrechnung das billigste Brennmaterial zu ermitteln, damit von vornherein das richtige Feuerungssystem beschafft werden kann. Die Dampfpreisberechnung für eine Neuanlage ist in Beispiel 55, S. 169 durchgeführt.

Das **Dampfkesselbetriebsbuch** von Dipl.-Ing. Rudolf Michel, welches der Verlag R. Oldenbourg, München, herausgegeben hat, kann jedem Betrieb ein vorzügliches Hilfsmittel für die Betriebsüberwachung sein. Dieses Buch enthält neben den nötigen Erläuterungen sämtliche Vordrucke für die Eintragungen und die Auswertung derselben.

Ein derartiges Buch, gewissenhaft geführt, wird ohne Zweifel dem Vorteil jedes Betriebes dienen und kann dem Betriebsleiter ein willkommener Nachweis des Wertes seiner Tätigkeit sein.

Außerdem sei hier noch auf das Werk „Kesselbetrieb" hingewiesen, herausgegeben von der Vereinigung der Großkesselbesitzer, Verlag Julius Springer, Berlin 1931. Dieses Buch enthält alle für einen neuzeitlichen Kesselbetrieb wichtigen Punkte.

25. Die neuere Entwicklung der Dampfkesselanlage

Seit etwa 25 Jahren befindet sich die Entwicklung im Fachgebiet der Dampferzeugung in vollem Flusse. Den Anstoß gab in erster Linie die einige Jahre vorher von Baurat Dr.-Ing. e. h. Wilhelm Schmidt empfohlene Anwendung des Hochdruckdampfes, der inzwischen in zahlreichen Anlagen eingeführt wurde.

Die bekannten, früher überwiegend gebräuchlichen Kesselbauarten, wie **Flammrohrkessel** und ähnliche, sind in ihrer Entwicklung längst abgeschlossen und konnten auf dem Wege zum Hochdruckdampf keine Rolle spielen, da ihre Betriebsdruckhöhe aus konstruktiven Gründen mit etwa 20 atü begrenzt ist.

Für höhere Drücke und überhaupt für Leistungseinheiten über 7 t Dampf i. d. Stunde kommt nur der Wasserrohrkessel in Frage. In allen anderen Fällen dagegen sind auch heute noch die Flammrohrkessel und verwandte Bauarten für kleinere Dampfbetriebe zweckmäßig, zumal für diese Kessel in den letzten Jahren mechanische Feuerungen entwickelt wurden, die **rauchlos** arbeiten und einen **hohen Wirkungsgrad** gewährleisten. Hat man z. B. einen Betrieb, der stündlich 8 t Dampf von 12 atü benötigt, so wählt man hier vorteilhaft zwei Zweiflammrohrkessel von je 4 t Dampfleistung und stellt noch einen 3. Kessel in Reserve, sofern die Dampflieferung unter allen Umständen stets 100 % betragen muß.

Flammrohrkessel sollten aber mit einer sicher wirkenden **Alarmvorrichtung** für niedrigsten Wasserstand versehen sein, damit die immer wieder vereinzelt auftretenden, durch Wassermangel verursachten Flammrohreinbeulungen aufhören.

Ferner ist darauf zu achten, daß **isolierte Flammrohrkessel,** d. h. solche ohne Einmauerung, bei denen nur die Flammrohre beheizt werden, eine **Umwälzpumpe** erhalten, die beim Anheizen das kalt bleibende, untere Wasser nach oben bringt. Versäumt man diese wichtige Maßnahme, so werden derartige Flammrohrkessel in den Nietnähten beim Anheizen undicht und in den Flammrohr-Bodenrundnähten entstehen im Laufe der Zeit Nietlochstegrisse. Der Grund für diese Erscheinung liegt in den Temperaturdifferenzen, denn während das Wasser unten noch ganz kalt bleibt, entsteht oben bereits Dampf; der Kessel biegt sich daher nach oben durch, wodurch gewaltige Spannungen entstehen (der Verfasser hat selbst bei einem Kessel von 2,7 m ϕ und 8,5 m Länge beobachtet, daß sich ein Bogen von 10 mm Stichhöhe bildete).

Bei Flammrohrkesseln mit Einmauerung, deren Mantel also ebenfalls beheizt wird, treten diese Erscheinungen nicht auf und man sollte daher isolierte Kessel nie ohne Anheizumwälzpumpe betreiben.

Gegenüber dem Wasserrohrkessel stellt der Flammrohrkessel geringere Ansprüche an die **Speisewasserbeschaffenheit** und er paßt sich infolge seines großen Wasserraumes starken **Dampfbedarfsschwankungen** ohne wesentliche Druckschwankungen an, während man beim Wasserrohrkessel unter solchen Verhältnissen einen besonderen Speicher braucht.

Im **Wasserrohrkesselbau** sind folgende hauptsächlichsten Fortschritte zu vermerken:

1. Steigerung der Dampfleistung.
2. Erhöhung des Wirkungsgrades.
3. Erhöhung des Dampfdruckes und der Dampftemperatur.

4. Günstigere Ausgestaltung des Kesselkörpers.
5. Verbesserung der mechanischen Feuerungen.
6. Einführung und Ausbreitung der Kohlenstaubfeuerung.
7. Vergrößerung der Kesseleinheiten.
8. Erhöhung der Betriebssicherheit.

Besonders in die Augen fallend sind die heutigen **großen Kesselhöhen,** welche in der Hauptsache auf die **Vergrößerung der Feuerräume** zurückzuführen sind. Diese Maßnahme ist ohne Zweifel eine der bedeutendsten, denn sie führte zur **vollkommenen Verbrennung,** d. h. zu höherem Wirkungsgrad, und auch zur **Leistungssteigerung.** Die Vergrößerung des Feuerraumes erfolgt fast ausnahmslos durch Erhöhung desselben, wodurch gleichzeitig der **Flammenweg verlängert** und daher auch bei geringem Luftüberschuß vollständiger Ausbrand der Gase ermöglicht wird.

Erklärt sich auf diese Weise die Wirkungsgraderhöhung, so ist die Leistungssteigerung eine Folge der Vergrößerung des Feuerraumvolumens, welches nach neueren Erkenntnissen mit der Leistung entsprechend zunehmen muß. (Siehe Kapitel Rostfläche und Feuerraumgröße.)

Gleichlaufend mit dem Übergang zu den großen Feuerräumen ging die **Einführung höherer Dampfdrücke** und **hoher Dampftemperaturen.** Das Wesentliche hierüber ist bereits in den Kapiteln 14 und 23 angeführt, und es ist daher hier nur noch darauf hinzuweisen, in welcher Weise man die Kesselkonstruktion den höheren Anforderungen angepaßt hat.

Die hohen Leistungen sowohl, als auch die mit dem Druck ansteigende Temperatur des Kesselinhaltes erfordern ohne Zweifel eine **elastische Konstruktion,** welche verhindert, daß durch die Ausdehnungen im Kesselkörper schädliche Spannungen entstehen.

Man begegnet dieser Forderung durch Anwendung gekrümmter Röhren beim Steilrohrkessel und durch Anwendung gebogener Verbindungsröhren zwischen Kammern und Oberkessel beim Schrägrohrkessel.

Die Leistungssteigerung erfordert ferner eine entsprechend große, wirksame **Verdampfungsoberfläche,** welche z. B. dadurch zu erzielen ist, daß der Oberkessel quer zum Rohrsystem angeordnet wird. Auf diese Weise strömt der Dampf gleichmäßig verteilt der Wasseroberfläche zu, so daß tatsächlich die ganze Spiegelfläche wirksame Verdampfungsoberfläche ist.

Außerdem kann man eine Entlastung vornehmen, indem man die viel Dampf bringenden Röhren oberhalb des Wasserspiegels ausmünden läßt.

Sind Verdampfungsoberfläche und Dampfraum zu klein, so gibt der Kessel nassen Dampf, d. h. es wird Wasser übergerissen, das erfahrungsgemäß im Überhitzer nicht restlos nachverdampft und daher der Maschine gefährlich werden kann. Eine große Rolle spielt hierbei die Beschaffenheit des Kesselwassers; ist das Wasser mit z. B. aus der Wasserreinigungsanlage herrührenden Salzen angereichert, so muß die Ausdampfung um so niedriger gehalten werden, je höher der Anreicherungsgrad ist (s. S. 165 und 166).

Man kann daher bei Speisung von reinem Kondensat die höchsten Ausdampfziffern erreichen. Selbstverständlich ist aber auch die Art der Kesselkonstruktion nicht ohne Einfluß auf diesen Punkt. Der Anreicherungsgrad kann leicht mit der Beaumé-Spindel in einer abgezapften Wasserprobe bestimmt werden. Dabei ist zu berücksichtigen, daß mit steigender Dampfleistung der Anreicherungsgrad niedriger gehalten werden muß (S. 165 und 166).

Wie schon auf Seite 13 erwähnt, gibt jeder Kessel mehr oder weniger feuchten Dampf ab, d. h. er führt Wasser in fein verteilter Form und damit auch die im Kesselwasser enthaltenen Salze mit sich. Aber selbst trockener Dampf ist nicht salzfrei, denn wie Dr. Spillner[1]) durch Laboratoriumsversuche nachgewiesen hat, besitzt Wasserdampf eine mit dem Druck ansteigende Lösungsfähigkeit gegenüber Salzen. Man hält z. Z. einen Salzgehalt des Dampfes von 1—3 mg/l für zulässig und nicht unterbietbar bis zu 125 at, doch wird der Salzgehalt über diesen Druck hinaus weiter ansteigen.

Es ist daher im Hochdruckgebiet (etwa ab 80 at) eine möglichst niedrige Alkalitätszahl und ein niedriger Kieselsäuregehalt des Kesselwassers anzustreben. Bei Kondensat, ergänzt durch Destillat werden Schwierigkeiten natürlich am leichtesten vermieden.

Trägt der Dampf zuviel Salze mit sich, so können Überhitzerrohre zuwachsen und verbrennen oder die Salze setzen sich bei Turbinen auf den Schaufeln ab und beeinträchtigen so Wirkungsgrad, Leistung und Dauer der Betriebsperioden.

Ferner wird heute auf die **Verwendung geeigneter Materialien** größter Wert gelegt, und der **Aufbereitung des Speisewassers** wird in jedem gutgeleiteten Betriebe volle Aufmerksamkeit geschenkt.

Nietverbindungen werden an Hochdruckkesseln, meist schon von 30 at ab, ganz vermieden, indem vollständig geschweißte oder geschmiedete Kesseltrommeln mit zugekümpelten Enden zur Verwendung kommen.

Die Anforderungen, welche an einen Kessel gestellt werden, sind in hohem Maße von der Art des Betriebes abhängig. Am günstigsten liegen für den Kessel die Verhältnisse bei ununterbrochenem Tag- und Nachtbetrieb und geringen Belastungsschwankungen; hier können sogar starre Kesselbauarten mit kleiner Verdampfungsoberfläche voll befriedigen und jahrelang, ohne daß sich Schäden zeigten, betrieben werden.

Sehr ungünstig sind dagegen Kessel beansprucht, welche häufig an- und abgestellt werden und heftigen Belastungsschwankungen bzw. Druckschwankungen unterworfen sind. Kesselschäden an älteren Anlagen, über die in den letzten

---

[1]) „Hochgespannter Wasserdampf als Lösungsmittel" von Dr.-Ing. F. Spillner, „Die Chemische Fabrik" 1940, Heft 13, S. 405.

Jahren noch viel geschrieben wurde, sind meist bei derartigen Betriebsverhältnissen aufgetreten.

Haben wir die zweckmäßige Ausbildung und Bemessung der Feuerräume vom Amerikaner übernommen, so ist die Ausbildung des eigentlichen **Hochleistungskessels** (wie auch des Hochdruckkessels) ein Verdienst des deutschen Konstrukteurs.

Schon vor mehr als 25 Jahren hatte bei uns der Grundsatz Gültigkeit, „ein Hochleistungskessel erfordert eine große feuerbestrahlte Heizfläche", und im Grunde genommen ist es doch nichts anderes als eine Vergrößerung dieser Heizfläche, wenn man die Feuerraumwände mit sog. „**Kühlheizfläche**" auskleidet.

Der Ausdruck Kühlheizfläche erscheint etwas abwegig, denn man kühlt nicht die Feuerraumwände mit diesen Heizflächen, sondern man setzt die Temperatur eines hochbelasteten Feuerraumes nutzbar auf ein erträgliches Maß herab, dadurch daß man dem Feuerraum Wärme durch Strahlung entzieht (s. Kapitel Feuerraumtemperatur, Wärmeübergang und Kesselheizfläche).

Geht man so weit, daß der Feuerraum gänzlich von direkt bestrahlter Heizfläche umschlossen wird, so ergibt sich der sog. **Strahlungskessel,** bei welchem die Feuerraumtemperatur so weit sinken könnte, daß unvollkommene Verbrennung entstände und schließlich die Zündung versagte. Bei derartigen Kesseln muß deshalb durch Verwendung hocherhitzter Verbrennungsluft die theoretische Verbrennungstemperatur so erhöht werden, daß genannte Mißstände nicht eintreten können. Aus diesem Grunde muß der Strahlungskessel mit hohen Abgastemperaturen arbeiten, damit für die Lufterhitzung noch ausreichend Wärme zur Verfügung bleibt (s. a. unten).

Nicht für alle Betriebsverhältnisse ist der Strahlungskessel geeignet. Neben seinen Vorteilen, wie hohe Leistungsfähigkeit, geringe Ausstrahlungsverluste, Fortfall der teueren Feuerraumausmauerung, kleiner Raumbedarf, müssen die Nachteile beachtet werden: Schlechte Zündung bei gasarmen Brennstoffen und unzulässiges Sinken der Feuerraumtemperatur bei stark zurückgehender Belastung, schlechterer Ausbrand u. a.

Die Forderung nach hohen Dampftemperaturen, bis zu 500° C und mehr, führt unter Umständen zum **Strahlungsüberhitzer,** d. h. zu dem vom Feuer direkt bestrahlten Überhitzer, da es nicht immer möglich sein wird, einen für derartige Dampftemperaturen ausreichenden Überhitzer in die Kesselzüge einzubauen.

Außerdem hat der Strahlungsüberhitzer, über den bereits mehrjährige Erfahrungen vorliegen, den Vorzug, daß er auch bei niedriger Kesselbelastung die volle Dampftemperatur erzielt.

Die Verwertung der Kesselabgase erfolgt ganz oder zum Teil durch **Speisewasservorwärmer,** wobei zur Zeit der aus gußeisernen Rippenröhren gebildete Vorwärmer offenbar bevorzugt wird. (Bis 60 atü.)

Möglich wurde der Rippenrohrvorwärmer allerdings erst durch die Einführung der hohen Feuerräume mit ihrer vollkommenen Verbrennung; bei anderen, unvollkommenen Feuerungsanlagen verschmutzen die Rippenröhren schnell.

Der Stahlrohrvorwärmer, welcher für höchste Drücke ohne Zweifel vorzuziehen ist, wird in Form von Rippen- oder Schlangenröhren ausgeführt, jedoch benötigt er unbedingt gas- und luftfreies Wasser, da ihm die gegen Korrosionen Schutz bietende Gußhaut fehlt.

Je mehr die Speisewasservorwärmung durch Maschinenanzapfdampf Eingang findet, desto mehr kommt der **Verbrennungslufterhitzer** für die Abgasverwertung mit zur Verwendung, insbesondere da die Lufterhitzung bei vielen Brennstoffen auch günstig auf die Verbrennung einwirkt. Bei Brennstoffen mit niedrigem Aschenschmelzpunkt ist allerdings die Verwendung von Heißluft weniger zu empfehlen.

Im Feuerungswesen ist die bemerkenswerteste Neuerung der letzten 25 Jahre ohne Zweifel die **Kohlenstaubfeuerung**, welche sich in den ersten Jahren schnell verbreitete, aber dann wieder nachließ.

Es liegen abschließende Betriebsergebnisse vor, und es steht heute fest, daß die „Kinderkrankheiten" der Staubfeuerung überwunden sind und daß sie Rostfeuerungen an Zuverlässigkeit nicht nachsteht.

Die höheren Anschaffungskosten sind allerdings ein Hindernis für die allgemeinere Einführung der Staubfeuerung, und es wird daher danach gestrebt, den Kessel so zu bauen, daß der teuere, aus feuerfesten Spezialsteinen hergestellte Feuerraum mehr oder weniger in Fortfall kommt. Dieses Streben führt zum vorne erwähnten Strahlungskessel, aber auch durch **Vergrößerung der Kesseleinheit** wird eine Verbilligung des Feuerraumes erzielt und im Gegensatz zu den Rostfeuerungen kann man mit der Kohlenstaubfeuerung jede Kesselgröße beherrschen.

Die Einführung der direkten Einblasung des Staubes von der Mühle in den Feuerraum, d. h. ohne Zwischenbunkerung, wie auch die Einführung der Krämer-Mühlenfeuerung und auch die Anger-Prallmühlenfeuerung setzen die Anschaffungskosten erheblich herab.

Der Kohlenstaubfeuerung werden hauptsächlich folgende Vorteile zugeschrieben:

Verfeuerung fast aller Kohlensorten mit hohem Wirkungsgrad; beste Regulierfähigkeit der Feuerstärke; kurze Anheizzeit; große Freizügigkeit bei der Wahl und im Wechsel des Brennstoffes; hohe Leistung auf kleiner Grundfläche; Verwendungsmöglichkeit hoch erhitzter Luft und somit die Möglichkeit, das Speisewasser weitgehendst durch Anzapfdampf zu erwärmen.

Bei Bestimmung des Wirkungsgrades einer Kohlenstaubkesselanlage darf der verhältnismäßig große Kraftverbrauch der Staubaufbereitungs- und Feuerungsanlage nicht übersehen werden. Sehr günstig liegen die Verhältnisse da, wo Staub abgesichtet werden kann (Kohlenzechen), der dann ohne Mahlung in der sog. **Rohstaubfeuerung** verfeuert wird.

Die Ausbreitung der Kohlenstaubfeuerung spornte auch die Rostkonstrukteure zu neuen Leistungen an, und es zeigte sich bald u. a. das Bestreben, die **mechanischen Roste** auf die Verfeuerung minderwertiger Brennstoffe einzurichten, sowie die Rostleistung und Feuerregulierung zu verbessern. So ist es z. B. gelungen, auf Unterwind-Wanderrosten reinen Koksgrus, gasarme und minderwertige Abfallkohlen, Schwelkoks aus Braunkohle u. dgl. mehr in sehr befriedigender Weise zu verfeuern.

Die erzielten Erfolge sind sehr bedeutend, auch da, wo die Rost-Feuerungen mit **Kohlenstaubzusatzflamme** arbeiten, da diese die Zündung und den Ausbrand günstig beeinflußt und Belastungssteigerungen sofort aufnehmen kann.

Die Verwendung von Heißluft wirkt ebenfalls günstig auf die Rostfeuerung, sofern der Brennstoff keine fließende Schlacke bildet.

Eine neuzeitliche Kesselanlage soll nicht nur hochwertigen Dampf erzeugen, sondern sie soll auch brennstoffsparend, betriebssicher und wirtschaftlich arbeiten. Aus dieser selbstverständlichen Erkenntnis hat man hochwertige Feuerungen konstruiert und diesen Feuerungen Heizflächen nachgeschaltet, die die Feuergase bis auf eine annehmbare Abgastemperatur herab nutzbar abkühlen.

Der Erfolg blieb bei der Verfeuerung gutartiger Brennstoffe nicht aus, doch stellte es sich bei der **Verfeuerung aschereicher Brennstoffe**[1]) immer mehr heraus, daß die Heizflächen durch Verschlackung und Veraschung stark verschmutzten und infolgedessen während einer längeren Betriebsperiode weder betriebssicher, noch wirtschaftlich, noch brennstoffsparend, noch mit voller Leistung und voller Dampftemperatur arbeiten konnten. Die Heizflächen verschmutzten rasch, dadurch stiegen Abgastemperatur und Zugverluste an, so daß man schon nach wenigen Wochen Betriebsdauer gezwungen war, die Anlage zwecks durchgreifender Reinigung stillzulegen.

Halb- oder ganzmechanische **Rußbläser** sollten für Abhilfe sorgen, aber es zeigte sich bald, daß bei ungünstigen Brennstoffen eine ausreichende Reinhaltung auch mittels einer großen Anzahl derartiger, fest eingebauter Bläser nicht möglich ist, insbesondere weil solche hochbeanspruchte Mechanismen unvermeidlichen Störungen unterworfen sind.

Man geht daher neuerdings dazu über, neben diesen mechanischen Bläsern eine genügend große Anzahl von **Reinigungsluken** vorzusehen, durch die mittels preßluftgekühlter **Handblaslanzen** die Heizflächen zusätzlich oder ausschließlich gereinigt werden können.

Nur auf diese Weise ist es bei schwierigen Brennstoffen möglich, genügend lange Betriebsperioden ohne untragbaren

[1]) „Technische Mitteilungen“ vom Haus der Technik, Essen 1941, Heft 9/10, „Verschmutzung und Reinigung von Kesselanlagen“ von Dr.-Ing. W. Gumz.

Rückgang von Wirtschaftlichkeit und Kraftausbeute zu erzielen. Kein Betrieb sollte daher zögern, nötigenfalls eine Blaskolonne regelmäßig einzusetzen, und der Konstrukteur sollte zwecks Erleichterung der mechanischen und Handreinigung folgende **Maßnahmen** treffen:

1. Ausreichend große Rohrabstände, um ein schnelles Zuwachsen der Durchtrittsspalten zu vermeiden.
2. Keine versetzten, sondern fluchtende Rohrreihen, damit Blasstrahl und Blaslanze ungehindert durchstoßen können.
3. Keine zu hohen Heizflächen-Pakete aus demselben Grunde wie bei Punkt 2.
4. Lichter Abstand zwischen diesen Paketen mindestens 600—700 mm, damit eine gründliche Reinigung bei Stillstand möglich ist.
5. Keine Rippenrohrheizflächen mit engen Rippenabständen, da diese sich leicht ganz zusetzen und schwer durch Blasen reinzuhalten sind. Bei sehr schwierigen Verhältnissen Rippen ganz vermeiden.
6. Laufbühnen in ausreichendem Umfange anbringen, damit die Handreinigung möglichst bequem gemacht wird.
7. Heizflächen mit größeren Rohrabständen nicht über Heizflächen mit engeren Abständen anordnen, damit herabfallende größere Stücke die Durchgänge im Rohrsystem nicht verstopfen können.
8. Raum für etwa notwendige Erweiterungen der Nachschaltheizflächen vorsehen, denn der bleibende Verschmutzungsgrad ist im voraus nicht bestimmbar, und die Heizflächenberechnung ist sowieso unsicher.

Die notwendigen betrieblichen Maßnahmen sind in der Hauptsache:

9. Vermeidung von verzögerter Verbrennung und von Nachverbrennungen infolge falscher Luftzuteilung und sonstiger Bedienungsfehler, z. B. Nichtbenutzung der Sekundär-Wirbelluft, denn eine solche Betriebsweise begünstigt erfahrungsgemäß das Verschlacken und Verschmutzen der Heizflächen. Es darf z. B. nicht vorkommen (kann aber immer wieder beobachtet werden), daß der Heizer wesentliche Lastschwankungen nur mit der Kohlezuteilung ausgleicht, ohne gleichzeitig die Luftzuteilung entsprechend zu regeln.
10. Der CO_2-Gehalt und die mit ihm ansteigende Feuerraumtemperatur dürfen nur so hoch getrieben werden, daß der Aschenerweichungspunkt nicht erreicht wird, da sonst eine starke Verschlackung des Feuerraumes einsetzt.
11. Vermeidung von Stauhitze (Überdruck im Feuerraum),

denn auch diese begünstigt die Verschlackung und Verschmutzung.

12. Vermeidung von Taupunktsunterschreitungen, damit die Heizflächen nicht „verkleben". Das in den Vorwärmer eintretende zu kalte Speisewasser oder die in den Lufterhitzer eintretende Kaltluft müssen nötigenfalls vorher erwärmt werden. Solche Unterschreitungen treten u. U. beim Anfahren und bei Schwachlasten auf.

Dampfüberhitzer, denen wenig Kesselberührungs-Heizfläche vorgeschaltet ist, neigen besonders zu Verschlackung und Versinterung durch Flugasche, denn es ist keine Kesselheizfläche da, die gewissermaßen als Sieb wirken kann, und der erste Teil des Überhitzers liegt noch in hohen Gastemperaturen (1000—1100° C). Zudem ist auch die Wandtemperatur beim Überhitzer höher als beim Kessel, und man sollte daher in diesen Überhitzerteil den Sattdampf einströmen lassen, außerdem aber besonders große Rohrabstände wählen.

Neuerdings neigt man dazu, diesen Überhitzerteil mit hängenden Rohrschlangen auszuführen, da sich hier die Asche weniger leicht absetzt und da die hängenden Schlangen u. U. durch Rüttelvorrichtungen von anhaftender Asche freigemacht werden können.

Bei Bemessung der Überhitzerheizfläche ist zu berücksichtigen, daß auch im Dauerbetrieb, d. h. bei eintretender Verschmutzung, noch die volle Dampftemperatur erreicht werden muß, es ist also eine Überbemessung der Heizfläche erforderlich und damit im Anfang der Betriebsperiode die Dampftemperatur nicht zu hoch ausfällt, ist ein **Heißdampfkühler** zwischen die beiden Überhitzergruppen einzuschalten. Raum für eine etwa erforderliche Vergrößerung des Überhitzers und des Kühlers ist vorzusehen.

Feuerung, Unterwindgebläse und **Saugzuganlage** müssen ebenfalls dem unvermeidlichen Verschmutzungsgrad entsprechend reichlich ausgelegt werden, damit die volle Leistung auch in längerem Dauerbetrieb erzielt wird.

Bei Rostfeuerungen, die ordnungsmäßig arbeiten, geht die Verschmutzung u. U. langsamer vor sich, weil der größere Teil der Brennstoffasche am Rostende als Schlacke abgeht, während bei Kohlenstaubfeuerungen 85 % und noch mehr als Flugasche die Heizflächen passieren müssen.

Die Kohlenstaubfeuerung mit Schmelzkammer[1]), d. h. mit flüssigem Schlackenabzug, die 40—50 % der Brennstoffasche in dieser Form bei der Verbrennung abscheidet ist nicht neu, sie tritt aber neuerdings wieder in den Vordergrund des Interesses, weil die Unterbringung der am Ende der Kesselanlagen abgefangenen großen Flugstaubmengen Schwierigkeiten bereitet und weil man den zurückgeführten Flugstaub nachträglich in der Kammer miteinschmelzen kann. (s. S. 158).

---

[1]) S. Zeitschrift „Brennstoff - Wärme - Kraft" 1951, Heft 1. „Entwicklung der Schmelzfeuerung" von O. Engler.

Für die Schmelzkammer spricht überdies die Verringerung des „Unverbrannten", denn die flüssige Schlacke enthält bei richtiger Bauart und Betriebsweise nur noch Spuren von Unverbranntem (s. S. 145).

Die flüssige Schlacke wird im Wasserbad granuliert und läßt sich in diesem Zustande leicht transportieren und verwerten (Wegebau, Grubenversatz usw.). Diesen unverkennbaren Vorteilen stehen aber auch Nachteile gegenüber, wie z. B. Erhöhung der Anschaffungs- und Unterhaltungskosten, längere Auskühlzeit der Brennkammer bis zur Befahrmöglichkeit, geringere Anpassungsfähigkeit an Lastschwankungen und „Erstarrungsgefahr" bei Teilbelastungen, u. U. schon bei etwa 60—70 % der Vollast.

Allerdings sind die neueren Erfahrungen mit Schmelzkammern noch zu spärlich und zu jung, als daß man heute schon ein abschließendes Urteil abgeben könnte.

Von anderer Seite wurde der Vorschlag gemacht, weiterhin normale Feuerungen beizubehalten und daneben einen Kessel mit Schmelzkammer zu betreiben, der die Aufgabe hat, den abgefangenen Flugstaub der anderen Kessel einzuschmelzen[1]). oder eine besondere Schmelzkammer zur Einschmelzung der Flugasche aufzustellen, wobei die Abgase einem Normalkessel zugeführt werden.

Die Ingenieure Szikla und Rozinek[2]) entwickelten eine Feuerung, bei der feinkörnige Kohle im Schwebezustand vergast und nur zum Teil (ähnlich wie im Gasgenerator) verbrannt wird, wobei die Schlacke ebenfalls flüssig abgeht und der Hauptteil der Feuerung eine Gasfeuerung ist. Bei diesem Verfahren soll es möglich sein, bis zu 85 % der Brennstoffasche in der Feuerung zurückzuhalten und flüssig abzuziehen.

Es ist nicht möglich allgemein gültig anzugeben, **welche Druckhöhe, welche Dampftemperatur** und **welche Kesselbauart** am vorteilhafsten jeweils gewählt wird, denn die Betriebsverhältnisse liegen selbst bei sonst gleichartigen Betrieben oft sehr verschieden und es müssen daher von Fall zu Fall eingehende Überlegungen und Berechnungen angestellt werden.

Auf alle Fälle sollte man aber mehr als bisher **höchste Betriebssicherheit** und **größte Einfachheit** bei den Entschließungen beachten. Alle, auch unbedeutend erscheinende Einzelteile, die eine Betriebsstörung veranlassen können, müssen aufs sorgfältigste konstruiert, angefertigt, eingebaut und unterhalten werden. Der Aus- und Wiedereinbau solcher Teile muß bequem und rasch vorgenommen werden

---

[1]) „V. D. I.-Zeitschrift" 1942, Heft 35/36 u. 37/38 „Industriekraftwerke" von Dr.-Ing. E. Pfleiderer.

[2]) „Feuerungstechnik" 1942, Heft 7 „Die Weiterentwicklung des Schwebevergasers Bauart Szikla-Rozinek" von Arthur Rozinek, V. D. I., Budapest.

können, damit die ungewollten Stillstandszeiten auf das Mindestmaß zurückgehen.

Man hat gesamtwirtschaftlich keinen Nutzen, sondern nur Schaden, wenn man z. B. zwecks Erzielung eines hohen Wirkungsgrades die Anlage verwickelt und unzugänglich baut und dafür häufige, ungewollte Stillstandszeiten in Kauf nehmen muß.

Es liegt in der Natur der Sache, daß es schwer ist, mit der Kesselanlage eine ebenso hohe **Betriebsbereitschaft** zu erzielen wie z. B. mit der zugehörigen Maschinenanlage; die Kesselanlage arbeitet unter viel ungünstigeren Verhältnissen, wie höheren Temperaturen und gas- sowie wasserseitigen Verschmutzungen, die sich ungünstig auswirken können.

Berücksichtigt man diese Tatsachen, so muß im Kesselhaus stets auf eine gewisse Reserve geachtet werden und man sollte daher bei den neueren Bestrebungen, **Kessel und Maschine als eine Einheit** anzusehen, zu 1 Maschine möglichst 2 Kessel wählen, denn bei Ausfall des einen Kessels kann dann die Maschine immer noch mit 60 % der Vollast arbeiten, sofern die Kessel mit 20 % Überlast ausgelegt werden.

Für ein gut geleitetes, normales **Elektrizitätswerk** mit fachmännisch geschultem Personal spielt die **Kesselbauart** kaum eine Rolle, auch dann nicht, wenn die Bauart ein Mehr an Pumpen und Regelapparaten bedingt. Für **Industrieanlagen,** bei denen der Kesselbetrieb ein Nebenbetrieb ist, liegen aber die Verhältnisse meist anders und man sollte daher hier die einfachste, wenig Nebenapparate erfordernde Bauart wählen, welche auch bei gewissen Bedienungsfehlern nicht sofort versagt.

Die Frage nach der **richtigsten Feuerung** ist ebenfalls nicht allgemein gültig zu beantworten; sowohl die **Rostfeuerungen** als auch die **Staubfeuerungen** sind heute so hoch entwickelt, daß sie neben hoher Wirtschaftlichkeit eine ausreichende Betriebssicherheit bieten.

Grundsätzlich ist zu sagen, daß alle Brennstoffe, die für mechanische Feuerungen geeignet sind, am besten auf Rosten verfeuert werden, denn der Kraftbedarf für die Staubaufbereitung ist ein Vielfaches vom Rost-Kraftbedarf.

Demgegenüber ist die Staubfeuerung unempfindlicher gegen **Brennstoffwechsel** und sie ermöglicht auch den Bau noch größerer **Leistungseinheiten** als die Rostfeuerung, wobei allerdings die Frage auftaucht, ob Leistungseinheiten über 80—100 t Dampf/h überhaupt empfehlenswert sind; diese Leistungen sind etwa die obere Grenze für Rostkessel.

Bei Anlagen, die stundenweise mit sehr mäßiger Last und dann wieder auf Stunden mit Vollast arbeiten müssen, kann die **Kombination** von **Staub-** und **Rostfeuerung** Vorteile bieten. Man wird in solchen Fällen einen nur für die Teildauerlast bemessenen Rost nehmen und mit der Staubzusatzfeuerung im Bedarfsfalle den noch fehlenden Teil der Last übernehmen. Besonders geeignet erscheint für diese Anordnung die verhältnismäßig billige Anger-Prallmühle, die mittels Luftstrahl fast geräuschlos betrieben wird und sehr betriebssicher arbeitet, weil sie keinen Mechanismus besitzt.

Das heutige Streben, den Flugstaub aus volkswirtschaftlichen Gründen nicht durch den Schornstein ins Freie abzuführen, sondern am Ende der Anlage mittels **Rauchgasentstaubern**[1]) abzufangen, bedeutet für den Kesselbetrieb nur eine erhebliche Steigerung der Anschaffungskosten, denn solche Einrichtungen sind an sich schon recht teuer und verteuern die Gesamtanlage noch weiter durch den mehr oder weniger großen Eigenraumbedarf.

Aber auch die Betriebs- und Unterhaltungskosten erhöhen sich durch Steigerung des Stromverbrauches, der Instandhaltungskosten und dadurch, daß man nunmehr für den Abtransport der abgefangenen Asche sorgen muß, während früher der Schornstein die Verteilung der Asche auf die Umgegend kostenlos übernahm. Dennoch sind aber diese Bestrebungen notwendig und richtig, denn bei der Größe der heutigen Anlagen würde die nähere und weitere Umgegend empfindlich geschädigt werden.

Stehen alte Tagebauten, Absetzbecken od. dgl. zur Verfügung, so kann die ausgeschiedene Asche mittels Druckwasserleitung bequem hineingespült werden, sonst aber ist man gezwungen, andere Wege zu gehen, wie z. B. Verwertung des Staubes bei der Zementherstellung, Herstellung von künstlichen Steinen u. dgl. In allgemein befriedigender Weise ist dieses Problem jedoch noch nicht gelöst (s. auch S. 156).

Es werden in der Hauptsache folgende **Rauchgasentstauber-Bauarten** unterschieden:

1. Beruhigungskammern, in denen bei sehr geringer Gasgeschwindigkeit der gröbere Staub ausfällt. (Großer Raumbedarf; feiner Staub wird nicht ausgeschieden; geringerer Zugverlust).
2. Kammern mit Zelleneinbauten, die vom Gasstrom bestrichen werden, aber ebenfalls nur gröberen Staub ausscheiden (Raumbedarf geringer wie vor; Zugverlust etwas größer, 5—8 mm WS).
3. Zyklonentstauber, bei denen die Fliehkraft für die Ausscheidung der Staubteilchen ausgenutzt wird. (Raumbedarf mäßig; je nach Ausbildung mehr oder weniger guter Entstaubungsgrad, bis zu 90 %; hoher Zugverlust, 40—60 mm WS.)
4. Elektrofilter, bei denen mit 50000 V aufgeladene Sprühelektroden die Staubteilchen aufladen und zu großen Niederschlags-Elektrodenflächen treiben, an denen sie sich absetzen, sodann mittels besonderer Vorrichtungen abgeklopft und in Trichtern aufgefangen werden. (Großer Raumbedarf; hohe Anschaffungskosten; Entstaubungsgrad auch bei feinem Staub 90—95 %; geringe Zugverluste, etwa 5 mm WS.)

---

[1]) „Technische Mitteilungen" vom Haus der Technik Essen 1941, Heft 9/10, „Entstaubung von Rauchgasen" von Dipl.-Ing. Paul Noß.

5. Naßentstauber mit Honigmannfiltern, so eingerichtet, daß die Rauchgase wasserbenetzte Filterschichten durchdringen müssen, wobei sie ihre Staubteilchen an das Wasser abgeben. (Raumbedarf mäßig; Entstaubungsgrad sehr gut, auch bei feinstem Staub fast 100 %; Zugverlust 35—45 mm WS, also ziemlich hoch; Wasserverbrauch laut Angabe 15—20 m^3/h je 100000 Nm^3/h Rauchgas.)

Bei der Wahl des Entstaubungssystems müssen die Betriebsverhältnisse und auch die weitere Entwicklung berücksichtigt werden.

Nachstehend soll noch auf die **Wasserrohrkessel-Bauarten** näher eingegangen werden, denn die Mannigfaltigkeit ist so groß, daß es dem Fernstehenden schwer fällt einen Überblick zu gewinnen.

Grundsätzlich unterscheidet man heute Wasserrohrkessel mit **natürlichem Wasserumlauf, Zwangsumlauf** und **Zwangsdurchlauf.**

Durch in Betrieb befindliche Anlagen ist der Nachweis erbracht, daß selbst bis zu 180 at der natürliche Wasserumlauf ausreicht, so daß also die Wahl des einen oder anderen der drei Systeme nicht vom Druck abhängig ist. Entsprechend dem Materialaufwand stehen die 3 Systeme in den **Anschaffungskosten** der Reihe nach etwa wie 100 : 93 : 85, bezogen auf den dampfabgabebereiten Kesselblock.

Im **Wirkungsgrad** dagegen sind die Werte, ausgehend von 85 %, unter Berücksichtigung des erhöhten Pumpenkraftbedarfes bei Zwangslaufkesseln wie 85 : $83^1/_2$: 84, wobei durchweg dieselbe Abgastemperatur und gleichbleibende andere Verluste angenommen sind.

Der natürliche Wasserumlauf setzt erst etwa mit der Dampfbildung ein, daher sind die Anheizzeiten länger als bei Zwangslaufkesseln; immerhin kann aber die **Anheizzeit** bei Kesseln mit natürlichem Umlauf dadurch noch erheblich verringert werden, daß in das noch kalte Kesselwasser an geeigneter Stelle Fremd-Dampf eingeführt wird oder Anheiz-Umwälzpumpen zur Verwendung kommen.

Da der natürliche Wasserumlauf auf dem Gewichtsunterschied in dem mit Wasser gefüllten Fallrohr und dem mit dem leichteren Dampf-Wassergemisch gefüllten Steigrohr beruht, ist man bei der Konstruktion dieser Kessel an bestimmte Formen und Lage der Röhren, sowie insbesondere an gewisse Mindesthöhen gebunden. Demgegenüber ist man bei Zwangslaufkesseln von diesen Hemmungen ganz frei und diese Kessel lassen sich daher allen Raumverhältnissen, auch den beschränkten Schiffsraum-Verhältnissen leicht anpassen.

Die große **Mannigfaltigkeit** der Wasserrohrkesselbauarten ist ohne Zweifel nicht nötig und könnte mit Vorteil eingeschränkt werden, wenn nicht die Konstrukteure und auch die Besteller selbst immer wieder neue Bauarten entwerfen und verwirklichen würden. Eine Beschränkung auf eine bestimmte Anzahl von Kesseltypen, die nach Druck, Dampftemperatur und Leistung zu normen wären, würde nicht nur die Anschaffungskosten herabsetzen, sondern auch manchen Mißerfolg verhindern, denn nur bei planmäßiger Weiterentwicklung und Verbesserung schon erprobter Typen können sichere und weitgehende Erfahrungen gesammelt werden. Ansätze zu dieser Entwicklung liegen bereits vor.

Die schematischen Skizzen Bild 19—25 zeigen einen Versuch die mit natürlichem Umlauf arbeitenden Wasserrohrkessel, die in **Schrägrohrkessel** und **Steilrohrkessel** zu unterscheiden sind, in den Grundtypen darzustellen.

Die **3-Zugkessel** (19 und 22) kommen in Frage für mäßige Drucke und Belastungen bis 45 kg/m^2 Heizfläche; die **2-Zugkessel** (20 und 23) sind bei entsprechend breiter Bauart für Drucke bis 60 at und Belastungen bis 80 kg/m^2 ausgeführt worden, während die **1-Zugkessel** (21 und 24) in der Regel für höhere Drucke und Belastungen bis zu 120 kg/m^2 gewählt werden. Oft ist aber auch nur die Art der Feuerung für die Wahl des 1-Zugkessels maßgebend, denn er ermöglicht eine größere Flammenlänge (Kohlenstaubfeuerung) und einen größeren Feuerraumquerschnitt, d. h. die angestrebte mäßige Feuergas-Aufstiegsgeschwindigkeit.

Der reine **Strahlungskessel** (25) kann natürlich nur ein Steilrohrkessel sein und erfordert entsprechend größere Nachschalt-Heizflächen, welche einen mehr oder weniger großen Teil der Dampferzeugung übernehmen müssen. Man kommt so zu dem **kombinierten Kessel mit natürlichem Umlauf und Zwangsdurchlauf,** denn man hat in Wirklichkeit

Schrägrohrkessel

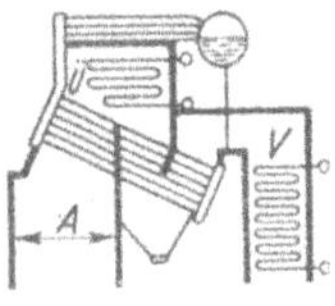

Bild 19.

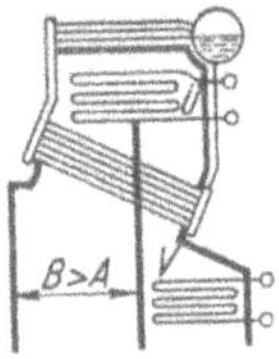

Bild 20.

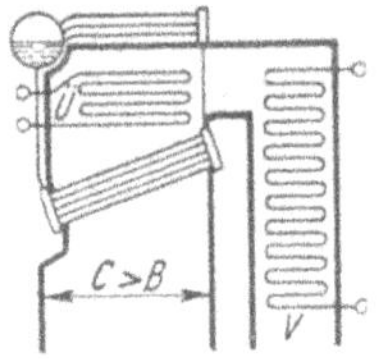

Bild 21 (s. a. S. 93).

Steilrohrkessel

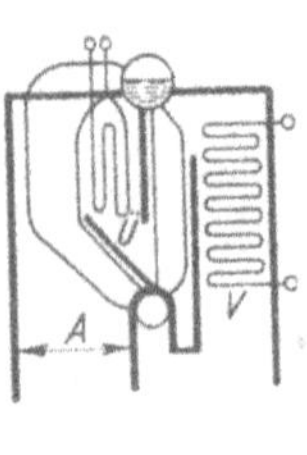

Bild 22.

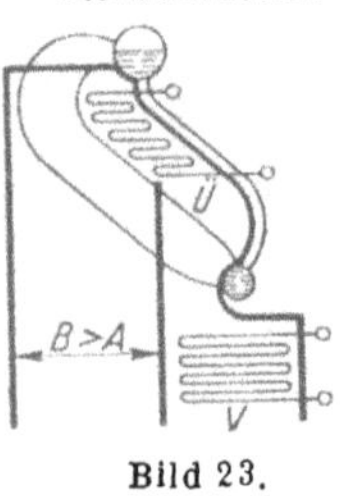

Bild 23.

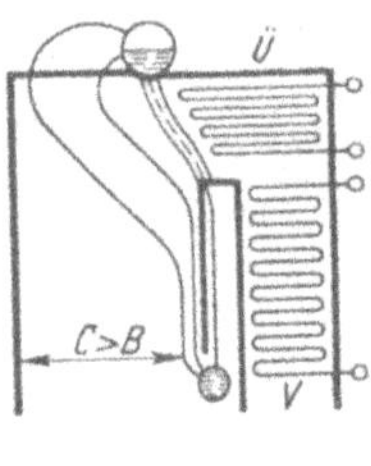

Bild 24.

hier einen Umlaufkessel, dessen erste Heizfläche in den höchsten Gastemperaturzonen liegt und dessen übrige Heizfläche aus Schlangenröhren besteht, welche nur Durchlauf haben (auch Vorverdampfer genannt) und nur von Gasen mäßiger Temperatur beheizt werden. — In gleicher Weise wird auch der 1-Zugkessel mit Durchlaufheizfläche kombiniert und es scheint so, als ob diese Kesseltypen sich immer mehr durchsetzen (s. auch S. 93). — Anzuführen sind in diesem Zusammenhange nunmehr noch die **Wasserrohrkessel-Sonderkonstruktionen,** welche aus besonderen Überlegungen heraus entstanden sind.

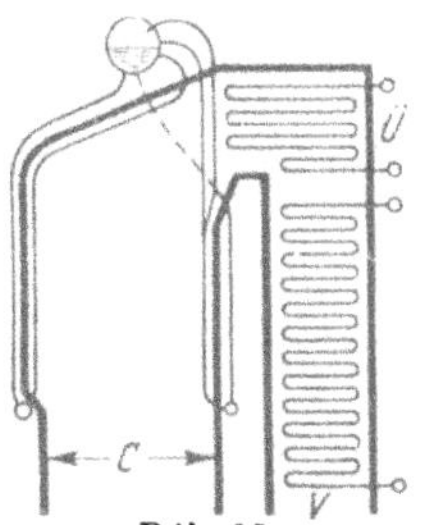

Bild 25.

Der **Schmidt-Hartmann-Kessel** (Bild 26) ist ein Kessel mit indirekter Dampferzeugung, wobei Höchstdruck-Sattdampf den Wärmeträger bildet. Der sog. Primärkessel wird direkt befeuert und enthält reines Wasser, aus dem Sattdampf von höherer Spannung als Betriebsspannung erzeugt wird. Der hochgespannte Sattdampf (Heizdampf) strömt nach dem in die Sekundärdampf-Trommel eingebauten Heizsystem, gibt an den Wasserinhalt dieser Trommel seine Verdampfungswärme ab, wodurch der niedriger gespannte Betriebsdampf entsteht und geht als reines Kondensat zum Primärkessel zurück. Der Druckunterschied zwischen Heizdampf und Betriebsdampf ergibt das nötige Temperaturgefälle zwischen Heizröhrensystem und Betriebswasser.

Der feuerbeheizte Primärkessel arbeitet somit stets mit dem gleichen, also reinstem Wasser. Kesselstein kann sich nur an dem dampfbeheizten Heizröhrensystem der Sekundärtrommel ansetzen, wobei die höchstmögliche Rohrwandtemperatur gleich Heizdampftemperatur ist, d. h. sie ist so beschränkt, daß keine Rohrschäden auftreten können. Versteint das Heizsystem allmählich, so steigt zunächst der Heizdruck bis zu seinem Maximum an und von da ab geht langsam die Kesselleistung zurück. Fehler in der Bedienung der Wasseraufbereitungsanlage können somit keinen Schaden anrichten und sie werden auf Grund dieser Anzeichen bemerkt, bevor die Leistung erheblich absinken kann.

Die Sekundärtrommel wird wie bei jedem andern Kessel durch den Vorwärmer gespeist und der erzeugte Betriebssattdampf in einem Überhitzer auf die gewünschte Temperatur gebracht; beheizt wird sowohl der Überhitzer, als auch der Vorwärmer von den Abgasen des Primärkessels.

Diese Dampfumformung im Hochdruckgebiet ist verlustlos, da sie ohne Zwischenschaltung einer Kraftmaschine erfolgt (s. S. 137 und 139).

Ebenfalls indirekte Dampferzeugung weist der **Löffler-Kessel** (Bild 27) auf, doch mit Heißdampf als Wärmeträger. Der Primärkessel ist hierbei ein direkt befeuerter Überhitzer, der den aus einer Sekundärtrommel kommenden Sattdampf

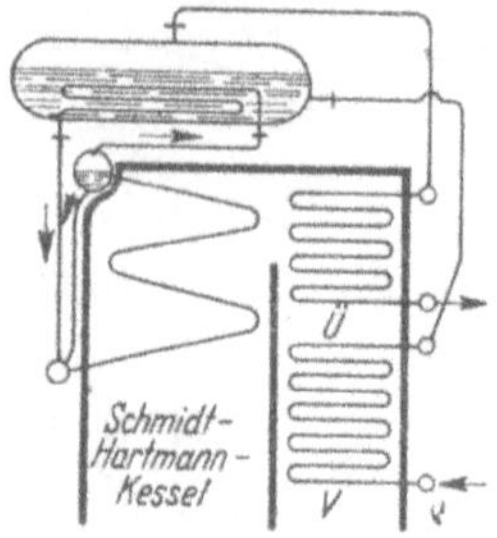

Bild 26.

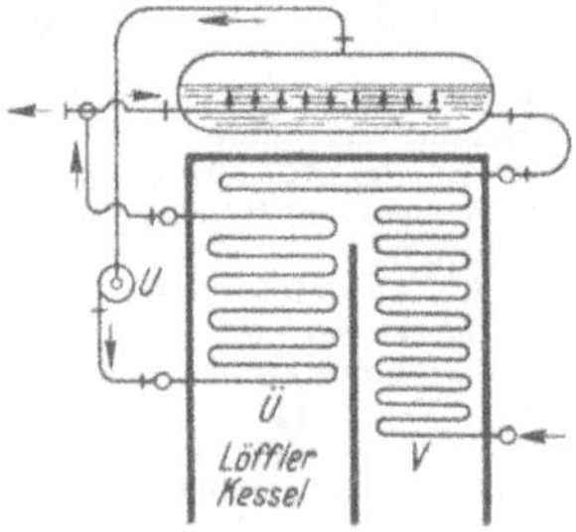

Bild 27.

überhitzt. Mittels einer Umwälzpumpe wird so viel Dampf umgewälzt, daß außer dem nach der Verwendungsstelle abströmenden Heißdampf noch ein Strom überhitzten Dampfes in das Wasser der Sekundärtrommel eingeführt und soweiterer Sattdampf erzeugt werden kann. Man erkennt, daß bei diesem Verfahren Sattdampf oder Heißdampf von einer anderen Quelle zur Verfügung stehen muß, wenn der Kessel angefahren werden soll.

Die direkte Befeuerung des Überhitzers ist ohne Betriebsschäden möglich, da durch die Umwälzpumpe die für eine ausreichende Rohrkühlung erforderlichen hohen Dampfgeschwindigkeiten zwangläufig hergestellt werden können. Durch Regulierung dieser Umwälzpumpe kann die Heißdampftemperatur bei allen Belastungen leicht auf der gewünschten Höhe gehalten werden. Wie beim Schmidt-Hartmann-Kessel, so können auch beim Löffler-Kessel Fehler in der Bedienung der Wasserreinigungsanlage nicht zu Betriebsgefahren Anlaß geben, allerdings darf kein Wasser aus der Sekundärtrommel in den Überhitzer gelangen (nasser Dampf!), da sonst dieser Rohrschäden (wenn auch ungefährlichere als Siederohrschäden) haben wird.

Der **Benson-Kessel** ist ein reiner Zwangsdurchlaufkessel. Benson, der Erfinder, ging von dem Gedanken aus, daß beim „kritischen Druck" ~ 226 ata die Verdampfungswärme gleich Null ist, Dampf- und Wasservolumen gleich sind, und daß nach Aufnahme der gesamten Flüssigkeitswärme das Wasser (ohne Volumenzunahme) unvermittelt in den Sattdampfzustand übergeht. Eine allmähliche Dampfausscheidung ist somit nicht vorhanden und damit wird eine Dampfausscheidetrommel überflüssig; das Speisewasser wird mittels einer Pumpe unter einem Druck von 226 ata plus Rohrwiderstand dem direkt befeuerten Rohrsystem zugeführt und auf dem Wege durch das Rohrsystem steigt die Wassertemperatur allmählich bis auf die dem kritischen Druck entsprechende Temperatur von 374°, worauf der Dampfzustand eintritt.

Nunmehr wird dieser Sattdampf von 226 ata auf einen praktisch verwertbaren Druck (100—125 at) reduziert und in einem von den Kesselabgasen geheizten Überhitzer auf die gewünschte Temperatur gebracht.

Der hohe Druck von 226 ata erfordert natürlich einen überhöhten Pumpenkraftbedarf, wodurch der Wirkungsgrad erheblich verschlechtert wird.

Die S.S.W. haben daher schon nach den ersten Ausführungen die Original-Benson-Konstruktion verlassen und verzichten auf die Drucküberhöhung.

Der **S.S.W.-Benson-Kessel** (Bild 28) besteht aus einem Rohrsystem, welches unterteilt ist in den Vorwärmerteil, Strahlungsteil (Feuerraumheizfläche), Übergangsteil und Überhitzerteil; der Wasser- bzw. Dampfstrom geht in derselben Reihenfolge. Die Verdampfung setzt schon im Strahlungsteil ein, doch erfolgt die Hauptverdampfung im Übergangsteil, der in einer Zone mäßiger Gastemperatur liegt.

Bei Speisung von salzhaltigem Wasser setzt sich das Salz in den Rohren des Übergangsteils da ab, wo die Dampfbildung ungefähr beendet ist und die verschiedenen, parallel geschalteten Rohrgruppen des Übergangsteiles müssen daher periodisch, hintereinander gespült werden (während des Betriebes).

Der S.S.W.-Benson-Kessel ist verhältnismäßig billig, erfordert aber ein möglichst reines Speisewasser, das Steinbildner unter keinen Umständen haben darf. Da die ausgleichende Wirkung des bei normalen Kesseln vorhandenen Wasservorrates fehlt, sind sicher wirkende Regelapparate Bedingung.

Allerdings kann dieser Kessel auch mit einer Trommel versehen werden, sofern die besonderen Betriebsverhältnisse dies erfordern sollten.

Im Prinzip ist der **Sulzer-Einrohrkessel** (Bild 29) ein Durchlaufkessel gleicher Art wie der S.S.W.-Kessel, die Unterschiede sind konstruktiver Art. Während bei diesem in der Regel parallel geschaltete Rohrgruppen mit kleinem

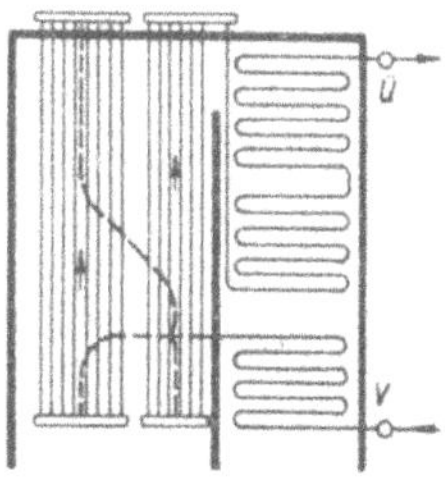

Bild 28.

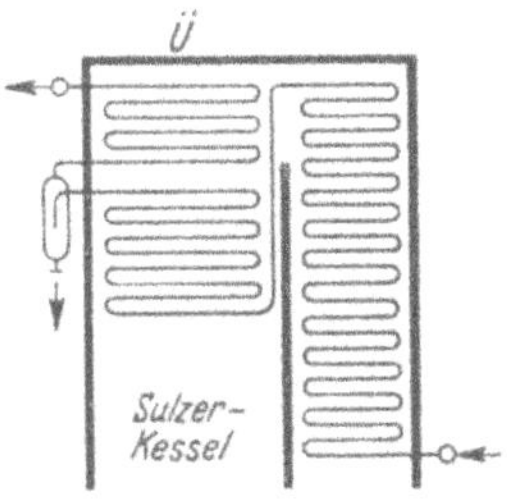

Bild 29.

Rohrdurchmesser zur Verwendung kommen, weist der Sulzer-Kessel nur ein sehr langes, in Schlangenform gebogenes Rohr von größerem Durchmesser auf. Allerdings ist die Leistung in einem solchen Einrohrkessel auf etwa 8—10 t Stundendampf beschränkt und man muß daher bei größeren Einheiten entsprechend viele Einrohrheizflächenteile parallel schalten, jedoch brauchen diese nur beim Wassereintritt und Heißdampfaustritt miteinander in Verbindung zu stehen. Der Vorwärmerteil liegt im letzten Kesselzug, dann folgt der Überhitzerteil und die Feuerraumheizfläche bildet der Verdampferteil. Bei salzhaltigem Wasser wird dem Einrohrsystem eine Entsalzungsflasche eingefügt, und zwar kurz vor Beendigung der Verdampfung, so daß der geringe Wasserrest eine eingedickte Salzlauge ist, welche aus der Flasche abgelassen werden kann.

Der Sulzer-Kessel darf ebenfalls nur mit ganz steinfreiem Wasser gespeist werden wie jeder Durchlaufkessel, und ebenso ist auch eine gute automatische Regelung erforderlich. Die Kosten dürften noch etwas unter den Kosten des S.S.W.-Kessels liegen, da die Konstruktion einfacher ist.

Der bekannteste Vertreter der Zwangsumlaufkessel ist der **La Mont-Kessel** (Bild 30), der sich von andern Zwangsumlaufkesseln dadurch unterscheidet, daß parallel geschaltete Siederöhren auf der Wassereintrittsseite mit Düsen versehen sind, welche eine gleichmäßige Wasserverteilung auf alle Röhren bewirken, auch bei verhältnismäßig geringer Wassergeschwindigkeit. Man könnte dasselbe Ergebnis auch durch Steigerung der Umlaufmenge erzielen, doch würde dadurch der Kraftbedarf der Umwälzpumpe, welche den Umlauf bewirkt, stark ansteigen.

An eine bestimmte Form ist der Zwangsumlaufkessel nicht gebunden und er unterscheidet sich grundsätzlich nicht von einem Kessel mit natürlichem Wasserumlauf. Aus Ersparnisgründen wird die Heizfläche in der Regel aus Rohrschlangen hergestellt; in diesem Falle muß allerdings das Speisewasser ganz steinfrei sein, weil eine Besichtigungs- und Reinigungsmöglichkeit bei Rohrschlangen nicht gegeben ist.

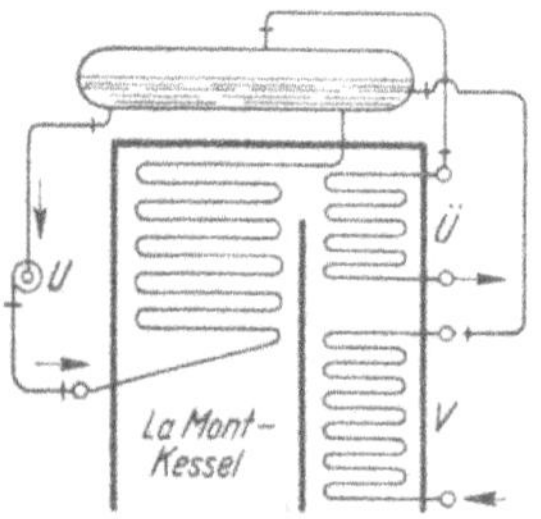

Bild 30.

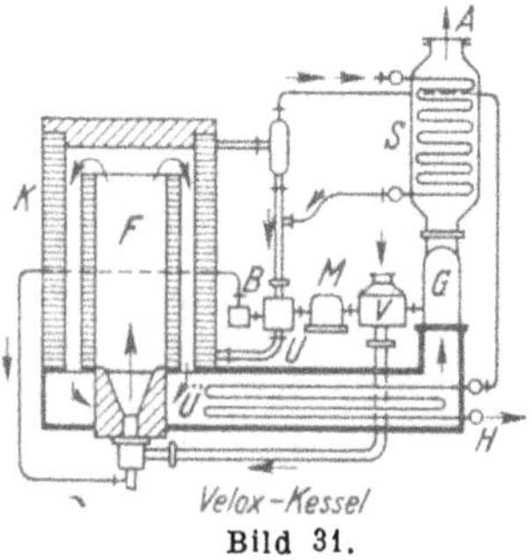

Bild 31.

Der **Veloxkessel** (Bild 31) von Brown u. Boveri ist ein Vertreter der Zwangsumlaufkessel und zeichnet sich durch außerordentlich geringen Raumbedarf aus. Allerdings ist dieser Kessel nur für die Verfeuerung flüssiger und gasförmiger Brennstoffe geeignet, welche unter Druck (3 at) verfeuert werden. Die Gase werden mit 200—300 m/s durch die Heizflächen gedrückt und man erzielt infolge des höheren Gasdruckes und der außerordentlich hohen Gasgeschwindigkeiten entsprechend hohe Wärmedurchgangszahlen, so daß man mit sehr kleinen Heizflächen auskommt.

Der Feuerraum *F* wird von dem zylindrischen Kessel *K* flammrohrartig umschlossen, sodann passieren die Feuergase die in den Kessel eingebauten Heizröhren, treten in den Überhitzerraum *Ü* über, treiben sodann eine Abgasturbine *G* und strömen durch den Speisewasservorwärmer *S* ins Freie bei *A*.

Die Abgasturbine *G* dient als Antriebsmaschine der Luftverdichtungspumpe *V*, der Wasserumlaufpumpe *U* und der Brennstoffpumpe *B*. Auf der Antriebswelle sitzt außerdem noch der Hilfsmotor *M*, der beim Anfahren benötigt wird.

Reinstes Wasser ist für diesen Maschinendampferzeuger selbstverständlich erforderlich.

Sonderkessel, welche noch keine wesentliche Verbreitung gefunden haben (Doble, Zoelly, Vorkauf, Hüttner, Emmet u. a.), brauchen hier nicht behandelt werden.

Sollen die **Vorteile des hohen Druckes** ganz ausgenützt werden können, so müssen die Anschaffungskosten herabgedrückt werden, was immerhin nicht leicht ist, da die hohen Drücke die Verwendung bester Materialien bedingen. Somit ergibt sich für den Bau des Hochdruckkessels die Richtlinie, mit wenig Materialverbrauch höchste Leistungsfähigkeit zu erzielen.

Man wird also den Hochdruckkessel nicht mit größerem Wasserraum bauen dürfen und ist deshalb auf besonders gut regulierbare Feuerungen angewiesen, weil der Kessel nicht mehr durch Speicherwirkung belastungsausgleichend wirken kann. Allerdings hat man im **Wärmespeicher** ein Mittel, mit welchem man Belastungsschwankungen von der Kesselanlage fernhalten kann, so daß auf diese Weise auch bei kleinem Kesselwasserraum die Verwendung normaler Feuerungen ermöglicht wird.

Sehr zu beachten ist, daß bei neuzeitlichen Hochleistungskesseln das Verhältnis von **Leistung zu Wasserraum** immer ungünstiger wurde und daß daher selbst bei kurzer Stockung der Speisung die Wasserreserve sehr schnell aufgebraucht wird. Man sorge daher für zuverlässige Speisevorrichtungen und schnelle Ausschaltmöglichkeit der Feuerwirkung.

Zwangläufig wurde der **Speisewasseraufbereitung** infolge der Einführung des Hochdruckkessels vermehrte Aufmerksamkeit geschenkt, denn Hochdruckkessel sind gegen Speisewasserverunreinigungen erheblich empfindlicher als Kessel von mäßiger Spannung.

Das Speisewasser soll **stein-, gas-, luft-** und **ölfrei** sein und möglichst auch **frei von Schwebestoffen.** Kesselsteinbildner führen zuletzt zu den sog. „Rohrreißern", gas- und lufthaltiges Wasser verursacht Korrosionen, ölhaltiges Wasser wirkt u. U. noch schlimmer als Kesselstein und Kupfergehalt kann zu elektrolytischen Zersetzungen führen. Feinste Schwebestoffe geben Anlaß zum „Schäumen" des Kessels und damit zur Abgabe nassen, salzhaltigen und mit Schwebestoffen verunreinigten Dampfes, der den Überhitzer und die Maschine gefährdet.

Man muß somit das Speisewasser **enthärten** und **entgasen**, sowie dafür sorgen, daß Verunreinigungen durch Öl überhaupt nicht vorkommen können oder man muß das verölte Wasser auf chemischem Wege oder elektrischem Wege **ölfrei** machen; eine genügende mechanische Entölung ist bei Verwendung von Aktivkohle möglich. **Schwebestoffe** sind in Absitzbecken, durch Filter und Flockung soweit als möglich zu entfernen.

Für die Enthärtung des Speisewassers kommen die **chemischen oder thermischen Verfahren** zur Anwendung. Die chemischen Verfahren sind folgende: Kalk-Soda; Ätznatron-Soda; Kalk-Ätznatron; Soda; Permutit; Neopermutit; Phosphat und Wofatit. Die thermische Enthärtung erfolgt in Verdampfern oder in beschränkten Fällen auf Plattenkochern. Für größere Wassermengen werden die chemischen Verfahren der größeren Billigkeit in Anschaffung und Betrieb wegen bevorzugt.

Die Entgasung kann ebenfalls chemisch oder thermisch erfolgen.

Einen ausgezeichneten **Überblick** gibt die Abhandlung „Speisewasseraufbereitung" von O. Schmidt im Archiv für Wärmewirtschaft, März-Heft 1936.

Die mit dem Speisewasser in den Kessel gelangenden Salze dicken ein und es ist daher notwendig, den **Salzgehalt des Kesselwassers** durch Ablassen von Wasser auf das zulässige Maß herabzusetzen (s. S. 150). Das Diagramm auf S. 234 zeigt an, wieviel Kesselwasser bei einem bestimmten Salzgehalt des Speisewassers und bei einer bestimmten Kesselwasserdichte abgelassen werden muß. Der Salzgehalt des Speisewassers hängt von dem chemischen Enthärtungsverfahren ab und die Höhe der zulässigen Salzkonzentration ist eine Frage der Kesselkonstruktion und der Menge sowie Art der im Kesselwasser enthaltenen Schwebestoffe, wie auch der Natronzahl. Es ist anzustreben, bereits in der Wasseraufbereitung mit einer möglichst niedrigen Natronzahl auszukommen.

Die durch das Kesselwasserablassen entstehenden Wärmeverluste können dadurch eingeschränkt werden, daß ein Teil der Wärme in Wärmeaustauschern wieder nutzbar gemacht wird, z. B. durch Vorwärmung des noch kalten Speisewassers.

Das Gebiet der Speisewasseraufbereitung ist sehr umfangreich und schwierig und kann in diesem Rahmen nur soweit gestreift werden.

Einen Vergleich über die **Veränderungen der Gestehungskosten** einer Kesselanlage sowie über die entsprechenden **Dampfpreise** zeigt

Beispiel 54:

Auf einer Kohlenzeche sollen stündlich 40000 kg Dampf von 15 atü und 380° Überhitzung aus Speisewasser von 50° C erzeugt werden. 24-Stundenbetrieb und 300 Arbeitstage im Jahre.

Im Jahre 1914 benötigte man bei 28 kg Dampfleistung 6 Kessel je 350 m² mit Überhitzern und Glattrohr-Vorwärmern, wobei 4 Kessel in Betrieb und 2 in Reserve standen.

Im Jahre 1937, kommen bei 40 kg Kesselleistung 3 Kessel je 500 m² mit Überhitzern und Rippenrohr-Vorwärmern in Frage, wobei 2 Kessel die 40000 kg Dampf erzeugen und 1 Kessel in Reserve steht.

Der nachstehend errechnete Dampfpreis setzt sich aus folgenden Anteilen zusammen:

1. Dampfkostenanteil aus Verzinsung und Amortisation.
2. „ „ Kohlenkosten.
3. „ „ Betriebskosten.

Zu 1. werden nachstehend die Anlagekosten für das Jahr 1914 und die Anlagekosten für Anfang 1937 einander gegenübergestellt. Sie umfassen die vollstd. Anlage einschl. Kesselhaus, Bekohlungsanlage, Schornstein usw.

Zu 2. sei zwecks Erlangung richtiger Vergleichswerte zunächst angenommen, daß sowohl die Anlage von 1914 als auch von 1937 mit einer hochwertigen Steinkohle (Nuß IV) betrieben wird. Infolge der besseren Verbrennung auf den neuzeitlichen Wanderrosten und infolge der höheren Feuerräume stellt sich der Betriebswirkungsgrad für 1937 auf etwa 80, gegenüber etwa 75 % für 1914.

In besonderer Rechnung ist berücksichtigt, daß mit den neuen Wanderrostkonstruktionen ohne Schwierigkeiten minderwertige Brennstoffe verfeuert werden können, was früher nicht möglich war. Es ergeben sich somit 3 verschiedene Werte für den Dampfpreis.

Bei der Rechnung mit minderwertigen Brennstoffen wurde beachtet, daß Unterwindeinrichtungen hinzukommen, wodurch sich für Verzinsung und Amortisation ein etwas höherer Betrag ergibt.

I. Errechnung der Anschaffungskosten

a) Anlage 1914

6 Schrägrohrkessel je 350 m² 15 atü . . .	M	138000
6 Überhitzer „ 110 „	„	31500
6 Wanderroste „ 12 „ } mit Motoren	„	57000
6 Glattr.-Vorwärm. „ 220 „ } mit Motoren	„	45000
6 Einmauerungen der Kessel und Vorwärmer	„	64800
6 Fundamente der Kessel	„	34200
Rohrleitungen und Pumpen	„	40750
Kesselhaus einschl. Bunker	„	40000
Schornstein, 80 m hoch	„	28000
Bekohlungsanlage	„	33000
Gesamtkosten (mit Montage):	**M**	**512250**

b) Entsprechende Anlage Anfang 1937

3 Steilrohrkessel je 500 m², 15 atü 3 Überhitzer für 380° C	M 255000
3 Wanderroste 21,5 m² mit Feuerbrücken, Verschlüssen und Motoren	„ 102000
3 Rippenrohr-Vorwärmer je 730 m² . . .	„ 60000
Rohrleitungen und Pumpen	„ 40000
Kesselhaus einschl. Bunker	„ 85000
3 Einmauerungen d. Kessel u. Vorwärmer 3 Fundamente „ „ „ „	„ 75000
Schornstein, 80 m hoch	„ 40000
Bekohlungsanlage und Aschenspülung . .	„ 41000
Regel- und Meßapparate	„ 12000
Gesamtkosten (mit Montage):	**M 710000**
Mehrpreis bei Ausrüstung mit Unterwind:	„ 27000
Gesamtkosten:	**M 737000**

II. Amortisation und Verzinsung[1])

a) Anlage 1914

Verzinsung 4 %. Amortisation 8 % = 12 %.
12 % von M 512250 = M 61500 im Jahr — M 0,213 je t Dampf.

b) Anlage 1937

Verzinsung 7 %, Amortisation 8 % = 15 %.
15 % von M 710000 = **M 106500** im Jahr — **M 0,370**
bzw. bei Unterwind = „ **111100** „ „ — „ **0,386**
von M 737000 — je t Dampf

III. Errechnung der Kohlenkosten

	1937	**1914**
Durchschnittl. Betriebswirkungsgrad in %	80	75
Stündl. Dampfmenge in t	40	40
Jährliche Dampfmenge in t	288000	288000
Dampferzeugungswärme in kcal	715	715
Kohlenheizwert Nuß IV „ „	7000	7000
Wirkliche Verdampfungsziffer	7,85	7,35
Jährl. Kohlenverbrauch in t	36700	39200
Kohlenpreis je t.	17,85	14,60
Jährl. Kohlenkosten in M	655000	572000
Kohlenpreis je t Dampf in M	2,27	1,98

IV. Errechnung der Betriebskosten

	1937	**1914**
Unterhaltungskosten u. Stromverbrauch je 1 t Dampf . . . . in M	0,145	0,145
Bedienung je 1 t Dampf . . . . . in M	0,015	0,025
Zus. M	0,160	0,170
(bei Unterwind	0,175)	

[1]) s. auch „Hütte“ Band I, 27. Auflage, Seite 80.

V. Zusammenfassung der Kosten je t Dampf

1.	Dampfkosten aus Verzinsung und Amortisation . . . . in M	0,370	0,213
2.	Dampfkosten aus Kohlenkosten . in M	2,270	1,980
3.	Dampfkosten aus Betriebskosten in M	0,160	0,170
	Dampfpreis M	**2,800**	**2,363**

Wird die Anlage 1937 mit minderwertigen Brennstoffen im Preise von M 8 je t befeuert, bei einem Wirkungsgrad von 70 % und einem Kohlenheizwert von 5800 kcal, so ergibt sich der Kohlenpreis je t Dampf zu M 1,40 und der Dampfpreis beträgt somit **M 1,96**.

Man sieht aus dieser Vergleichsrechnung, daß bei gleichem Brennmaterial die Erhöhung des Dampfpreises von 1914 bis 1937 etwa 18 % beträgt, das ist weniger als die Kohlenpreiserhöhung im gleichen Zeitraume. Die Steigerung der Anschaffungskosten ist zu einem guten Teile der sorgfältigeren Materialauswahl und -herstellung zuzuschreiben, jedoch wird dadurch die Lebensdauer und Sicherheit der Anlagen erhöht. Verfeuert man dagegen den minderwertigen Brennstoff, so ist der Dampfpreis sogar um 17 % niedriger als im Jahre 1914 bei guter Kohle.

26. Gesamtbeispiele für die Berechnung von Kesselanlagen

Beispiel 55[1]: Es ist eine **Kesselanlage für 40000 kg** Dampf pro Stunde zu berechnen bei 15 atü Überdruck, 380° Dampftemperatur, 30° Speisewassertemperatur und westfälischer Nußkohle von 7450 kcal mit C = 77,1 %, H = 5 %, O + N = 7,5 %, S = 1,2 %, W = 1,6 %, Asche = 7,6 %.

Kesseleinteilung: Es werden 3 Schrägrohrkessel für normal 20000 kg Dampf je Kessel und Stunde gewählt, als Feuerung Wanderroste; der 3. Kessel dient als Reserve.

Berechnung: Die Nachprüfung des unteren **Heizwertes** ergibt nach S. 22 Formel (23), wenn $N_2 = 1\,\%$, also $O_2 = 6{,}5\,\%$

$$H_u = 8100 \cdot 0{,}771 + 28700 \cdot \left(0{,}05 - \frac{0{,}065}{8}\right) + $$
$$+ 2210 \cdot 0{,}012 - 600 \cdot 0{,}016 = 7467 \text{ kcal},$$

stimmt also gut überein: gerechnet wird mit $H_u = \mathbf{7450\ kcal}$.

Die **theoretische, trockene Gasmenge** nach S. 24 Formel (28) ist $G_1 = 8{,}89 \cdot 0{,}771 + 3{,}33 \cdot 0{,}012 + 0{,}796 \cdot 0{,}01 +$

$$+ 21{,}1\left(0{,}05 - \frac{0{,}065}{8}\right) = \mathbf{7{,}78\ Nm^3}.$$

Der **theoretische CO_2-Gehalt** beträgt nach S. 26 Formel (35)

$$k_{max} = \frac{1{,}867 \cdot 0{,}771}{7{,}78} = 0{,}1855 = \mathbf{18{,}56}\,\%.$$

[1]) s. S. 175, Bild 32.

Nimmt man den **Luftüberschuß** bei der Verbrennung nach der Tabelle S. 31 = **1,4** an, so wird der **wirkliche CO_2-Gehalt** nach S. 30, Formel (47)

$$k = \frac{18,56}{1,4} = 13,2\,\% \text{ rund } \mathbf{13\,\%}, \text{ somit } \ddot{u} = \mathbf{1,42.}$$

Die **wirkliche Gasmenge** nach S. 26, Formel (36)

$$G = \frac{1,867 \cdot 0,771}{0,13} + \frac{9 \cdot 0,05 + 0,016}{0,804} = \mathbf{11,63\ Nm^3.}$$

Der Wasserdampf in den Gasen, d. h. die **Gasmenge G_2** berechnet sich nach Formel (29), Seite 24 zu

$$G_2 = 11,19 \cdot 0,05 + 1,244 \cdot 0,016 = \mathbf{0,58\ Nm^3}$$

und der **theoretische Luftbedarf** nach Formel (26), Seite 24

$$L_1 = 8,89 \cdot 0,771 + 26,7\left(0,05 - \frac{0,065}{8}\right) + 3,33 \cdot 0,12 = \mathbf{8,01\ Nm^3,}$$

somit der **wirkliche Luftbedarf** nach Formel (33), Seite 24

$$L = 1,42 \cdot 8,01 = \mathbf{11,4\ Nm^3.}$$

Der **Sauerstoffgehalt** der Abgase beträgt nach Formel (41), Seite 29

$$O_2 = \frac{(11,4 - 8,01) \cdot 0,21}{11,63 - 0,58} = \mathbf{6,4\,\%}$$

und der **Stickstoffgehalt** $N_2 = 100 - (13 + 6,4) = 80,6\,\%$.

Damit erhält man die mittlere **spez. Wärme** der Gase berechnet nach dem Beispiel Seite 34 zu

0,364 zwischen 0° u. 1250° C u. 0,333 zwischen 0° u. 200° C.

Man sieht hieraus, daß mit genügender Genauigkeit nach den Angaben Seite 35 $C_p = 0,36$ bzw. $= 0,33$ in Rechnung gesetzt werden kann.

Es sei die **Kesselhaustemperatur** mit **20°** und der **Wirkungsgrad der Feuerung** $\eta_1 = 0,95$ angenommen, dann ist die theoretische Verbrennungstemperatur nach S. 39, Formel (56)

$$t_v = \frac{7450}{11,63 \cdot 0,36} + 20 = \mathbf{1795°.}$$

Ist die **Vorwärmerabgastemperatur 200°** und der CO_2-Gehalt hier noch 12 %, dann ist nach S. 48, Formel (80) der **Heizflächenwirkungsgrad** mit $G = 12,56\ Nm^3$ (12 % CO_2)

$$\eta_2 = 1 - \frac{200 \cdot 0,33 \cdot 12,56}{1795 \cdot 0,36 \cdot 11,63} = \mathbf{0,89}$$

und damit der **Gesamtwirkungsgrad**

$$\eta = 100 - (100 - 95) - (100 - 89) = 84\,\%.$$

Die **Gesamtwärme i_2 des überhitzten Dampfes** ist = **766** kcal und nach S. 52 der **Kohlenverbrauch**

$$B = \frac{(766 - 30)\,20000}{7450 \cdot 0,84} \sim \mathbf{2350}\ \text{kg}$$

(1 kg Kohle verdampft also ~ 8,5 kg Wasser).

Die **Rostfläche** ergibt sich bei einer Beanspruchung von 110 kg/m² (S. 101) zu 21,5 m². Die vom **Feuer bestrahlte Heizfläche** werde nach der Erfahrung mit **22,2 m²** festgesetzt.

Schätzt man die **wirkliche Feuerraumtemperatur** zu 1250°, so ist nach S. 41, Formel (65) bei 0° Lufttemperatur

$$t_f = \frac{2350 \cdot 7450 - 213500 \cdot 22{,}2}{2350 \cdot 11{,}63 \cdot 0{,}36} = 1285°,$$

und man erhält als Mittel **1285° C** bei 20° Lufttemperatur.

Die **Gastemperatur vor dem Überhitzer** sei 750° C, die Rohrwandtemperatur des Kessels = 200 + 10 = 210, der Siederohrdurchmesser außen 102 mm und der horizontale Rohrabstand 220 mm, dann ist nach Seite 59, Tabelle A der Partialdruck p_{CO_2} interpoliert = (0,095 + 0,139) : 2 = 0,117 und p_{H_2O} = (0,043 + 0,067) : 2 = 0,055.

Ferner ist die Gasstärke $s = 220 - \frac{102}{2} = 169$ mm und damit bei der mittleren Gastemperatur (1285 + 750) : 2 ~ 1015° C, sowie bei $p \cdot s_{CO_2} = 169 \cdot 0{,}117 \sim 20$ und $p \cdot s_{H_2O} = 169 \cdot 0{,}055 = 9{,}3$ nach Tabelle B interpoliert $x = 6{,}9$, $y = 2{,}8$ und nach Tabelle C der Wert $z = 8{,}0$, so daß nach Tabelle D $\alpha_g' = 11$ und $\alpha_g'' = 4{,}6$ ist.

Die Wärmeübergangszahl durch **Gasstrahlung** ist $\alpha_g = 11 + 4{,}6 =$ **15,6** und durch **Berührung** nach Seite 63 bei 10 Rohrreihen übereinander (versetzt) und 4 m/s Gasgeschwindigkeit v_0 errechnet mit Tabelle K und L Seite 64 und Formel (96) Seite 63 bei

$$v_0 = \frac{4 \cdot 273}{1015 + 273} = 0{,}86,\quad \alpha_b = \left(4{,}3 + 2{,}51\,\frac{1015}{1000}\right) \cdot \frac{0{,}9}{0{,}4571} \cdot 1{,}4 = 19{,}0,$$

α_b beträgt also bei 10 Rohrreihen etwa 1,09 · 19 = **20,7.**

Die Wärmeübergangszahl α_{gb} oder rund gerechnet die **Wärmedurchgangszahl** beträgt für den ersten Teil der Kesselheizfläche k = 15,6 + 20,7 = 36,3 ~ **36** kcal.

Die **Kesselheizfläche vor dem Überhitzer** wird nach Seite 72 Formel (111)

$$F_1 = \frac{2350 \cdot 11{,}63 \cdot 0{,}36}{36} \cdot \ln \frac{1285 - 200}{750 - 200} \sim \mathbf{200\ m^2}.$$

Bei **2 % Wasser** im Sattdampf, also 400 kg auf 20 000 kg Dampf, ist nach S. 78, Formel (119) die **Gastemperatur hinter dem Überhitzer**

$$t_e = 750 - \frac{20000\,(766 - 667) + 400 \cdot 463}{2350 \cdot 11{,}63 \cdot 0{,}36} \sim \mathbf{530°},$$

und die **Überhitzerheizfläche** (Gleichstrom) nach S. 77, Formel (117)

$$F_2 = \frac{20000\,(766 - 667) + 400 \cdot 463}{29 \cdot 307} \sim \mathbf{245\ m^2}$$

(wobei k = 29 und C_p = 0,36 zwischen 750 und 500° C und t_d nach S. 233, Tafel 37 = 307° C).

Die Kesselheizfläche hinter dem Überhitzer ist wie F_1 zu berechnen (k = 24 und C_p = 0,35 zwischen 530 und 380° C)

$$F_3 = \frac{2350 \cdot 11{,}63 \cdot 0{,}35}{24} \cdot \ln \frac{530 - 200}{380 - 200} \sim \mathbf{240\ m^2},$$

wenn die **Kesselabgase mit 380°** angenommen werden. Damit wird die **ganze Kesselheizfläche**

$$F = 200 + 240 = \mathbf{440\ m^2}.$$

Empfehlenswert ist es, für jeden Kessel einen Rippenrohrvorwärmer aufzustellen, welcher nach S. 84, Formel (123) eine **Wasseraustrittstemperatur, d. h. Kesselspeisewassertemperatur**

$$t_2 = \frac{0{,}97 \cdot 2350 \cdot 11{,}63 \cdot 0{,}34\,(380 - 200)}{20000} + 30 = \mathbf{112^0}$$

ergibt ($C_p = 0{,}34$ zwischen 350 und 200° C).

Somit wird die **Vorwärmerheizfläche** (Gegenstrom) nach S. 84, Formel (125) mit $k = 10{,}3$ und $t_d = 220$ (nach S. 233, Tafel 37)

$$F_4 = \frac{20000\,(112 - 30)}{10{,}3 \cdot 220} \sim \mathbf{730\ m^2.}$$

Der **Wirkungsgrad des Kessels** [S. 47, Formel (79)]

$$\eta = \frac{(766 - 112) \cdot 20000}{2350 \cdot 7450} \cdot 100 = 74{,}65\,\%$$

wird durch den Vorwärmer erhöht um [S. 85, Formel (128)]

$$\frac{20000 \cdot (112 - 30)}{2350 \cdot 7450} \cdot 100 = 9{,}35\,\%$$

Kessel mit Vorwärmer zus. = **84,00%**

Schornsteinverlust [S. 46, Formel (77)]

$$\frac{200 - 10}{12} \cdot 0{,}695 = 10{,}40\,\%$$

also übrige Verluste = 5,60%

zus. = 16,00%

Der **obere lichte Querschnitt des Schornsteines** für 2 Kessel ist nach S. 105, Formel (139), wenn man $t_0 = 130°$ schätzt,

$$= \frac{2 \cdot 2350 \cdot 14{,}5 \cdot (1 + 0{,}00367 \cdot 130)}{3600 \cdot 4{,}5} = 6{,}15\ \mathrm{m^2}$$

und nach Formel (140) der **obere lichte Durchmesser**

$$d = \sqrt{\frac{4 \cdot 6{,}15}{3{,}14}} = \mathbf{2{,}8\ m.}$$

($G = 14{,}5$ statt 11,63 Nm³, um sicher für alle Betriebsverhältnisse zu rechnen.)

Bei 25 mm WS Zugbedarf und 3 mm WS Zuschlag für die Verluste im Schornstein errechnet sich die **Schornsteinhöhe** nach Formel (142) S. 106 (über der Rostfläche) zu

$$h_s = \frac{28}{1{,}29 \cdot \left(\frac{1}{1 + 0{,}00367 \cdot 27} - \frac{1}{1 + 0{,}00367 \cdot 155}\right)} = 79\ \mathrm{m},\ \sim \mathbf{80\ m.}$$

sofern $t_l = 27°$ C und $t_m = 155°$ C eingesetzt werden.

Ergebnis: Es sind aufzustellen:

3 Wasserrohrkessel	je 440 m²	einschl. Reserve
3 Überhitzer	,, 245 ,,	
3 Wanderroste	,, 21,5 ,,	
3 Vorwärmer	,, 730 ,,	
1 Schornstein	80 m hoch (über dem Rost), 2,80 m oberer lichter Durchm.	
Wirkungsgrad	84 %	
Verdampfungsziffer	8,5	
Kesselleistung	45,5 kg/m² normal.	

Bem.: Die Rechnungsergebnisse decken sich gut mit den praktisch ausgeführten Größenverhältnissen für eine derartige Kesselanlage. Das nachstehende Schaubild läßt den Wärmeaustausch der als Beispiel herangezogenen Anlage erkennen.

Soll die Anlage statt eines gemauerten Schornsteins **Saugzuganlagen** erhalten, so errechnet sich nach Seite 110, Formel (144) der Kraftbedarf jedes Kessels zu

$$N = \frac{2350 \cdot 14{,}5\,(1 + 0{,}00367 \cdot 200) \cdot (25 + 5)}{3600 \cdot 75 \cdot 0{,}35} = 18{,}70 \text{ PS}.$$

Der Motor wird etwa 20 % stärker gewählt.

Ferner kann die Frage auftreten, die Roste mit **Unterwind** zu betreiben, damit man auch die Möglichkeit hat, minderwertige, schlackenreiche Brennstoffe zu verfeuern.

Nimmt man an, daß Koksgrus, Waschberge, Förderkohle u. dgl. im Gemisch mit etwa 5800 kcal zu verfeuern sind, so kann die Berechnung bei unbekannter Analyse wie folgt geschehen:

Nach Formel (26), S. 24, würde die theoretische Luftmenge für die Nußkohle vorstehenden Beispieles 8,01 m³ betragen.

Für das in seiner Zusammensetzung nicht bekannte minderwertige Brennmaterial sei angenommen, daß

$$L_1 = \frac{8{,}01 \cdot 5800}{7400} = 6{,}27 \text{ Nm}^3,$$

man erhält dann die wirkliche Luftmenge bei 1,7fachem Luftüberschuß zu

$$L = 6{,}27 \cdot 1{,}7 = \mathbf{10{,}7\ Nm^3}.$$

Der Brennstoffverbrauch beträgt stündlich bei einem Wirkungsgrad von 74 % einschließlich Vorwärmer

$$B = \frac{(766 - 30) \cdot 16000}{5800 \cdot 0{,}74} = 2750 \text{ kg},$$

wenn die Kesselleistung 16000 kg Dampf je Stunde beträgt, eine höhere Dauerleistung wird unter den vorliegenden Verhältnissen nicht zu erzielen sein (bei gleicher Rostgröße).

Auf dieser Grundlage ergibt sich die stündliche **Luftmenge** bei 10 % Zuschlag für Luftverluste zu

$$Q = 2750 \cdot 10{,}7 \cdot 1{,}1 \sim \mathbf{32300\ Nm^3}$$

und der **Ventilatorkraftbedarf** bei 40 mm WS Druck unter dem Rost, 5 mm Verlust im Windkanal und 20° C Lufttemperatur.

$$N = \frac{(1 + 0{,}00367 \cdot 20)\,32300 \cdot (40 + 5)}{3600 \cdot 75 \cdot 0{,}35} = \mathbf{16{,}6\ PS.}$$

Der Motor wird 20 % größer gewählt.

Der Dampfpreis dieser Anlage berechnet sich wie folgt:

1. **Anschaffungskosten** 1937 einschl. Verpackung, Fracht und Montage.

3 Kessel je 440 m², 15 atü mit Dampfüberhitzern für 380° C	M	255000
3 Unterwindwanderroste mit Gebläsen . .	,,	117000
3 Vorwärmer je 730 m²	,,	60000
3 Sätze Regulier- und Meßapparate . . .	,,	12000
Übertrag	M	444000

Übertrag	M	444000
3 Einmauerungen und Fundamente . . .	,,	75000
1 Schornstein mit Anschlußkanälen . . .	,,	41000
1 Aschenspülanlage	,,	15000
1 Kesselhaus mit Kohlenbunker	,,	85000
1 Bekohlungsanlage	,,	25000
Rohrleitungen, Speisepumpen, Wasserreiniger u. dgl.	,,	40000
Antriebsmotoren mit Zubehör	,,	12000
zusammen	M	**737000**

2. **Jährliche Auslagen.**[1])

Abschreibung und Verzinsung 15 % von M 737000	M	110000
Löhne bei 24-Stundenbetrieb in 3 Schichten mit je 2 Heizern und 1 Tagelöhner, 300 Arbeitstagen = 7200 h/Jahr und M 2,75 Löhne/h = 2,75 · 7200	,,	19800
Instandhaltung, d. h. Kesselreinigung, Reparaturen, Chemikalien für Wasserreiniger u. dgl.	,,	15000
Kraftverbrauch für Wanderroste, Gebläse, Vorwärmer, Bekohlung, Entaschung = 375000 kWh · 0,04 . . . . (1 kWh angenommen = M 0,04)	,,	15000
Kohlenkosten bei M 15,40/t frei Werk (7450 kcal), wenn dauernd 2 Kessel in Betrieb sind = 2 · 2,350 · 7200 · 15,4 . .	,,	520000
zusammen	M	**679800**

3. **Jährliche Dampfmenge** = 7200 · 40 = **288000 Tonnen.**

4. **Dampfpreis** = $\frac{679800}{288000}$ = **2,35 M/t.**

Beispiel 56:

Für einen **45 t-Martinofen** soll eine **Abhitzekesselanlage** beschafft werden, welche Dampf von 12 atü Überdruck und 350° C liefert. Der Ofen wird mit Generatorgas befeuert und liefert stündlich 22000 Nm³ Rauchgase, welche mit einer mittleren Temperatur von 550° C in die Abhitzeanlage eintreten.

Vorhanden ist ein Schornstein von 60 m Höhe und 2 m oberer lichten Weite.

Das Speisewasser hat 40° C.

Anordnung: Bei der verhältnismäßig niedrigen Gastemperatur und hohen Dampftemperatur wird es nötig sein, die Gase zuerst dem Überhitzer zuzuführen. Ferner wird es zweckmäßig sein, hinter dem Kessel einen Speisewasservorwärmer anzubauen, denn bei dem hohen Dampfdruck, der einer Kesseltemperatur von etwa 190° C entspricht, wird die Kessel-Abgastemperatur nicht unter 250° C getrieben werden können, sofern nicht eine unverhältnismäßig große Kesselheizfläche angelegt werden soll, welche teuerer zu stehen kommt als Vorwärmerheizfläche.

[1]) s. auch „Hütte" Band I, 27. Auflage, Seite 80.

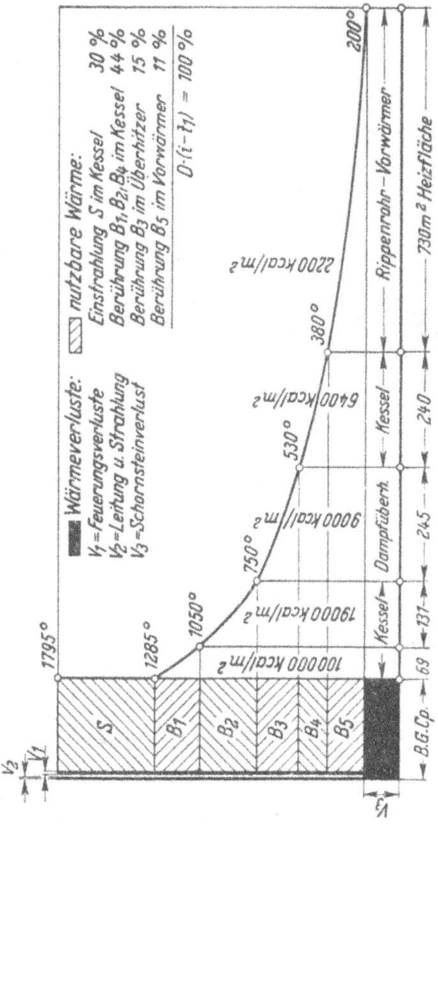
Wärmeverluste:
V1 = Feuerungsverluste
V2 = Leitung u. Strahlung
V3 = Schornsteinverlust
nutzbare Wärme:
Einstrahlung S im Kessel 30 %
Berührung B1, B2, B4 im Kessel 44 %
Berührung B3 im Überhitzer 15 %
Berührung B5 im Vorwärmer 11 %
D·(i−t1) = 100 %
1795°
1285°
1050°
750°
530°
380°
200°
100000 kcal/m²
19000 kcal/m²
9000 kcal/m²
6400 kcal/m²
2200 kcal/m²
S
B1
B2
B3
B4
B5
V1
V2
V3
Kessel
Dampfüberh.
Kessel
Rippenrohr-Vorwärmer
B.G.Cp.
69
131
245
240
730 m² Heizfläche

Bild 32.

Der Schornstein reicht jetzt für den Betrieb des Ofens aus, nach Einbau der Abhitzeanlage wird er jedoch die nötige Zugstärke nicht mehr schaffen können, es muß daher ein Saugzugventilator aufgestellt werden, welcher die Gase absaugt und in den Schornstein ausbläst.

Berechnung: Es sei zunächst angenommen, daß 5 % der zugeführten Wärmemenge durch Leitung und Ausstrahlung verlorengehen.

Das Speisewasser soll im Vorwärmer auf 140° erwärmt werden, von einer höheren Erwärmung soll abgesehen werden, damit Dampfbildung im Vorwärmer auch bei Drucksenkungen vermieden wird.

Die mittlere spezifische Wärme der Ofenabgase betrage bei 550° C 0,345 und bei 250° C 0,33, bei 200° C 0,3275.

Für 12 atü und 350° C ist $i_2 \sim 752$ kcal/kg.

Die **Dampfmenge** berechnet sich nach S. 74 zu

$$D = \frac{22000 \cdot 0{,}358\,(550 - 250) \cdot 0{,}95}{752 - 40} = \mathbf{3150}\ \text{kg/h ohne Vorwärmer}$$

und zu

$$D = \frac{22000 \cdot 0{,}358\,(550 - 250) \cdot 0{,}95}{752 - 140} = \mathbf{3660}\ \text{kg/h mit Vorwärmer.}$$

Für die **Überhitzung** des Dampfes sind aufzuwenden bei 4 % Wassergehalt des Sattdampfes nach S. 77, Formel (115)

$Q = 3150\,(752 - 665{,}4) + 126 \cdot 471{,}8 = 333500$ kcal (ohne Vorwärmer)

oder

$Q = 3660\,(752 - 665{,}4) + 146 \cdot 471{,}8 = 387000$ kcal (mit Vorwärmer).

Die **Überhitzerabgastemperatur** wird somit nach S. 78, Formel (119), betragen bei $C_p = 0{,}38$ zwischen 550 und 500° C

$$t_e = 550 - \frac{333500}{22000 \cdot 0{,}38 \cdot 0{,}95} = 508^\circ\ \text{C}$$

oder

$$t_e = 550 - \frac{387000}{22000 \cdot 0{,}38 \cdot 0{,}95} = 501^\circ\ \text{C.}$$

Nach Formel (117), S. 77, erhält man mit k berechnet $= 18$ die **Überhitzerheizfläche** (Gegenstrom, $t_d = 255$, S. 233 Tafel 37)

$$F = \frac{333500}{18 \cdot 255} \sim \mathbf{73\ m^2}\ \text{(ohne Vorwärmer)}$$

oder

$$F = \frac{387000}{18 \cdot 255} \sim \mathbf{85\ m^2}\ \text{(mit Vorwärmer).}$$

Für die Kesselheizfläche bei 15 m/s Gasgeschwindigkeit nach der bekannten Rechnung $k = 33$.

Die **Kesselheizfläche** errechnet sich nach der Formel (111), S. 72, zu

$$F = \frac{22000 \cdot 0{,}355}{33} \cdot \ln \frac{508 - 190}{250 - 190} = \mathbf{395\ m^2}\ \text{(ohne Vorwärmer)}$$

(mit $C_p = 0{,}355$ zwischen 500 und 250° C)

oder

$$F = \frac{22000 \cdot 0{,}355}{33} \cdot \ln \frac{501 - 190}{250 - 190} = \mathbf{388\ m^2} \text{ (mit Vorwärmer).}$$

Es werden somit je m² Kesselheizfläche stündlich **8,0** bzw. **9,4 kg Heißdampf** erzeugt.

Nach S. 84 erhält man mit Formel (124) die **Vorwärmerabgastemperatur** bei $C_p = 0{,}34$ zwischen 250 und 200° C

$$t_e = 250 - \frac{3660\,(140 - 40)}{22000 \cdot 0{,}34 \cdot 0{,}95} \sim \mathbf{198^0}\ \text{C},$$

und damit ergibt sich die **Vorwärmerheizfläche** (Gegenstrom) nach Formel (125), S. 84, mit $k = 18{,}8$ (Rippenrohre), $v = 12$ m/s, $t_d = 133$

$$F = \frac{3660\,(140 - 40)}{18{,}8 \cdot 133} \sim \mathbf{146\ m^2}.$$

Die **natürliche Zugstärke** des Schornsteins beträgt nach S. 106, Formel (142)

$$Z = 60 \cdot 1{,}293 \left(\frac{1}{1 + 0{,}00367 \cdot 27} - \frac{1}{1 + 0{,}00367 \cdot 220}\right) \sim 28 \text{ mm WS}$$

(ohne Vorwärmer)

oder

$$Z = 60 \cdot 1{,}293 \left(\frac{1}{1 + 0{,}00367 \cdot 27} - \frac{1}{1 + 0{,}00367 \cdot 170}\right) \sim 23 \text{ mm WS}$$

(mit Vorwärmer).

Hierbei ist angenommen, daß die Gastemperatur im Fuchs bis zum Schornsteinfuß eine Abkühlung von 10° und im Schornstein selbst von etwa 40° C erfährt.

Die wirkliche natürliche Zugstärke wird nach S. 107 etwa 25 bzw. 20 mm WS betragen. Die Zugstärke, im Saugstutzen des Ventilators gemessen, soll, entsprechend der hohen Gasgeschwindigkeit, mit $h_x = 75$ mm ohne Vorwärmer und $h_x = 90$ mm WS mit Vorwärmer angenommen werden. Von diesen Zugstärken kommen die durch den Schornstein erzeugten natürlichen Zugstärken in Abzug und man erhält dann nach S. 110, Formel (147) den **Kraftbedarf** des Ventilators zu

$$N = \frac{22000 \cdot (1 + 0{,}00367 \cdot 250) \cdot (75 - 25)}{3600 \cdot 75 \cdot 0{,}35} \sim \mathbf{23\ PS}$$

(ohne Vorwärmer)

oder

$$N = \frac{22000\,(1 + 0{,}00367 \cdot 198) \cdot (90 - 20)}{3600 \cdot 75 \cdot 0{,}35} \sim \mathbf{28\ PS}$$

(mit Vorwärmer).

Der Motor ist mit ca. 28 bzw. 34 PS zu beschaffen.

Bemerkung: Das vorstehend durchgerechnete Beispiel stimmt mit den Versuchsergebnissen einer derartigen Abhitzekesselanlage gut überein.

Beispiel 57[1]**:**

Ein Schrägrohrkessel von 912 m² und 52 atü, 425° C Heißdampftemperatur soll auf Grund eines ausführlichen

[1]) Mit den Dampftabellen von 1932.

Verdampfungsversuches nachgerechnet werden und es ist das Wärmeflußdiagramm zu entwerfen[1]).

Berechnung: Die Grundlage bildet der am 5. 11. 1930 vorgenommene Verdampfungsversuch, welcher das einwandfreie Endergebnis zeigte, daß stündlich 69733 kg Dampf von 51,2 atü und 426,3° C erzeugt und 24633 kg Kohlen mit 85,4 % Wirkungsgrad verfeuert wurden.

Heizwert, Kohlenanalyse, Abgastemperatur (am Luvoende), CO_2-Gehalt und Feuerraumtemperatur sollen als genau ermittelt gelten, während die nicht genau feststellbaren Gas-Zwischentemperaturen der Rechnung gemäß korrigiert werden müssen; diese Korrekturen sind zulässig, sie ändern nichts am Gesamtergebnis.

Rechnet man diese Zwischentemperaturen in bekannter Weise nach, so erhält man neben den Versuchswerten die dem Wärmeflußdiagramm zugrunde zu legenden Werte.

	Versuchswerte	Diagrammwerte
Wassermenge	69733	69733 kg/h
Kohlenmenge	24633	24633 kg/h
Heizwert	2156	2156 kcal/kg
Wassertemp. vor Vorwärmer	125,5	125,5 °C
Dampfdruck	51,2	51,2 atü
Dampftemp.	426,3	426,3 °C
Abgastemp. hinter Lufterhitzer	192,6	193 °C
CO_2 hinter Lufterhitzer . . .	13,9	14,0 %
,, ,, Vorwärmer . . .	14,43	14,4 ,,
,, vor ,, . . .	14,5	14 5 ,,
CO_2 im Lufterhitzer	—	14,2 %
,, ,, Vorwärmer	—	14,3 ,,
,, ,, II. Kesselzug	—	14,5 ,,
,, ,, Überhitzer	—	14,8 ,,
,, ,, I. Kesselzug	—	15,0 ,,
,, ,, Feuerraum	—	15,5 ,,
Lufttemp. vor Lufterhitzer .	22	22° C
Lufttemp. hinter ,, .	157	157° ,,
Wassertemp. hinter Vorwärmer	247,4	247,4° C
Gastemp. Feuerraum	1245	1245° C
,, vor Überhitzer . .	706	korr. = 795 ,,
,, hinter Überhitzer .	535	,, = 585 ,,
,, vor Vorwärmer . .	451	,, = 497 ,,
,, hinter Vorwärmer .	275	,, = 280 ,,
,, ,, Lufterhitzer .	193	193 ,,

Kohlenanalyse: C 26,84; H_2 2,29; $O_2 + N_2$ 10,73 (davon N_2 = 1,0 angenommen), S 0,44; Asche 3,11 u. Wasser 56,59.

[1]) S. auch „Mitteilungen" Nr. 40 der Vereinigung der Großkesselbesitzer, Berlin: Beschreibung von Betriebserfahrungen der 52 atü-Anlage der Eintracht AG., Welzow N. L., von Direktor O. Hessler.

Der **Wirkungsgrad** ist

$$\eta = \frac{(777{,}8 - 125{,}5) \cdot 69\,733}{24\,633 \cdot 2156} = \mathbf{85{,}4\,\%}.$$

Aus der Kohlenanalyse erhält man

den **theoretischen Luftbedarf** $L_1 = \mathbf{2{,}718}$ Nm³
die **theoretische Gasmenge** $G_t = \mathbf{3{,}627}$,,
den **maximalen CO_2-Gehalt** $k = \mathbf{18{,}8\,\%}$.

Der **Luftüberschuß** im Feuerraum ist somit $ü = 18{,}8 : 15{,}5 = 1{,}21 = \mathbf{21\,\%}$ und die **wirkliche Gasmenge** also $G = 3{,}627 + 0{,}21 \cdot 2{,}718 = \mathbf{4{,}197}$ **Nm³**. Die Gasmenge steigt entsprechend der Abnahme des CO_2-Gehaltes und die spez. Wärme sinkt mit der Gastemp., und man erhält:

	Gasmenge G	**spez. Wärme C_p**
im Feuerraum	4,197 Nm³	0,393
,, I. Kesselzug	4,307 ,,	0,384
,, Überhitzer	4,360 ,,	0,376
,, II. Kesselzug	4,427 ,,	0,370
,, Vorwärmer	4,482 ,,	0,363
,, Lufterhitzer.	4,510 ,,	0,357
am ,, -Ende . .	4,550 ,,	0,350

Die **wirkliche Verbrennungsluftmenge** ist $L = 1{,}21 \cdot 2{,}718 = 3{,}29$ Nm³ und die spez. Wärme der Luft kann bei 157° C $= 0{,}315$ angesetzt werden.

Der **Abgasverlust** berechnet sich nunmehr zu

$$A = (193 - 22) \cdot 0{,}35 \cdot 4{,}55 \cdot 24\,633 \cdot 0{,}99 = \mathbf{6\,630\,000}\ \text{kcal} = \mathbf{12{,}4\,\%}$$

wobei der Verlust durch **Unverbranntes** $= \mathbf{1\,\%}$ (daher 0,99) eingesetzt ist und die Verluste durch **Leitung** und **Strahlung** somit **1,2 %** betragen. ($24\,633 \cdot 0{,}99 = 24\,388$ = Nettokohlenmenge).

Die **verbrauchte Gesamtwärme** ist $K = 24\,633 \cdot 2156 \sim$ **53 200 000** kcal. Die mit der **Heißluft** zurückgeführte **Wärmemenge** beträgt

$$B_t = (280 - 193) \cdot 4{,}51 \cdot 24\,388 \cdot 0{,}357 \cdot 0{,}988 \sim \mathbf{3\,380\,000}\ \text{kcal}$$
$$(\text{oder} = (157 - 22) \cdot 3{,}29 \cdot 24\,388 \cdot 0{,}315 \sim 3\,380\,000\ \text{kcal}).$$

Der **Verlust** durch **Unverbranntes** ist $U = 53\,200\,000 \cdot 0{,}01 \sim$ **530 000** kcal. Die der Heizfläche **angebotene Gesamtwärme** ist somit $G = 53\,200\,000 + 3\,380\,000 - 530\,000 =$ **56 050 000** kcal.

Theoretische Feuerraumtemp. ist

$$t_v = \frac{2156 + 0{,}315 \cdot 3{,}29\,(157 - 22)}{4{,}197 \cdot 0{,}393} + 22 = \mathbf{1420^\circ}\ \text{C}$$

(unter Vernachlässigung des geringen Temperatur-Verlustes der gut isolierten Luftleitung).

Mit $\eta = 85{,}4\,\%$ erhält man die **aufgenommene Wärmemenge**

$$D = 53\,200\,000 \cdot 0{,}854 \sim \mathbf{45\,400\,000}\ \text{kcal}.$$
$$(\text{oder} = 69\,733\,(777{,}8 - 125{,}5) \sim 45\,4000\,000\ \text{kcal}).$$

Von der Gasseite her ergibt die Gegenprobe

$D = (1420 \cdot 0{,}393 \cdot 24\,388 \cdot 4{,}197 - 280 \cdot 0{,}358 \cdot 24\,388 \cdot 4{,}49) \cdot 0{,}988 \sim 45\,400\,000$ kcal.

Gemessen wurde die Feuerraumtemp. mit 1245° C, also beträgt die **Wärmeeinstrahlung**

$S = (1420 - 1245) \cdot 0{,}39 \cdot 24\,388 \cdot 4{,}197 \cdot 0{,}988 \sim$ **7 100 000** kcal.

Die **erste Kesselheizfläche** nimmt an **Berührungswärme** auf

$B_1 = (1245 - 795) \cdot 0{,}384 \cdot 24\,388 \cdot 4{,}307 \cdot 0{,}988 \sim$ **18 000 000** kcal.

Der **Dampfüberhitzer** nimmt bei geschätzt 1,6 % Dampfnässe auf

$B_2 = 69\,733\,(777{,}8 - 665{,}2) + 387 \cdot 0{,}016 \cdot 69\,733 \sim$ **8 290 000** kcal

oder von der Gasseite nachgeprüft

$B_2 = (795 - 585) \cdot 0{,}376 \cdot 24\,388 \cdot 4{,}36 \cdot 0{,}988 \sim 8\,290\,000$ kcal.

Die **zweite Kesselheizfläche** nimmt auf

$B_3 = (585 - 497) \cdot 0{,}37 \cdot 24\,388 \cdot 4{,}427 \cdot 0{,}988 \sim$ **3 480 000** kcal.

Die **ganze Kesselheizfläche** hat aufgenommen

$S + B_1 + B_2 =$ **28 580 000** kcal und geprüft von der Dampfseite $= 69733\,(665{,}3 - 247{,}4) - 387 \cdot 0{,}016 \cdot 69733 \sim$ 28 700 000 kcal, die Übereinstimmung ist also fast genau (Fehler 0,6 %).

Die **Vorwärmerheizfläche** hat folgenden Anteil

$$B_4 = 69733\,(247{,}4 - 125{,}5) \sim \mathbf{8\,530\,000}\ \text{kcal}$$

und die Gegenprobe von der Gasseite

$B_4 = (497 - 280) \cdot 0{,}363 \cdot 24\,388 \cdot 4{,}482 \cdot 0{,}988 \sim 8\,530\,000$ kcal.

Der Kessel hat 912 m², wovon 542 m² vor und 370 m² hinter dem Überhitzer liegen; der Überhitzer hat 457 m², der Vorwärmer 2000 m² (Rippenrohre) und der Lufterhitzer 700 m² (Regenerativ-Lufterhitzer). Die **Wärmedurchgangszahlen** k ergeben sich aus vorstehenden Werten und sind wie diese in nachstehender Tabelle aufgeführt.

Kennzeichen	Benennung	kcal/h	in % von K	k
K	Kohlenwärme.	**53 200 000**	**100,00**	—
U	Verlust Unverbranntes	530 000	1,0	—
L	Verlust Leitung und Strahlung	640 000	1,20	—
A	Abgasverlust	6 630 000	12,40	—
$G = (K - U + B_5)$	angebot. Gesamtwärme	56 050 000	(105,35)	—
S	eingestrahlte Wärme .	7 100 000	13,3	—
B_1	erste Kesselheizfläche.	18 000 000	33,8	44
B_2	Überhitzer	8 290 000	15,6	52
B_3	zweite Kesselheizfläche	3 480 000	6,6	33
B_4	Vorwärmer	8 530 000	16,1	21
B_5	Lufterhitzer	(3 380 000)	(6,35)	—
D $(S + B_1 + B_2 + B_3 + B_4)$	Heißdampfwärme . . .	**45 400 000**	**85,4**	—

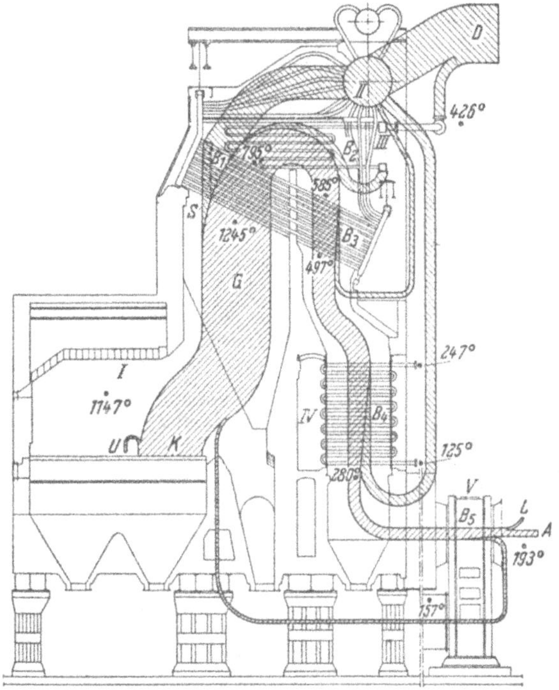

I Muldenrostfeuerung
II Schrägrohrkessel
III Dampfüberhitzer
IV Rippenrohr-Vorwärmer
V Lufterhitzer

Bild 33

Rechnet man die Wärmedurchgangszahl k nach Seite 67 u. f. so erhält man für die erste Kesselheizfläche 62, für den Überhitzer 50, für die 2. Kesselheizfläche 42 und für den Vorwärmer 16 · (bei $v = 8$, $9^1/_2$, 8 und 12 m/s)

Beim Kessel stimmen also die Werte schlecht überein, was damit zu erklären ist, daß die Rohrreihen nur schwach gegeneinander versetzt sind und gerechnet wurde mit ganz versetzten Reihen. Beim Eko spielt der Funkenflug und die große Anzahl der Rohrreihen übereinander eine Rolle.

Beispiel 58 [1]**:**

Durchlaufkessel für stündlich 40000 kg Dampf von 100 atü und 480° C aus Speisewasser von 150° C bei Verfeuerung von Steinkohlenstaub mit H_u = 7000 kcal und 160° C Abgastemperatur (bei 0° C Lufttemperatur), wobei der CO_2-Gehalt der Abgase mindestens noch 12,5 % betragen soll. Die Verbrennungsluft ist von 0° auf 230° C zu erwärmen. Feuerraumtemperatur nicht höher als 1380° C mit Rücksicht auf den Schlackenschmelzpunkt der Kohle.

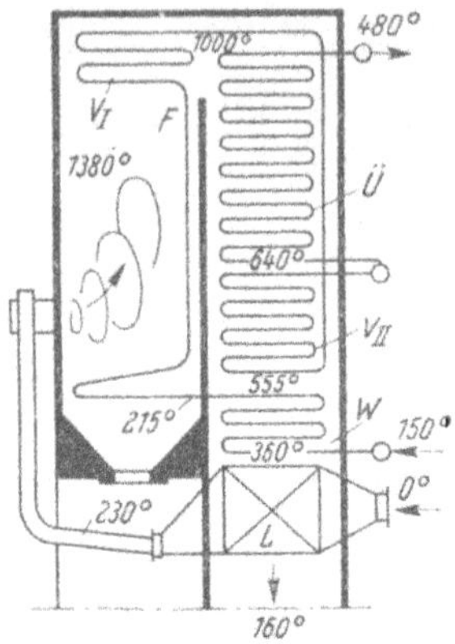

Bild 34

Die **Anordnung** wird gemäß nebenstehendem Schema gewählt, wobei über dem Lufterhitzer *L* der Wasservorwärmer *W* liegt; dieser mündet in die direkt bestrahlte Feuerraum-Heizfläche *F* aus, welche noch den letzten Teil der Wasservorwärmung und einen Teil der Verdampfung übernimmt. Über dieser Heizfläche liegt der erste Teil der Verdampferheizfläche V_I, dann folgt der Überhitzer *Ü* und über dem Vorwärmer der 2. Teil der Verdampferheizfläche V_{II}.

Die **Berechnung** erfolgt unter Verwendung des *Jt*-Diagrammes für Rauchgase.

Nach den Dampftabellen ist

der Wärmeinhalt von 1 kg Heißdampf ~ 799 kcal, und
der Wärmeinhalt von 1 kg Sattdampf ~ 651 kcal

Wärmeaufwand für Überhitzung somit 148 kcal.

Ferner ist die Verdampfungswärme	r =	316 kcal/kg.
und die Flüssigkeitswärme	q =	335 ,,
hiervon ab die Speisewasserwärme	~	150 ,,

bis zur Verdampfung sind also aufzubringen 185 kcal/kg.

Wärmeaufwand

für Vorwärmung	= 185 · 40000	=	7400000 kcal,
für Verdampfung	= 316 · 40000	=	12640000 ,,
für Überhitzung	= 148 · 40000	=	5920000 ,,

Wärmeaufwand insges. =(799—150)·40000= **25960000** kcal.

Der Schornsteinverlust ist nach der Siegertschen Formel S. 46

$$= \frac{180 - 20}{12,5} \cdot 0,698 \sim 9\%.$$

[1] mit den Dampftabellen von 1932.

Der Verlust durch Leitung und Strahlung kann zu 1,5 % und der Verlust durch Unverbranntes zu 4 % angenommen werden und damit ergibt sich

der **Wirkungsgrad** = 100 — 9 — 1,5 — 4 = **85,5 %**.

Der Brutto-**Kohlenverbrauch** beträgt

$$\frac{25960000}{7000 \cdot 0,855} = \mathbf{4330}\ \text{kg/h},$$

der Nettoverbrauch, d. h. ohne Unverbranntes, der für die Rechnung maßgebend ist, nur 4330 · 0,96 = 4157 kg/h. Nimmt man den max. CO_2-Gehalt nach Tabelle S. 16 zu 18,6 % an und den Luftüberschuß $ü$ = 1,35 (35 %), so ist der CO_2-Gehalt im Feuerraum = 18,6 : 1,35 = 13,75 %.

Die theoretische Rauchgasmenge je kg Kohle ist nach S. 29

$$G_t = \frac{0,89 \cdot 7000}{1000} + 1,65 = 7,88\ \text{Nm}^3$$

und die theoretische Luftmenge je kg Kohle ist nach S. 29

$$L_t = \frac{1,01 \cdot 7000}{1000} + 0,5 = 7,57\ \text{Nm}^3.$$

Die **wirkliche Gasmenge** ist somit

$$G = 7,88 + 0,35 \cdot 7,57 = \mathbf{10,53\ Nm^3}$$

und die **wirkliche Luftmenge**

$$L = 7,57 \cdot 1,35 = \mathbf{10,22\ Nm^3}.$$

Den Luftgehalt der Rauchgase erhält man damit zu

$$v_l = \frac{10,22 - 7,57}{10,53} \cdot 100 \sim 25\%.$$

Bem.: Will man die Abnahme des CO_2-Gehaltes berücksichtigen, so sind G, L und v_l veränderlich in Rechnung zu setzen; in vorliegendem Falle wird darauf verzichtet.

Bei H_u = 7000 kcal/kg erhält man aus dem Jt-Diagramm J = 7000:10,53 = 665 kcal/Nm³ plus Luftwärme bei 230° C = 67 kcal, zusammen also 665 + 67 = **732** kcal/Nm³.

Die Abgastemperatur von 160° C ergibt einen Wärmeinhalt von 51 kcal, über dem Lufterhitzer muß also der Wärmeinhalt der Rauchgase = 51 + 67 = **118** kcal/Nm³ sein, entsprechend einer Gastemperatur von **360°** C.

Die Rauchgase geben somit für die Dampferzeugung ab unter Berücksichtigung der 1,5 % Leitungs- und Strahlungsverluste (0,985)

0,985 · 4157 · 10,53 (732 — 118) = 26500000 kcal, d. h. gut übereinstimmend mit dem Wert 25960000 kcal (Fehler 2 %).

Die vorgeschriebene Feuerraumtemperatur von **1380°** C ergibt einen Wärmeinhalt von **510** kcal/Nm³ und die eingestrahlte Wärmemenge beträgt somit 732 — 510 = **222** kcal/Nm³.

Bei **1000°** C Gastemperatur vor dem Überhitzer ist der Wärmeinhalt = **355** kcal/Nm³ und die Verdampferheizfläche V_I nimmt also 510 — 355 = **155** kcal/Nm³ auf.

Für die Wasservorwärmung werden benötigt

$$\frac{7400000}{0,985 \cdot 4157 \cdot 10,53} = \mathbf{171}\ \text{kcal/Nm}^3$$

und nimmt man an, daß davon von der Heizfläche W **71** kcal aufgenommen werden sollen, so ist der Wärmeinhalt über der Heizfläche $W = 118 + 71 =$ **189** kcal und damit die Gastemperatur an dieser Stelle **555°** C.

Die Gastemperatur hinter dem Überhitzer ermittelt sich aus dem Wärmeinhalt

$$355 - \frac{5920000}{0{,}985 \cdot 4157 \cdot 10{,}53} = \mathbf{218}\ \text{kcal/Nm}^3$$

zu **640°** C.

Die Verdampferheizfläche V_{II} nimmt somit $218 - 189 =$ **29** kcal auf und $V_I + V_{II} = 155 + 29 =$ **184** kcal/Nm³.

Für die ganze Verdampfung sind insgesamt aufzunehmen

$$\frac{12640000}{0{,}985 \cdot 4157 \cdot 10{,}53} = \mathbf{292}\ \text{kcal/Nm}^3$$

und den Rest von $292 - 184 = 108$ kcal muß somit die Feuerraumheizfläche F noch aufnehmen. Insgesamt nimmt F wie vorn errechnet 222 kcal/Nm³ auf, wovon 100 kcal auf die Wasservorwärmung entfallen, 108 kcal auf Verdampfung, zusammen 208 kcal und es verbleibt somit ein Rest von $222 - 208 = 14$ kcal, der auf Ungenauigkeit zurückzuführen ist.

Es werden aufgenommen:

von der	Feuerraum-Heizfläche	F	=	222	kcal/Nm³,
,, ,,	Verdampferheizfläche	V_I	=	155	,, ,
,, ,,	Überhitzerheizfläche	$Ü$	=	137	,, ,
,, ,,	Verdampferheizfläche	V_{II}	=	29	,, ,
,, ,,	Vorwärmerheizfläche	W	=	71	,, .
	insges.	732 — 118	=	614	kcal/Nm³.

Kontrolliert ergeben sich

$$\frac{25960000}{0{,}985 \cdot 4157 \cdot 10{,}53} = 600\ \text{kcal/Nm}^3,$$

der Fehler beträgt also 14 kcal = 2 %.

Heizflächenberechnung. Die Wärmedurchgangszahlen k werden in bekannter Weise ermittelt und für vorliegenden Fall für $V_I = 45$; $Ü = 48$; $V_{II} = 38$; $W = 36$ und $L = 15$. Die mittleren Temperaturdifferenzen liegen nach S. 233 wie folgt:

Heizflächen	Gas-temp.	Dampf-, Wasser-, Luft-temp.	t_{gr}	t_{kl}	$\frac{t_{kl}}{t_{gr}}$	$f \cdot \frac{t_{kl}}{t_{gr}}$	t_d
Verdampferheizfläche V_I . . .	1380/1000	310/310	.070	690	0,645	0,81	865
Überhitzer $Ü$ . .	1000/640	480/310	520	330	0,635	0,80	415
Verdampferheizfläche V_{II} . . .	640/555	310/310	330	245	0,743	0,865	285
Vorwärmer W .	555/360	*215/150	340	210	0,620	0,795	270
Lufterhitzer L .	360/160	230/0	160	130	0,813	0,90	145

$$\left(* \ \frac{(310 - 150) \cdot 71}{171} \sim 65 \text{ u. } 65 + 150 = 215° \text{ Wassertemp.}\right)$$

Feuerraumheizfläche
(S. 41, (S = 294300)

$$F = 3{,}14 \cdot \frac{222 \cdot 10{,}53 \cdot 4157 \cdot 0{,}985}{294300} \sim \mathbf{105}\ \text{m}^2$$

Verdampferheizfläche

$$V_I = \frac{155 \cdot 10{,}53 \cdot 4157 \cdot 0{,}985}{865 \cdot 45} \sim \mathbf{165}\ ,,$$

Überhitzerheizfläche

$$Ü = \frac{137 \cdot 10{,}53 \cdot 4157 \cdot 0{,}985}{415 \cdot 48} \sim \mathbf{295}\ ,,$$

Verdampferheizfläche

$$V_{II} = \frac{29 \cdot 10{,}53 \cdot 4157 \cdot 0{,}985}{285 \cdot 38} \sim \mathbf{115}\ ,,$$

Vorwärmerheizfläche

$$W = \frac{71 \cdot 10{,}53 \cdot 4157 \cdot 0{,}985}{270 \cdot 36} \sim \mathbf{315}\ ,,$$

Lufterhitzer-Heizfläche

$$L = \frac{67 \cdot 10{,}53 \cdot 4157 \cdot 0{,}985}{145 \cdot 15} \sim \mathbf{1350}\ ,,$$

zusammen ~ **2345** m².

Leistung je m² Gesamtheizfläche = 25960000:2345 ~ 11000 kcal (vgl. auch S. 92 und 93).

Beispiel 59[1]**:**

Aufgabe: Für ein Industriekraftwerk soll eine **100-atü-Kesselanlage von normal 90 und max. dauernd 120 t Dampfleistung** in der Stunde gebaut werden.

In einem Nachbarwerk derselben Gesellschaft sind seit einigen Jahren 2 Kessel von 42 atü mit Leistungen von je 45/60 t in zufriedenstellendem Betrieb; die Erfahrung hat gezeigt, daß jedoch nötigenfalls jeder der beiden Kessel dauernd auch mit 80 t belastet werden kann.

Die Baubreite der 100-atü-Anlage ist durch vorhandene Kohlenbunkerstützen gegeben und sie ist nicht größer als die Baubreite eines der 42-atü-Kessel. Von den 80 t ausgehend handelt es sich also bei 120 t um eine Steigerung der Breitenleistung von 50 %!

Für diese schwierige Aufgabe sollen daher die Erfahrungen mit der 42-atü-Anlage weitgehendst zugrunde gelegt werden, zumal bekanntlich die rein theoretischen Berechnungen auf noch recht unsicheren Grundlagen beruhen.

Von der 42-atü-Anlage liegen die Daten und Ergebnisse dreier Verdampfungsversuche vor; die Kohlenverbrauchszahlen wurden hierbei aus technischen Gründen jedoch nicht praktisch ermittelt.

Das Bild 35 zeigt die 42-atü-Anlage; dem Schrägrohrkessel, der 2 Züge aufweist, ist zunächst ein Stahlrippenrohr- und

[1]) mit den Dampftabellen von 1932.

dann noch ein Gußrippenrohr-Vorwärmer nachgeschaltet. Dieser Vorwärmer wurde gewählt, weil er billiger ist und bei dem vorliegenden Druck im Bereiche der niedrigeren Gas- und Wassertemperaturen noch genügt.

Das Bild 36 zeigt den 100-atü-Kessel, der in der Konstruktion dem 42-atü-Kessel weitmöglichst angeglichen ist. Zwecks Vermeidung zu hoher Gasgeschwindigkeiten und mit Rücksicht auf die Unterbringung der erforderlichen größeren Überhitzerheizfläche sowie der längeren Feuerung ist aber der Kessel als Einzug-Schrägrohrkessel ausgebildet.

Die zur Verfeuerung kommenden Rohbraunkohlen beider Anlagen sind ähnlicher Art und stellen mehr oder weniger den Abfall der Förderung dar. Der bei der 42-atü-Anlage bewährte Flach-Vorschubrost kommt in gleicher Breite, aber in entsprechend größerer Länge auch für die 100-atü-Anlage zur Verwendung.

Berechnungen

Auf Grund einer vorliegenden Kohlenanalyse des Kraftwerkes beträgt bei $H_u = 1685$ kcal und 14 % CO_2 die wirkliche Luftmenge $L = 3{,}045$ Nm³ und die wirkliche Gasmenge $G = 4{,}08$ Nm³.

Nach den 3 vorliegenden Versuchen ist:

		I.	II.	III.	
am Vorwärmer-Ende CO_2	=	13,0	14,9	15,95	%
in der Feuerung (geschätzt) CO_2	=	14,5	15,9	16,80	%
CO_2-Maximum sei	=	20,0	20,0	20,00	%
Luftüberschuß $ü$ somit am Vorwärmer-Ende..............	=	1,535	1,34	1,25	
in der Feuerung	=	1,375	1,26	1,19	

Bei 14 % CO_2, wie oben, ist $ü = 1{,}43$, also die theor. Luftmenge $L_1 = 2{,}13$ Nm³ und damit die theor. Gasmenge $G_3 = 3{,}164$ Nm³.

Diese Werte treffen für $H_u = 1685$ zu und sollen für die anderen Heizwerte wie folgt angenommen werden:

	I.	II.	III.	
Heizwert H_u	1612	1656	1685	kcal
theor. Luftmenge L_1	2,04	2,09	2,13	mm³
theor. Gasmenge G_3	3,164	3,164	3,164	mm³

Damit ergeben sich für die **wirkliche Luft- und Gasmenge** L und G folgende Werte (a am Vorwärmer-Ende und b im Feuerraum):

Heizwert H_u	I. 1612		II. 1656		III. 1685	
	a	b	a	b	a	b
L_1 Nm³ ...	2,04	2,04	2,09	2,09	2,13	2,13
$ü$ Nm³	1,09	0,765	0,710	0,543	0,534	0,405
G_3 Nm³	3,164	3,164	3,164	3,164	3,164	3,164
G Nm³ ...	4,254	3,929	3,874	3,707	3,698	3,569
L Nm³ ...	—	2,81	—	2,64	—	2,54

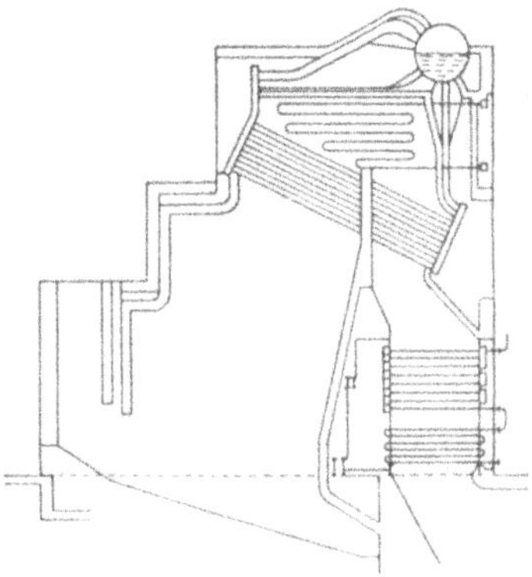

Bild 35.

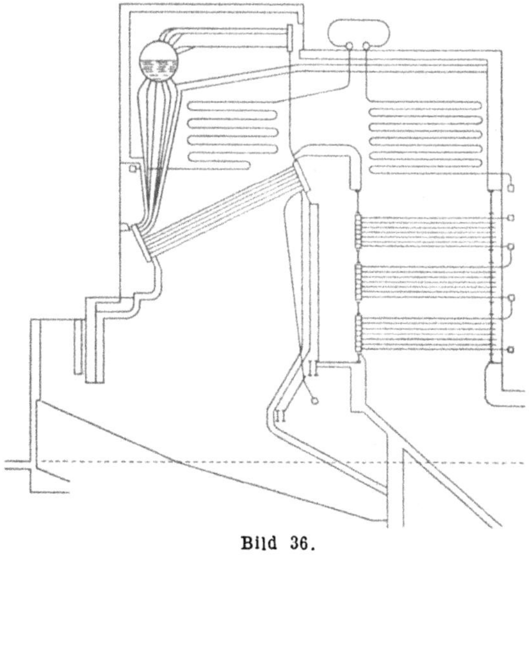

Bild 36.

Die **spez. Wärme** der Gase (zwischen t und 0° C) kann mit genügender Genauigkeit für alle 3 Fälle = 0,393 im Feuerraum und = 0,353 am Vorwärmer-Ende eingesetzt werden.

Die **theoretische Verbrennungstemperatur** beträgt demnach bei 22, 21 und 27° C Lufttemperatur vor dem Rost:

$$\text{I. } \frac{1612}{3{,}929 \cdot 0{,}393} + 22 \quad = \mathbf{1065°}\ \text{C}$$
(bei 0° C = 1043),

$$\text{II. } \frac{1656}{3{,}707 \cdot 0{,}393} + 21 \quad = \mathbf{1155°}\ \text{C}$$
(bei 0° C = 1134),

$$\text{III. } \frac{1685}{3{,}569 \cdot 0{,}393} + 27 \quad = \mathbf{1227°}\ \text{C}$$
(bei 0° C = 1200).

Bei einer **Gesamtdampfwärme** von 789, 791 und 793 kcal/kg und 124, 123 und 132° C **Speisewasser-Eintrittstemperatur** ergibt sich die **Wärmeaufnahme der Anlage** für 45890, 53100 und 59500 kg Dampf/Stunde zu:

I. 45890 (789 — 124) ~ 30600000 kcal
II. 53100 (791 — 123) ~ 35500000 ,,
III. 59500 (793 — 132) ~ 39300000 ,,

Die **Schornsteinverluste** betragen bei den gemessenen Abgastemperaturen von 248, 257 und 283° C:

$$\text{I. } \frac{(248 - 22) \cdot 4{,}254 \cdot 0{,}353}{1612} = 21\,\%$$

$$\text{II. } \frac{(257 - 21) \cdot 3{,}874 \cdot 0{,}353}{1656} = 19{,}4\,\%$$

$$\text{III. } \frac{(283 - 27) \cdot 3{,}698 \cdot 0{,}353}{1685} = 19{,}8\,\%.$$

Die **übrigen Verluste** sind wie folgt bei den Versuchen festgestellt worden:

	I.	II.	III.	
durch unverbrannte Gase	1,87	3,10	3,90	%
durch Herdrückstände und Flugkoks	1,86	2,15	1,70	%
durch Leitung und Strahlung....	2,25	2,00	1,75	%
Zusammen:	5,98	7,25	7,35	%
+ Schornstein-Verlust	21,00	19,40	19,80	%
Zusammen:	26,98	26,65	27,15	%
also **Wirkungsgrad**	**73,02**	**73,35**	**72,85**	%
und damit **Kohlenmenge**	**25850**	**29200**	**32100**	kg

z. B. $\left(\text{I.} = \frac{30600000}{1612 \cdot 0{,}7302} \sim 25850\right)$.

Die Kontrollrechnung für diese Ergebnisse ist folgende:

I. (1043 · 3,929 · 0,393 — 226 · 4,254 · 0,353)
·25850·0,9627 — 25850·1612·0,0225 ~ 30600000 kcal.

II. (1134 · 3,707 · 0,393 — 236 · 3,874 · 0,353)
·29200·0,9475 — 29200·1656·0,02 ~ 35500000 kcal.

III. (1200 · 3,569 · 0,393 — 256 · 3,698 · 0,353)
·32100·0,944 — 32100·1685·0,0175 ~ 39300000 kcal.

Der Gasstrom verläuft wie folgt:

	a	b	c	d	e	f
I. Gas-Temp.	1010	775	615	515	310	248 °C
II. Gas-Temp.	1085	805	640	535	325	257 °C
III. Gas-Temp.	1050	850	675	565	357	283 °C

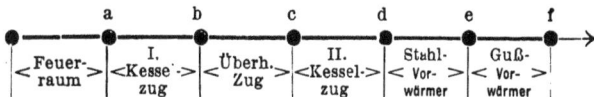

● — a — b — c — d — e — f →

Feuerraum	I. Kesselzug	Überh.-Zug	II. Kesselzug	Stahl-Vorwärmer	Guß-Vorwärmer

(Temperaturen gemäß Messung bzw. nachfolgenden Berechnungen.)

Verteilt man den CO_2-Abfall gleichmäßig von a—f und desgleichen auch der Einfachheit wegen den Abfall der spez. Gaswärme, so erhält man nachstehende Werte:

bei	a	b	c	d	e	f
I. CO_2	14,5	14,2	13,9	13,6	13,3	13,0
spez. Wärme . .	0,393	0,385	0,377	0,369	0,361	0,353
G	3,929	3,944	4,059	4,124	4,189	4,254
II. spez. Wärme . .	0,393	0,385	0,377	0,369	0,361	0,353
G	3,707	3,7404	3,7738	3,8072	3,8406	3,874
III. spez. Wärme . .	0,393	0,385	0,377	0,369	0,361	0,353
G	3,569	3,5948	3,6206	3,6464	3,6722	3,698

Der Gußvorwärmer weist die nachstehenden, gemessenen Temperaturen auf:

	I	II.	III.	
Wassereintritt	124	123	132	°C
Wasseraustritt	179	176	185	,,
Gasaustritt	248	257	283	,,
(bei 0° C Luft	226	236	256	,,).

Die **Eintritts-Gastemperatur vor dem Gußvorwärmer** erhält man damit zu:

I. $(t_e \cdot 0{,}361 \cdot 4{,}189 - 226 \cdot 0{,}353 \cdot 4{,}254) \cdot 25850 \cdot 0{,}9627 = (179 - 124) \cdot 45890$; $t_e = (288)$ bzw. **310**° C.

II. $(t_e \cdot 0{,}361 \cdot 3{,}8406 - 236 \cdot 0{,}353 \cdot 3{,}874) \cdot 29200 \cdot 0{,}9475 = (176 - 123) \cdot 53100$; $t_e = (304)$ bzw. **325**° C.

III. $(t_e \cdot 0{,}361 \cdot 3{,}6722 - 256 \cdot 0{,}353 \cdot 3{,}698) \cdot 32100 \cdot 0{,}944 = (185 - 132) \cdot 59500$; $t_e = (330)$ bzw. **357**° C.

Bis zur Erzielung der gesamten Flüssigkeitswärme im Stahl-Vorwärmer sind noch aufzunehmen

I. $45890 \cdot (263 - 179) = 3850000$ kcal
II. $53100 \cdot (263 - 176) = 4630000$,,
III. $59500 \cdot (263 - 185) = 4650000$,,

Die gemessenen **Gaseintrittstemperaturen vor dem Stahlvorwärmer** betragen 468 | 488 | 514 ° C, sie sind jedoch erfahrungsgemäß infolge der Kühlwirkung der Heizflächen nach oben mit etwa 10 % zu korrigieren, d. h. richtiger mit

515 | **535** | **565°** C
(493 | 514 | 538° C bei 0° C Luft)
in Rechnung zu setzen.

Die Gase haben somit an den Stahlvorwärmer abgegeben:

I. (493 · 0,369 · 4,124 — 288 · 0,361 · 4,189) · 25850 · 0,9627 = 7830000 kcal.
II. (514 · 0,369 · 3,8072 — 304 · 0,361 · 3,8406) · 29200 · 0,9475 = 8150000 kcal.
III. (538 · 0,369 · 3,6464 — 330 · 0,361 · 3,6722) · 32100 · 0,944 = 8670000 kcal.

Es wurden somit bei 404 kcal Verdampfungswärme **im Stahlvorwärmer** erzeugt bei:

I. (7830000 — 3850000) : 404 = **9850** kg Dampf/h
II. (8150000 — 4630000) : 404 = **8700** ,, ,,
III. (8670000 — 4650000) : 404 = **9950** ,, ,,

Bei den gemessenen **Dampftemperaturen** von **439** | **441** | **447** ° C und der angenommenen Dampfnässe von 1,5 % vor dem Überhitzen ist die vom Überhitzer aufgenommene Wärme bei:

I. 45890 (789 — 666) + 690 · 404 = 5930000 kcal
II. 53100 (791 — 666) + 795 · 404 = 6970000 ,,
III. 59500 (793 — 666) + 890 · 404 = 7860000 ,,

Der Kessel hat somit noch aufzunehmen bei:

I. (45890 — 9850 — 690) · 404 = 14300000 kcal
II. (53100 — 8700 — 795) · 404 = 17600000 ,,
III. (59500 — 9950 — 890) · 404 = 19700000 ,,

Durch Einstrahlung werden hiervon übertragen, wenn man die **Feuerraumtemperaturen** mit **1010** | **1085** | **1150°** C annimmt bei:

I. (1065 — 1010) · 0,393 · 3,929 · 25850 · 0,9627 = 2120000 kcal
II. (1155 — 1085) · 0,393 · 3,707 · 29200 · 0,9475 = 2760000 kcal
III. (1227 — 1150) · 0,393 · 3,569 · 32100 · 0,944 = 3280000 kcal.

Die direkt bestrahlte Heizfläche ist in der Projektion (= Rohr-⌀ × Länge) 20,2 m² und man erhält demnach als Gegenprobe mit den der Temperatur entsprechenden Einstrahlungswerten für:

I. 20,2 · 105000 = 2120000 kcal
II. 20,2 · 136500 = 2760000 ,,
III. 20,2 · 161000 = 3248000 ,,

d. h. die angenommenen Feuerraumtemperaturen sind richtig.

Die Wärmeübertragung im Kessel durch Berührung beträgt bei:

I. 14300000 — 2120000 = 12180000 kcal
II. 17600000 — 2760000 = 14940000 ,,
III. 19700000 — 3280000 = 16420000 ,,

Die Kesselheizfläche von 650 m² ist unterteilt mit 390 m² im I. Zug und 260 m² im II. Zug.

Die **Wärmedurchgangszahl** für den **II. Kesselzug** sei auf Grund der Nachrechnung der ähnlichen Anlage von Beispiel 57 mit $k = 33$ angenommen, und zwar unverändert für alle 3 Fälle, da dich die Gasgeschwindigkeiten infolge des zunehmenden CO_2-Gehaltes, wie auch die Gastemperaturen nicht wesentlich erhöhen und daher der dabei begangene Fehler nur gering ist. Weiterhin muß die **Gastemperatur hinter dem Überhitzer** als zweite Annahme geschätzt werden, und zwar wiederum auf Grund des Beispiels 38 zu etwa **615 — 640** u. **675**° C.

Dann ist die übertragene, stündliche Gesamtwärmemenge im II. Kesselzug mit Einsetzung der „mittleren Temperaturdifferenz“:

$$\text{I. } Q = 33 \cdot 260 \cdot 310 = 2650000 \text{ kcal}$$
$$\text{II. } Q = 33 \cdot 260 \cdot 336 = 2900000 \text{ ,,}$$
$$\text{III. } Q = 33 \cdot 260 \cdot 369 = 3170000 \text{ ,,}$$

Für den I. Kesselzug bleiben somit bei

$$\text{I. } 12180000 - 2650000 = 9530000 \text{ kcal}$$
$$\text{II. } 14940000 - 2900000 = 12040000 \text{ ,,}$$
$$\text{III. } 16420000 - 3170000 = 13250000 \text{ ,,}$$

Die **Gastemperatur vor dem Überhitzer** beträgt bei

$$\text{I. } (t_x \cdot 0{,}385 \cdot 3{,}944 - 615 \cdot 0{,}377 \cdot 4{,}059) \cdot 25850 \cdot 0{,}9627 = 5930000 \text{ kcal.} \quad t_x = \mathbf{775}^\circ \text{ C.}$$
$$\text{II. } (t_x \cdot 0{,}385 \cdot 3{,}7407 - 640 \cdot 0{,}377 \cdot 3{,}7738)\ 29200 \cdot 0{,}9475 = 6970000 \text{ kcal.} \quad t_x = \mathbf{805}^\circ \text{ C.}$$
$$\text{III. } (t_x \cdot 0{,}385 \cdot 3{,}5948 - 675 \cdot 0{,}377 \cdot 3{,}6206)\ 32100 \cdot 0{,}944 = 7860000 \text{ kcal.} \quad t_x = \mathbf{850}^\circ \text{ C.}$$

Der I. Kesselzug nimmt an Berührungswärme auf bei

$$\text{I. } (1010 \cdot 0{,}393 \cdot 3{,}929 - 775 \cdot 0{,}385 \cdot 3{,}944) \cdot 25850 \cdot 0{,}9627 = 9560000 \text{ kcal.}$$
$$\text{II. } (1085 \cdot 0{,}393 \cdot 3{,}707 - 805 \cdot 0{,}385 \cdot 3{,}7404) \cdot 29200 \cdot 0{,}9475 = 11750000 \text{ kcal.}$$
$$\text{III. } (1150 \cdot 0{,}393 \cdot 3{,}569 - 850 \cdot 0{,}385 \cdot 3{,}5948) \cdot 32100 \cdot 0{,}944 = 13150000 \text{ kcal.}$$

Die mittlere Temperaturdifferenz ist für den **I. Kesselzug** $t_d = 624 - 670$ und 728 und die **Wärmedurchgangszahl** $\left(k = \frac{Q}{F \cdot t_d}\right)$ also

$$\text{I. } k = \frac{9560000}{390 \cdot 624} = \mathbf{38{,}5}; \qquad \text{II. } k = \frac{11750000}{390 \cdot 670} = \mathbf{45};$$
$$\text{III. } k = \frac{13150000}{390 \cdot 728} = \mathbf{46{,}5}.$$

Beim **Überhitzer** ist $t_d = 344 - 370$ und 407 und somit

$$\text{I. } k = \frac{5930000}{380 \cdot 344} = \mathbf{45{,}3}; \qquad \text{II. } k = \frac{6970000}{380 \cdot 370} = \mathbf{49{,}5};$$
$$\text{III. } k = \frac{7860000}{380 \cdot 407} = \mathbf{51{,}0}.$$

Beim **Stahlvorwärmer** ist mit $t_d = 191 - 211$ und 237

$$\text{I. } k = \frac{7830000}{1500 \cdot 191} = \mathbf{27{,}3}; \quad \text{II. } k = \frac{8150000}{1500 \cdot 211} = \mathbf{25{,}8};$$

$$\text{III. } k = \frac{8670000}{1500 \cdot 237} = \mathbf{24{,}4}$$

und beim **Gußvorwärmer** mit $t_d = 128 - 142$ und 162

$$\text{I. } k = \frac{(179-124) \cdot 45890}{1080 \cdot 128} = \mathbf{18{,}2}; \quad \text{II. } \frac{(176-123) \cdot 53100}{1080 \cdot 142} = \mathbf{18{,}3};$$

$$\text{III. } k = \frac{(185-132) \cdot 59500}{1080 \cdot 162} = \mathbf{18{,}0}.$$

Die **Gasgeschwindigkeiten** v sind:

	I	II	III
im I. Kesselzug	6,85	7,7	8,5 m/s
,, Überhitzer	7,7	8,35	9,2 ,,
,, II. Kesselzug	7,7	8,25	9,06 ,,
,, Stahlvorwärmer	6,95	7,5	8,15 ,,
,, Gußvorwärmer	9,4	10,0	11,0 ,,

Will man die vorstehend errechneten k-Werte untereinander vergleichen und richtigstellen, so kann dies durch Umrechnung mit den Werten $v_0^{0,654}$ erfolgen (s. S. 64). Zwar wird k auch noch beeinflußt durch den Wert $\frac{t}{1000}$, durch die Gasstrahlung und beim Überhitzer auch noch durch den Wert $v_0^{0,79}$, doch können diese Werte ohne großen Fehler vernachlässigt werden.

v_0 ist $= \frac{v \cdot 273}{273 + t}$ (s S 62) und die mittlere Gastemperatur t ist in °C bei:

	I	II	III
im I. Kesselzug . . .	892 (1,36)	945 (1,44)	1000 (1,48)
,, Überhitzer	695 (1,66)	722 (1,71)	762 (1,83)
,, II Kesselzug . .	565 (1,85)	587 (1,88)	620 (1,96)
,, Stahlvorwärmer .	412 (1,96)	430 (2,01)	461 (2,07)
,, Gußvorwärmer .	279 (2,73)	291 (2,81)	320 (2,88)

womit man nach Tabelle L S. 56 die in Klammer angegebenen Werte für $v_0^{0,654}$ erhält.

Ausgehend von den mit * versehenen, errechneten k-Werten erhält man durch Umrechnung mit obigen $v_0^{0,654}$-Werten gegenüber den anderen errechneten, in Klammer stehenden k-Werten die folgende k-Tabelle:

	I	II	III
im I. Kesselzug . .	*38,5 —	40,7 (45)	42,0 (46,5)
,, Überhitzer . . .	*45,3 —	46,6 (49,5)	50,0 (51)
,, II Kesselzug . .	32,5 (33)	*33,0 —	34,5 (33)
,, Stahlvorwärmer	23,0 (27,3)	24,0 (25,8)	*24,4 —
,, Gußvorwärmer .	17,0 (18,2)	17,5 (18,3)	*18,0 —

Die **Berechnung der 100-atü-Anlage** erfolgt in gleicher Weise anlehnend an die Daten der 42-atü-Anlage. In der nachstehenden Tabelle sind die Daten für beide Anlagen zusammengestellt.

	100 atü-Anlage		42 atü-Anlage	
	a)	b)	I	III
Kesselleistung. . . . t/h	90	120 (=90·1,33)	45,9	59,5 (=45,9·1,3)
Dampfdruck . . . . atü	100	100	42	42,5
Dampftemp. . . . . °C	525	525	439	447
Abgastemp. . . . . „	215	250	248	283
Speisewasser . . . . „	130	130	124	132
Wirkungsgrad. . . . %	78,5	77	73,02	72,85
CO_2 am Ende . . . . %	14,0	15,5	13,0	15,95
CO „ „ . . . . %	—	—	0,73	0,94
Unverbranntes . . . % (Herd und Flug)	2,0	2,2	1,86	1,70
Leitung, Strahlung . %	2,5	2,0	2,25	1,75
Abgasverlust . . . . %	17,0	18,8	21,00	19,80
unverbrannte Gase . %	—	—	1,87[1]	3,90[1]
Gasvolumen am Ende je kg Kohle . . . Nm³	4,04	3,72	4,254	3,7
spez. Wärme . . .	0,353	0,353	0,353	0,353
Kohlenheizwert . . kcal	1612	1612	1612	1685
Luftmenge theor. . Nm³	2,04	2,04	2,04	2,13
Gasmenge „ . „	3,164	3,164	3,164	3,164
CO_2 max. . . . . . . %	20	20	20	20
CO_2 im Feuerraum . . %	15,5	16,5	14,5	16,8
Luftüberschuß. . . . %	29	21	38	19
Lufttemperatur . . . °C	22	22	22	27
Kohlenverbrauch . kg/h	49500	67400	25850	32100
Heißdampfwärme kcal/kg	828	828	789	793
Sattdampf. . . . „	652	652	666	666
Freie Gasdurchgangs-Querschnitte:				
I. Kesselzug. . . . . m²	28	28	17,55	17,55
Überh. Zug . . . . „	31	31	13,3	13,3
II. Kesselzug . . . . . „	—	—	11,7	11,7
Stahlvorwärmer . „	19,6	19,6	10,7	10,7
Gußvorwärmer . . „	—	—	6,5	6,5
Gastemperaturen:				
vor dem I. Kesselzug . °C	1080	1125	1010	1150
„ „ Überhitzer. . . „	910	975	775	850
„ „ II. Kesselzug „	—	—	615	675
„ „ Stahlvorwärmer „	675	735	515	565
„ „ Gußvorwärmer „	—	—	310	357
am Ende . . . . „	215	250	248	283

[1]) Später durch Sekundärluft-Einführung vermieden.

	100 atü-Anlage		42 atü-Anlage	
	a)	b)	I	III
Direkt bestrahlte Heiz-fläche in der Projek-tion . . . . m²	20,4	20,4	20,2	20,2
Theoretische Verbren-nungstemperatur. . °C	1115	1160	1065	1227
Gasmenge im Feuerraum Nm³/kg	3,756	3,593	3,929	3,569
spez. Wärme	0,393	0,393	0,393	0,393
Feuerraumtemperatur °C	1082	1127	1010	1150
Einstrahlung . . . kcal/h	2650000	3050000	2120000	3280000
Überh. Wärme . . kcal/h (1,5 % Wasser)	16280000	21670000	5930000	7860000
Gastemp.-Abfall im Über-hitzer. . . . . . . °C	235	240	160	175
Flüssigkeitswärme kcal/kg	335	335	263	263
— Speisewasser. . „ „	130	130	124	132
bis zur Verdampfung „ „	205	205	139	131
oder insgesamt . . . kcal	18450000	24600000	6000000	6750000
vom Vorw. aufgenomm. „	31300000	44250000	9980000	10770000
Verdampfung im Vor-wärmer insgesamt . kg	40500	62000	9900	10000
oder in Prozent der Ge-samtleistung . . . %	45	51,5	21,5	17,0
Berührungswärme vom Kessel aufgenomm. kcal	13050000	15350000	12180000	16420000

Gasgeschwindigkeiten und Wärmedurchgangszahlen:	m/s	k	m/s	k	m/s	k	m/s	k
im I. Kesselzug	8,6	*42	11,7	47,0	6,85	38,5	8,5	42
„ Überhitzer	6,5	*43,5	8,8	48,0	7,7	45,3	9,2	50,0
„ II. Kesselzug.	—	—	—	—	7,7	32,5	9,06	34,5
„ Stahlvorwärmer . . .	7,3	*22,5	10,0	25,5	6,95	23	8,15	24,4
„ Gußvorwärmer . . .	—	—	—	—	9,4	17,0	11,0	18,0

Bemerkung: Die mit * versehenen k-Werte sind auf Grund der k-Werte der 42-atü-Anlage vorsichtig geschätzt, die übrigen Werte sind umgerechnet.

Man berechnet damit die **Heizflächen der 100-atü-Anlage** wie folgt:

$$\text{Kessel} = \frac{49500 \cdot 3,77 \cdot 0,389}{42} \cdot \ln \frac{1080 - 310}{910 - 310} = \mathbf{425} \ \text{m²}$$

$$\text{bzw.} = \frac{67400 \cdot 3,62 \cdot 0,389}{47} \cdot \ln \frac{1125 - 310}{975 - 310} = \mathbf{400} \ \text{m²}$$

$$\text{Überhitzer} = \frac{16280000}{43,5 \cdot 380} = \mathbf{985} \ \text{m²} \ (t_d = 380)$$

$$\text{bzw.} = \frac{21670000}{48 \cdot 438} = \mathbf{1030} \ \text{m²} \ (t_d = 438)$$

$$\text{Stahlvorwärmer} = \frac{31300000}{22,5 \cdot 192} = \mathbf{7200} \ \text{m²} \ (t_d = 192)$$

$$\text{bzw.} = \frac{44250000}{25\,5 \cdot 241} = \mathbf{7200} \ \text{m²} \ (t_d = 241).$$

Zusammengestellt erhält man die Heizflächen für

	100 atü	42 atü
Kessel	425 m^2	650 m^2
Überhitzer	1030 ,,	380 ,,
Stahlvorwärmer . . .	7200 ,,	1500 ,,
Gußvorwärmer . . .	— ,,	1080 ,,
Zusammen:	**8655 m^2**	**3610 m^2**

Mit den zugehörigen mittleren, log Temperatur-Differenzen t_d, den k-Werten und den verschiedenen Heizflächen errechnen sich die stündlichen **maximalen Wärmeleistungen** wie folgt:

für 100 atü		42 atü	
$F \cdot k \cdot t_d$	$= Q$ in kcal	$F \cdot k \cdot t_d$	$= Q$ in kcal
425 · 47 · 745	= 14 950 000	390 · 46,5 · 728	= 13 200 000
1030 · 48 · 438	= 21 670 000	380 · 51 · 407	= 7 860 000
— — —	= —	260 · 33 · 369	= 3 180 000
7200 · 25,5 · 241	= 44 250 000	1500 · 24,4 · 237	= 8 700 000
— — —	= —	1080 · 18 · 162	= 3 160 000
Einstrahlung	= 3 050 000	Einstrahlung	= 3 280 000
insgesamt	= **83920000**	insgesamt	= **39380000**
Kontrolle:			
(828—130) · 120 000	∾ 84 00 0000	(793—132) · 59 500	= 39 300 000
Wärmeleistung je m^2			
Gesamtheizfläche	= **9700 m^2**		= **10900 m^2**

Die Ergebnisse mit der inzwischen in Betrieb gekommenen 100-atü-Anlage stimmen im großen und ganzen mit der Berechnung überein und deren etwas ausführliche Wiedergabe als Rechnungsbeispiel aus der Praxis erscheint daher gerechtfertigt.

Interessant ist der Größenvergleich beider Kessel im Längsschnitt (die Breite ist ungefähr gleich) nach Bild 35 und 36.

Die Nachrechnung ergibt, daß **bezogen auf den Kubikinhalt des Kesselblocks eine Leistungserhöhung nicht vorliegt‘ d. h. eine Erhöhung der Breitenleistung ist nicht gleichbedeutend mit Erhöhung der Kubikinhaltsleistung.**

Beispiel 60[1]**:**

Vorbemerkung: Mit diesem Rechnungsbeispiel soll ein Vorschlag für eine möglichst **vereinfachte und übersichtliche Berechnungsform** gemacht werden.

Es wird darauf verzichtet, die Veränderlichkeit des CO_2-Gehaltes und der spez. Wärme zu berücksichtigen, was auch ohne großen Fehler geschehen kann. In der Regel tritt bei der Berechnung das Produkt $G \cdot G_p$ auf und dieses ist fast gleichbleibend. In dem vorliegenden Beispiel ist $G_s = 7{,}95$ Nm^3 und $L_1 = 7{,}58$ Nm^3. Nimmt man den max. CO_2-Gehalt = 18,65 an und ferner den CO_2-Gehalt im Feuerraum = 14,5, am Kesselende = 12,5 %, so ist der mittlere CO_2-

[1]) mit den Dampftabellen von 1932.

Gehalt = 13,5, der Luftüberschuß $ü$ also = 18,65 : 13,5 = 1,38, d. h. = 38 % im Mittel für die Rauchgase. Bei 14,5 % CO_2 ist der Luftüberschuß 28,5 % und bei 12,5 % CO_2 erhält man den Luftüberschuß zu 49 %. Dementsprechend erhält man die zugehörigen Gasmengen zu 10,83 bzw. 10,11 und 11,67 Nm^3.

Die spez. Wärme kann man nach S. 35 für den Feuerraum = 0,368 und für das Kesselende = 0,332, d. h. im Mittel = 0,35 annehmen.

Damit ist 0,368 · 10,11 = 3,72 und 0,35 · 10,83 = 3,80 und 0,332 · 11,67 = 3,86, d. h. das Produkt $G \cdot C_p$ ist vom Feuerraum bis Kesselende nahezu gleichbleibend.

Dort, wo G und L allein, d. h. ohne C_p in der Rechnung auftreten, so z. B. bei Errechnung der Gasgeschwindigkeiten, Verbrennungsluftmenge oder Luftgeschwindigkeiten, sind jedoch die wirklichen Werte (nicht die Mittelwerte) in Rechnung zu setzen.

Aufgabe.

Es ist ein **Strahlungskessel** (ähnlich S. 161, Abb. 25) zu berechnen. Leistung normal **40** und max dauernd **50 t** Dampf in der Stunde. Dampfdruck **100 atü** und **480° C** Dampftemperatur bei Normallast; **Speisewasser 180° C**; Steinkohle von **7000 kcal** zu verfeuern in Krämer-Mühlenfeuerung; **Abgastemperatur 160° C** bei 0° C Außenlufttemperatur; CO_2-Gehalt der Abgase 12,5 %; 85 % der Luft sind mit Rücksicht auf die Feuerungsart auf 300° C zu erwärmen, die übrigen 15 % werden als Kaltluft sekundär zugeführt. Der Salzgehalt des Speisewassers wird mit 100 mg/l angegeben.

Bei 50 t Leistung soll die Dampftemperatur mittels Gasregulierschieber auf gleicher Höhe gehalten werden.

Berechnung

Bezeichnungen	Leistung 40 t	Leistung 50 t
1. Dampfzustands-Werte		
Wärmeinhalt des Heißdampfes i_2 . . . . kcal/kg	799	=
Wärmeinhalt des Sattdampfes i_1 . . . . ,,	651	=
somit Wärmeaufwand für Überhitzung . . . . kcal/kg	148	=
Verdampfungswärme r . . . ,,	316	=
{ Flüssigkeitswärme i . . . ,,	335	=
{ Speisewasserwärme rund . ,,	180	=
somit Wärmeaufwand für Vorwärmung . . . . ,,	155	=
2. Entsalzung		
Zulässiger Bé-Wert (angenommen)	0,5	0,4
Ablaß-Wassermenge (S. 234, Abb. 39) in % der Speisewassermenge. . . . . %	2,0	2,5
Wassermenge stündlich . . . kg	800	1250

Bezeichnung	Leistung 40 t	50 t
3. Wärmeaufnahme		
für Vorwärmung = 40800 · 155 . . kcal	6324000	7950000
„ Verdampfung = 40000 · 316 . . „	12640000	15800000
„ Überhitzung = 40000 · 148 . . „	5920000	7400000
Gesamt-Wärmeaufnahme kcal	**24884000**	**31150000**
4. Rauchgase und Luft		
CO_2-Gehalt im Feuerraum (angenommen) . . . . %	14,5	=
CO_2-Gehalt am Kesselende (angegeben) . . . . %	12,5	=
CO_2-Gehalt im Mittel . . . . . %	13,5	=
Max. CO_2-Gehalt (Tabelle S. 16), k max . . . . %	18,65	=
Luftüberschuß $ü$ im Feuerraum $\frac{18,65}{14,5} = 1,285$ . . . . %	28,5	=
Luftüberschuß am Kesselende $\frac{18,65}{12,5} = 1,49$ . . . . %	43,5	=
Luftüberschuß im Mittel $\frac{18,65}{13,5} = 1,38$ . . . . %	38,0	=
Theoretische Luftmenge (Tab. S. 16) L_1 . . . . Nm³	7,58	=
Theoretische Gasmenge (Tab. S. 16) G_0 . . . . „	7,95	=
Verbrennungs-Luftmenge L = 1,285 · 7,58 . . . . „	**9,75**	=
Rauchgasmenge G im Feuerraum = 7,95 + 0,285 · 7,58 . . . . „	10,11	=
am Kesselende = 7,95 + 0,49 · 7,58 . . . . „	11,67	=
im Mittel = 7,95 + 0,38 · 7,58 . . . . „	**10,83**	=
Spezifische Wärme Cp der Luft bei 300° C (Tabelle S. 231) . . .	0,318	=
der Rauchgase im Mittel (angenommen)	**0,35**	=
5. Wirkungsgrad		
Schornsteinverlust $= \frac{160-0}{12,5} \cdot 0,698$ %	8,9	10,0 (180°)
Leitung u. Strahlung (angenommen) %	1,4	1,2
Unverbranntes (angenommen) . . . %	5,2	6,3
Gesamtverluste . . . . %	15,5	17,5
somit Wirkungsgrad $\eta = 100 - 15,5$ %	84,5	82,5

Bezeichnung	Leistung 40 t	50 t
6. Kohlenverbrauch B		
Brutto (einschl. Unverbranntes) $= \frac{24\,884\,000}{7000 \cdot 0,845}$ . . . . kg	4200	5380
netto (ohne Unverbranntes) $= 4207 \cdot 0,948$ . . . . ,,	3980	5050
7. Gastemperatur vor Lufterhitzer $= \frac{9,75 \cdot 0,318 \cdot 300 \cdot 0,85^{1)}}{10,83 \cdot 0,35 \cdot 0,986^{2)}} + 160$ °C [1]) 85% Luft. [2]) Leitung u. Strahlung.	372	410 (Lufttemp. angenommen = 325°)
8. Gastemperaturgefälle im Kessel, Überhitzer u. Vorwärmer $= \frac{24\,884\,000}{3980 \cdot 10,83 \cdot 0,35 \cdot 0,986}$ . . . °C	1674	1640
9. Verbrennungstemperatur (wenn keine Wärmeeinstrahlung wäre) $= 1674 + 372$ . . . . °C	2046	2050
(oder $= \frac{7000 + 0,85 \cdot 9,75 \cdot 0,318 \cdot 300}{10,83 \cdot 0,35} \sim 2054$) s. S. 40, Formel 59 als Kontrolle.		(2060)
10. Feuerraumtemperatur nach voller Auswirkung der Einstrahlung (angenommen) . . . . °C	1150	1175 (nach S. 41, Formel 66)
11. Wärmeeinstrahlung $= (2046 - 1150) \cdot 3980 \cdot 10,83 \cdot 0,35 \cdot 0,986$ kcal	13 320 000	16 600 000
12. Gastemperatur vor Überhitzer (angenommen) . . . . °C	1100	1130
13. Wärmeaufnahme-Verteilung		
im Kessel $= (2046 - 1100) \cdot 3980 \times 10,83 \cdot 0,35 \cdot 0,986$ . . . . . . kcal	14 050 000	17 400 000
Verdampfungswärme nach Absatz 3 ,,	12 640 000	15 800 000
Flüssigkeitswärme-Anteil somit · kcal	1 410 000	1 600 000
im Vorwärm. $= 6\,324\,000 - 1\,410\,000$,,	4 914 000	6 350 000

Bezeichnung	Leistung 40 t	Leistung 50 t
14. Wassertemperatur am Vorwärmer-Austritt $= \frac{4\,914\,000}{40\,800} + 180$ . . . . °C	300	300
15. Gastemperatur hinter Überhitzer $1100 - \frac{5\,920\,000}{3980 \cdot 10{,}83 \cdot 0{,}35 \cdot 0{,}986}$ . . °C	703	745
16. Kontrolle durch andere Berechnung der Wärmeaufnahme im Vorw.: (703 —372) · 3980 · 10,83 · 0,35 · 0,986 kcal d. h. gut übereinstimmend mit Absatz 13.	4 930 000	6 400 000
17. Mittlere log. Temperatur-Differenz		
für Kesselberührungsheizfläche $\left\{\frac{1150}{310}\right.$ u. $\frac{1100}{310}$	815	850
„ Dampfüberhitzer (Gleichstrom) $\left\{\frac{1100}{310}\right.$ u. $\frac{703}{480}$	448	479
„ Vorwärmer . . . $\frac{703}{300}$ u. $\frac{372}{180}$	285	325
„ Lufterhitzer . . . $\frac{372}{300}$ u. $\frac{160}{0}$	110	127
18. Wärmedurchgang Durch **Einstrahlung** nach Tab. S. 41 bei 1150 °C. . . . . kcal/m² Projekt.	159 300	171 600

Wärmedurchgangszahl *k*:	Mittlere Gastemp. °C	Gasgeschwindigkeit m/s	*k* (40 t)	*k* (50 t)
Kesselberührungsheizfläche	1125	4	38	43
Dampfüberhitzer	902	4,5	40	45
Vorwärmer . . .	538	5	38	43
Lufterhitzer . . .	266	6	15	17,5

Dampfgeschwindigkeit i. Mittel 15 m/s, Luftgeschwindigkeit im Mittel 7 m/s, Kesselrohre 83 mm äußerer ϕ, Überhitzer und Vorwärmer 38 mm, Taschenlufterhitzer mit Gasspalt = 30 und Luftspalte 15 mm, Kesselrohre nicht versetzt, Abstand 160 mm. Überhitzer und Vorwärmerrohre versetzt, Abstand 120 mm. (*k* für Kessel, Überhitzer und Vorwärmer nach S. 67 und folgende, für Lufterhitzer nach S. 88).

Bezeichnung	Leistung 40 t	50 t
19. Heizflächen-Größen		
Kessel-Strahlungsheizfläche (s. Absatz 11 u. 18) $= \frac{13\,320\,000}{159\,300} \cdot 3{,}14$ m²	263	304
Kessel-Berührungsheizfläche (s. Absatz 13, 11, 17 u. 18) $= \frac{14\,050\,000 - 13\,320\,000}{815 \cdot 38}$ m²	24	22
Dampfüberhitzer (s. Absatz 3, 17 u. 18) $= \frac{5\,920\,000}{448 \cdot 40}$ m²	330	343
Vorwärmer (s. Absatz 13, 17 u. 18) $= \frac{4\,914\,000}{285 \cdot 38}$ m²	455	455
Lufterh. (s. Absatz 7, 6, 17 u. 18) $= \frac{3980 \cdot 0{,}85 \cdot 9{,}75 \cdot 0{,}318 \cdot 300}{110 \cdot 15}$ m²	1008	1940
Gesamt-Heizfläche . . . m²	**2980**	**3064**
Leistung der Gesamt-Heizfläche $= \frac{24\,884\,000}{2980}$ . . . . kcal/m²	8400	10100

Bemerkung. Die **Nachrechnung für 50 t** Leistung zeigt, daß die Annahmen (325° Luft, 180° Abgas und 1130° vor Überhitzer) richtig sind, denn die Berechnung der Heizflächen zeigt ungefähr dieselben Ergebnisse. Man wird die Heizflächen wie folgt ausführen: Kessel 300 + 25 m², Überhitzer 340 m², Vorwärmer 455 m² und Lufterhitzer 1940 m², zusammen also 3060 m².

Hat man nicht zutreffende Annahmen gemacht, so ist die Nachrechnung für die höhere Leistung zu wiederholen.

Wiederholt sei darauf aufmerksam gemacht, daß insbesondere die Berechnung der Wärmedurchgangszahlen und der Feuerraumtemperaturen noch auf recht unsicheren Grundlagen beruht und der Vergleich der Rechnungsergebnisse mit den Erfahrungswerten nicht entbehrt werden kann (s. auch „Die Verbrennung als Strömungsvorgang" von Professor Dr.-Ing. Marcard, Wärme 1937, Nr. 17).

Jede Rechnung hört aber sofort auf, wenn die Verbrennung nicht vor Eintritt der Gase in die erste Kesselberührungs-Heizfläche abgeschlossen ist.

Es ist der Einfachheit wegen empfehlenswert, die Berechnung von der Basis 0° C Lufttemperatur vorzunehmen. Würde man im vorliegenden Fall von 20° C ausgehen, so müßte die Abgastemperatur entsprechend höher eingesetzt werden.

Zur Vertiefung des Einblickes sollen diesem Beispiel noch einige Betrachtungen angefügt werden.

Mit den Rechnungsergebnissen, Absatz 1 bis 9, kann eine **Temperatursäule** aufgebaut werden, wie Bild 41[1]) zeigt. Zu diesem Zwecke teilt man das Gesamttemperaturgefälle von 1674° für Kessel, Überhitzer und Vorwärmer entsprechend den Wärmeaufnahme-Werten, Absatz 3, auf und erhält so für die Verdampfung 850°, für die Überhitzung 397° und für die Vorwärmung 427° Temperaturgefälle. Mit diesen Werten baut man von der 0° C-Grundlinie bzw. von der Gastemperatur vor Lufterhitzer ausgehend, die Temperatursäule auf und sieht als Säule *A*, daß die Gastemperatur am Kesselende bei 1196° liegt, sofern der Kessel nur die Verdampfung übernimmt, am Überhitzerende bei 799° und am Vorwärmerende wie berechnet bei 372° C.

Mit Rücksicht auf die Überhitzerhaltbarkeit wurde aber die Gastemperatur vor diesem mit 1100° C angenommen und daraus ergibt sich die Temperatursäule *B*, bei der die Überhitzungsstrecke in die Vorwärmungsstrecke eingeschoben ist.

Würde man es für zweckmäßig halten, mit einer Lufttemperatur von 400° statt nur 300° C zu arbeiten, so erhält man mit der Rechnung nach Absatz 7 die Gastemperatur vor dem Lufterhitzer zu 443° C und damit die Temperatursäule *C*, die analog Säule *A* eine als nicht tragbar anzusehende Temperatur von 1267° C vor dem Überhitzer aufweist. Mit 1100° C an dieser Stelle kommt man analog Säule *B* zu der Temperatursäule *D*.

Da der Temperaturunterschied zwischen dem Luftaustritt von 400° und dem Gaseintritt von 443° nur 43° C beträgt, würden sich sehr große Lufterhitzerheizflächen ergeben, was man dadurch vermeiden kann, daß man den letzten Teil der Lufterhitzungsstrecke nach Temperatursäule *E* in den ersten Teil der Vorwärmungsstrecke einschiebt, beispielsweise bei einer Gaseintrittstemperatur von 480° C.

Diesen Betrachtungen ist auch zu entnehmen, daß man jede beliebige Lufttemperatur annehmen kann, ohne daß sich an den Rechnungsergebnissen, Absatz 1—6, etwas ändert, lediglich Temperaturverteilung und Heizflächengrößen fallen anders aus.

Geht man von 20° C Luftanfangstemperatur aus, so erhält man die Temperatursäule *F*, die sich in diesem Falle einfach auf der 20° C-Grundlinie aufbaut. Man erhält damit 320° Luftendtemperatur und $t_v = 2066°$ C.

Beispiel 61:

Thermodynamische Berechnung eines Zechenkraftwerkes für verschiedene Anfangsdampfzustände

Aufgabe: Ein Zechenkraftwerk benötigt Dampf für einen Turbogenerator und einen Turbokompressor und es soll die Wirtschaftlichkeit für die Normdrücke 16, 40, 64 und 80 atü bei

[1]) s. S. 240.

den entsprechenden Normheißdampftemperaturen von 375, 450, 500 und nochmals 500° C untersucht werden.

Daneben ist noch zu untersuchen, ob bei 16 atü die Steigerung der Temperatur auf 395° C, bei 40 atü auf 480° C und bei 80 atü auf 515° C Vorteile bringen kann.

Die Vorteile der Anzapfdampfentnahme sollen in allen Fällen soweit als möglich ausgenutzt werden.

Um einen richtigen Vergleich zu bekommen, ist für sämtliche Fälle der Brennstoffverbrauch in gleicher Höhe anzusetzen, so daß sich nur die erzeugte Strommenge für die verschiedenen Fälle ändert.

Zwischenüberhitzung soll mit Rücksicht auf die angestrebte Einfachheit der Anlage vermieden werden.

Als Brennstoff steht Mittelprodukt von 5000 kcal/kg unterem Heizwert bei 27,5 % Asche und 11 % Wasser zur Verfügung. Damit der Taupunkt der Abgase mit Sicherheit nicht erreicht wird, soll das Speisewasser vor Eintritt in den Vorwärmer auf wenigstens 100° C gebracht werden und die Abgase sollen nicht weiter als auf 200—220° C im Vorwärmer abgekühlt werden.

Erfahrungsgemäß ist für den vorliegenden Brennstoff eine höhere Verbrennungslufttemperatur als 100° C nicht zulässig. Ein abgasbeheizter Lufterhitzer ist zu vermeiden, da bei einer Lufteintrittstemperatur von 20° C die Gefahr der Erreichung des Abgastaupunktes besteht und damit die Verschmutzung und Verrostung der Heizflächen einsetzen würde.

Die Abgastemperatur von 200—220° C ist außerdem erforderlich, um die gewünschte Erzeugung des erforderlichen Zuges durch Schornstein ohne Ventilator zu erzielen. Ventilatorzug soll mit Rücksicht auf einfachsten Aufbau und leichteste Bedienung und Instandhaltung der Anlage vermieden werden.

Der Strombedarf der Zeche beträgt etwa 6000 kW. Die Antriebsturbine des Turbokompressors hat eine Leistung von 5450 PS = 4000 kW. Für Heizung und Warmwasserbereitung werden brutto etwa 2000000 kcal/h benötigt.

Als Rohwasser steht Ruhrwasser von 15° C zur Verfügung.

Annahmen: Kessel(betriebs-)wirkungsgrad*) .	70 %
Kondensatordruck 0,075 ata = 92,5 Vakuum.	
Innerer Gütegrad der Antriebsturbinen . . .	82—79 %
mechanischer Wirkungsgrad der Antriebsturbinen	95 %
Generatorwirkungsgrad	93 %
Druck für die Heizanlage	3 ata
Kondensatrücklauftemperatur aus der Heizanlage (am Sammelbehälter)	60° C
Zusatzwassermenge (d. h. Verlust)	5 %.

*) bei dem minderwertigen Brennstoff entstehen bedeutende Verluste durch Unverbranntes.

Das Zusatzwasser hat 15° C, wird chemisch aufbereitet und dann einer Verdampferanlage zugeführt.

Das gesamte Speisewasser wird auf etwa 130° C vorgewärmt und dabei entgast. (Rechnet man mit einer Abgastemperatur von 210° C, so hat man am Vorwärmerende noch ein Temperaturgefälle von 210 — 130 = 80° C, das annehmbar ist, da es noch keine zu großen Heizflächen ergibt.)

Bild 37. **Schaltbild für die Fälle A u. A_1**

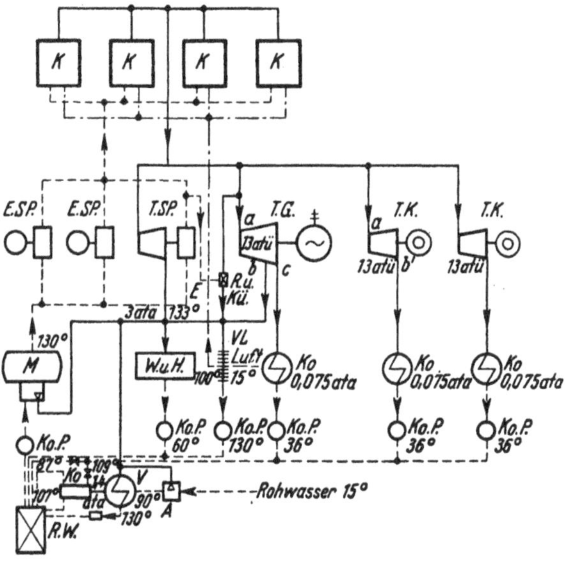

Bezeichnungen:

K	= Kessel	*V*	= Verdampfer
TG	= Turbogenerator	*RW*	= Reinwasserbehälter
TK	= Turbokompressor	*M*	= Mischdampfvorwärmer und Entgaser
ESp	= Elektrospeisepumpe	*VL*	= Verbrennungsluftvorwärmer
TSp	= Turbospeisepumpe	*W*	= Warmwasserbereiter
R	= Reduzierventil	*H*	= Heizung
Kü	= Dampfkühler	*E*	= Wassereinspritzleitung
Ko	= Kondensator		
KoP	= Kondensatpumpe		
A	= Wasserreiniger		

Bild 38. Schaltbild für die Fälle B, B_1, C, D u. D_1

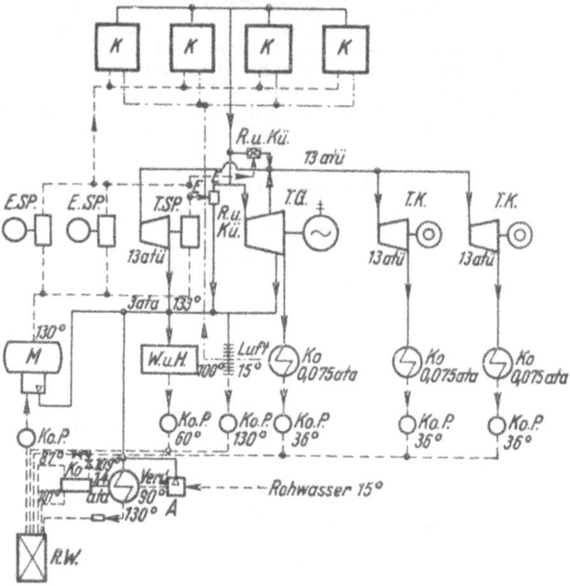

Bezeichnungen:

K	= Kessel	*V*	= Verdampfer
TG	= Turbogenerator	*RW*	= Reinwasserbehälter
TK	= Turbokompressor	*M*	= Mischdampfvorwärmer u. Entgaser
ESp	= Elektrospeisepumpe		
TSp	= Turbospeisepumpe	*VL*	= Verbrennungsluftvorwärmer
R	= Reduzierventil		
Kü	= Dampfkühler	*W*	= Warmwasserbereiter
Ko	= Kondensator	*H*	= Heizung
KoP	= Kondensatpumpe	*E*	= Wassereinspritzleitung
A	= Wasserreiniger		

Ferner werden folgende Dampfdruck- und -temperaturwerte angenommen:

Fall		A	A_1	B	B_1	C	D	D_1
Genehmigungsdruck	ata	17	17	41	41	65	81	81
Betriebsdruck im Kessel . .	ata	16	16	39	39	62	78	78
Dampftemp. am Überhitzer	°C	375	395	450	480	500	500	515
Betriebsdruck a. d. Turb. . .	ata	14	14	36	36	56	71	71
Dampftemp. a. d. Turb.. . .	°C	360	380	435	465	485	485	500

Da eine Verbrennungslufttemperatur von 100° C noch zulässig ist, soll die Luft von 20° C mittels Anzapfdampf auf diese Temperatur gebracht werden; wie die spätere Rechnung zeigt, ergeben sich hieraus wirtschaftliche Vorteile.

Diese Luftvorwärmung gibt einen Ausgleich dafür, daß im vorliegenden Fall die Speisewasservorwärmung mittels Anzapfdampf auch bei steigendem Druck nicht über 130° C Endtemperatur hinaus erhöht werden kann.

Bei Fall A wird der Kompressordampf direkt vom Kessel entnommen, in den anderen Fällen dagegen dem Turbogenerator bei 14 ata entnommen. Der Dampf für Heizung, Warmwasser und Zusatzwasseraufbereitung sowie für Speisewassererwärmung auf ~ 130° C wird in allen Fällen dem Turbosatz bei 3 ata (Sattdampftemperatur 133° C) entnommen.

Berechnung der Grundwerte

Heizwert des Brennstoffes: $H_u = 5000$ kcal/kg.

Theoretische Luftmenge: $L_t = \frac{1{,}01 \cdot 5000}{1000} + 0{,}5 = 5{,}55$ Nm³/kg.

Theoretische Gasmenge: $G_t = \frac{0{,}89 \cdot 5000}{1000} + 1{,}65 = 6{,}10$ Nm³/kg.

Maximaler CO_2-Gehalt der Kohle:

$k = 19\,\%$ (angenommen).

CO_2-Gehalt im Feuerraum: $= 13{,}5\,\%$ (angenommen).

Luftüberschuß: $ü = \frac{19}{13{,}5} = 1{,}405 = 40{,}5\,\%$.

Wirkliche Verbrennungsluftmenge:

$L' = 1{,}405 \cdot 5{,}55 = 7{,}81$ Nm³/kg.

Wirkliche Gasmenge im Anfang:

$G' = 6{,}10 + 7{,}81 - 5{,}55 = 8{,}36$ Nm³/kg.

CO_2-Gehalt am Kesselende $= 11{,}5\,\%$ (angenommen).

Luftüberschuß am Kesselende $\frac{19}{11{,}5} = 1{,}65 = 65\,\%$.

Wirkliche Verbrennungsluftmenge am Kesselende:

$L'' = 1{,}65 \cdot 5{,}55 = 9{,}17$ Nm³/kg.

Wirkliche Gasmenge am Kesselende:

$G'' = 6{,}10 + 9{,}17 - 5{,}55 = 9{,}72$ Nm³/kg.

Spezifische Wärme der Gase im Feuerraum:

$Cp' = 0{,}37$ (geschätzt).

Spezifische Wärme der Gase am Kesselende:

$Cp'' = 0{,}33$ (geschätzt).

Spezifische Wärme der Luft bei 100° C: $Cp_h = 0{,}314$.
Lufttemperatur vor dem Lufterhitzer: $t_l = 20°$ C.
Lufttemperatur nach dem Lufterhitzer: $t_h = 100°$ C.

Verlust an Wärme durch Leitung und Strahlung (geschätzt) $= 2\,\%$ ($\eta' = 0{,}98$).

Heizflächenwirkungsgrad: $\eta^s = 1 - \frac{G'' \cdot Cp'' \cdot t_k}{G' \cdot Cp' \quad t_v}$.

Abgastemperatur $t_k = 210°$ C (angenommen). Forts. S. 215.

Fall	A	A_1	B	B_1	C	D	D_1
Genehmigungs-Dampfdruck ata	17	17	41	41	65	81	81
Kesselbetriebsdruck . . ata	16	16	39	39	62	78	78
Dampftemperat. am Überhitzer . . . . °C	375	395	450	480	500	500	515
Gesamtwärme des Heißdampfes[1]) . . . . . . kcal/kg	763,3	773,6	794,9	811,4	816,4	812,2	821,1
Speisewassertemperatur (am Kessel) . . . . . °C	130,0	130,0	130,0	130,0	130,0	130,0	130,0
Wärmeaufwand für Heißdampf . . . . kcal/kg	633,3	643,6	664,9	681,4	686,4	682,2	691,1
Kessel-(Betriebs-)wirkungsgrad . . . . . °/₀	70	70	70	70	70	70	70
Heizwert des Brennstoffes H_u . . . . kcal/kg	5 000	5 000	5 000	5 000	5 000	5 000	5 000
Ausgenützte Wärme/kg Kohle . . . . kcal/kg	3 500	3 500	3 500	3 500	3 500	3 500	3 500
Ausnützbare Heißluftwärme . . . . kcal/kg	164	164	164	164	164	164	164
Ausgenützte Wärme bei Heißluftbetrieb/kg Kohle . . . . kcal/kg	3 664	3 664	3 664	3 664	3 664	3 664	3 664
Dampferzeugung/kg Kohle kg/kg (bei Kaltluft)	(5,53)	(5,44)	(5,27)	(5,14)	(5,10)	(5,13)	(5,07)
bei Heißluft	**5,79**	**5,70**	**5,52**	**5,38**	**5,34**	**5,38**	**5,30**
Kohlenmenge (angenommen) . . . . kg/h	10 850	10 850	10 850	10 850	10 850	10 850	10 850

[1]) Genau genommen müßte hier die Gesamtwärme für den Dampfdruck hinter dem Überhitzer eingesetzt werden.

Fall		A	A_1	B	B_1	C	D	D_1
Erzeugte Dampfmenge (bei Kaltluft) . . . . bei Heißluft	kg/h	(60000) **62 900**	(59000) **61 900**	(57200) **60 000**	(55800) **58 400**	(55400) **58 000**	(55700) **58 400**	(55000) **57 500**
a) Expansion vom Anfangsdruck p_a bis zum Kondensatordruck p_0								
Dampfdruck an der Turbine p_a	ata	14	14	36	36	56	71	71
Dampftemperatur an der Turbine	°C	360	380	435	465	485	485	500
Gesamtw. des Dampfes	kcal/kg	756,4	766,7	787,65	804,0	809,45	805,1	814,04
Kondensatordruck p_0. .	ata	0,075	0,075	0,075	0,075	0,075	0,075	0,075
Adiabatisches Wärmegefälle	kcal/kg	223	229	271	280	297	304	309
innerer Gütegrad der Turbine	%	82	82	81	81	80	79	79
mechan. Wirkungsgrad der Turbine	%	95	95	95	95	95	95	95
Generatorwirkungsgrad	%	93	93	93	93	93	93	93
Dampfverbrauch je erzeugte Kilowattstunde. (Klemmenleistung)	kg	**5,32**	**5,18**	**4,43**	**4,29**	**4,09**	**4,05**	**3,98**

Fall		A	A_1	B	B_1	C	D	D_1
b) Expansion vom Anfangsdruck p_a bis zum Anfangsdruck p_1								
Anzapfdruck p_1	ata	—	—	14	14	14	14	14
Dampftemperatur . . .	°C	—	—	335	365	338	312	328
Nutzbares Wärmegefälle	kcal/kg	—	—	44,0	45,5	64,5	73,0	74,0
Wirkungsgrad 0,93 · 0,95	%	—	—	88,35	88,35	88,35	88,35	88,35
Dampfverbrauch je erzeugte Kilowattstunde	kg	—	—	**22,1**	**21.4**	**15,1**	**13,35**	**13,15**
c) Expansion vom Anfangsdruck p_a bis zum Anzapfdruck p_2								
Anzapfdruck p_2	ata	3	3	3	3	3	3	3
Dampftemperatur . . .	°C	210	229	192	218	197	175	189
Nutzbares Wärmegefälle	kcal/kg	67,0	69,0	107,0	111	126,5	132,5	135
Wirkungsgrad 0,93 · 0,95	%	88,35	88,35	88,35	88,35	88,35	88,35	88,35
Dampfverbrauch je erzeugte Kilowattstunde (Klemmenleistung)	kg	**14,5**	**14,1**	**9,1**	**8,75**	**7,7**	**7,35**	**7,2**

Fall	A	A_1	B	B_1	C	D	D_1
Dampfbedarf des Turbokompressors							
Anfangsdruck des Kompressors . . . . ata	14	14	14	14	14	14	14
Dampftemperatur . . . °C	360	380	335	365	338	312	328
Dampfwärme . . . . . kcal/kg	756,4	766,7	744,0	758,5	745	732	740
Kondensatordruck . . . ata	0,075	0,075	0,075	0,075	0,075	0,075	0,075
Nutzbares Wärmegefälle kcal/kg	183	188	175,5	181,5	173	167	170
mechan. Wirkungsgrad. °/o	95	95	95	95	95	95	95
Dampfverbrauch der Kompressorturbine (in kWh ausgedrückt) . . . . kg/kWh	**4,94**	**4,81**	**5,16**	**4,99**	**5,23**	**5,42**	**5,32**
Kraftbedarf des Kompressors an der Kupplung (angenommen) . . . . kW	4 000	4 000	4 000	4 000	4 000	4 000	4 000
Dampfbedarf des Kompr. kg/h	**19 750**	**19 220**	**20 620**	**19 950**	**20 950**	**21 650**	**21 250**
Dampfbedarf für Heizung und Warmwasser (Anzapfdampf 3 ata)							
Dampfwärme (3 ata). . kcal/kg	689,5	698,0	681,0	693,0	683,0	672,5	679,0
Benötigte Wärmemenge (brutto, angenommen) kcal/h	2 000 000	2 000 000	2 000 000	2 000 000	2 000 000	2,000 000	2 000 000
Dampfmenge. . . . . . kg/h	**2 900**	**2 865**	**2 940**	**2 890**	**2 930**	**2 975**	**2 950**

Fall		A	A_1	B	B_1	C	D	D_1
Dampfbedarf für Aufwärmung des Zusatzwassers								
Zusatzwassermenge (5%) (angenommen)	kg/h	3 145	3 095	3 000	2 920	2 900	2 920	2 875
Erwärmung von 15 auf 90 °C durch Dampfeinblasen	kcal/h	236 000	232 000	225 000	219 000	217 500	219 000	215 500
Benötigte **Dampfmenge** .	kg/h	**394**	**381**	**381**	**363**	**367**	**376**	**366**
Dampfbedarf für Speisewasser-Verdampfer								
Speisewassermenge . . . (Zusatzwasser + Dampfkondensat)	kg/h	3 539	3 476	3 381	3 283	3 267	3 296	3 241
Verdampfer-Betriebsdruck	ata	1,4	1,4	1,4	1,4	1,4	1,4	1,4
Gesamtwärme hierbei .	kcal/kg	642	642	642	642	642	642	642
Speisewassertemperatur ~ 0,98 · 90	°C	88	88	88	88	88	88	88
folglich Wärmebedarf .	kcal/kg	554	554	554	554	554	554	554
oder insgesamt	kcal/h	1 965 000	1 920 000	1 875 000	1 821 000	1 811 000	1 825 000	1 799 000
Gesamtwärme—Flüssigkeitswärme des 3 ata-Anzapfdampfes. . . .	kcal/kg	556,5	565,0	548,0	560,0	550,0	539,5	546,0
somit **Dampfbedarf** — . . (bei 2% Verlust für Strahlung und Leitung)	kg/h	**3 600**	**3 499**	**3 495**	**3 320**	**3 365**	**3 455**	**3 360**

Fall		A	A_1	B	B_1	C	D	D_1
Dampfbedarf für Lufterhitzung (3 ata-Anzapfdampf)								
Verbrennungs-Luftmenge	Nm^3/kg	7,81	7,81	7,81	7,81	7,81	7,81	7,81
oder	Nm^3/h	84 800	84 800	84 800	84 800	84 800	84 800	84 800
Wärmebedarf bei Erwärmung von 20 auf 100 °C ($C_p = 0{,}314$) (2% Verlust für Leitung u. Strahlung) .	kcal/h	2 180 000	2 180 000	2 180 000	2 180 000	2 180 000	2 180 000	2 180 000
Gesamtwärme − Flüssigkeitswärme des 3 ata-Anzapfdampfes. . .	kcal/kg	556,5	565,0	548,0	560,0	550,0	539,5	546,0
somit **Dampfbedarf** . . (2% Verlust für Leitung und Strahlung)	kg/h	**3 995**	**3 935**	**4 060**	**3 970**	**4 040**	**4125**	**4 075**

Fall		A	A_1	B	B_1	C	D	D_1

Ergebnisse des Wärmeaustauschers. Der im Verdampfer erzeugte Dampf soll in einem Wärmeaustauscher durch das Kondensat des Kompressors und einen Teilstrom des vom Turbogenerator stammenden Kondensats niedergeschlagen werden. Die Verdampfungswärme dieses 1,4 ata-Dampfes beträgt 533,1 kcal/kg und wird dem Maschinenkondensat zugeführt. Die Temperatur dieses Maschinenkondensats ist beim Eintritt in den Wärmeaustauscher bei 10% Verlust für Leitung und Strahlung noch 36 °C. Es ist dann:

Kompressorkondensatmenge	kg/h	18 750	18 280	19 600	18 950	19 900	20 580	20 200
Teilstrom vom Turbogenerator	kg/h	15 000	15 000	15 000	15 000	15 000	15 000	15 000
zusammen	kg/h	33 750	33 280	34 600	33 950	34 900	35 580	35 200
Verdampfungswärme des 1,4 ata-Dampfes . . .	kcal/h	1 791 000	1 759 000	1 715 000	1 661 000	1 651 000	1 670 000	1 640 000
Aufwärmung des Kondensats um	°C	53	53	50	49	47	47	47
Austrittstemperatur des Kondensats aus dem Wärmeaustauscher . .	°C	89	89	86	85	83	83	83

Zusammensetzung des Kesselspeisewassers

Fall		A	A_1	B	B_1	C	D	D_1
Kondensat vom Kompressor (5% Verlust)	kg/h	18 750	18 280	19 600	18 950	19 900	20 580	20 200
Temperatur am Sammelbehälter (2% für Leitung und Strahlung)	°C	87	87	84	83	81	81	81
Kondensat aus Heizung u. Warmwasser (5% Verlust)	kg/h	2 760	2 725	2 795	2 745	2 785	2 825	2 800
Temperatur am Sammelbehälter	°C	60	60	60	60	60	60	60
Verdampfer-Speisewasser (5% Verlust)	kg/h	3 365	3 300	3 220	3 120	3 100	3 135	3 080
Temperatur am Sammelbehälter (2% für Leitung und Strahlung)	°C	107	107	107	107	107	107	107
Verdampfer-Heißdampfkondensat (5% Verlust)	kg/h	3 420	3 315	3 320	3 155	3 200	3 280	3 195
Temperatur am Sammelbehälter (2% für Leitung und Strahlung)	°C	130	130	130	130	130	130	130
Luftvorwärmer-Kondensat (5% Verlust)	kg/h	3 795	3 740	3 860	3 770	3 840	3 920	3 870
Temperatur am Sammelbehälter (2% für Leitung und Strahlung)	°C	130	130	130	130	130	130	130
Kondensat vom Turbogenerator (5% Verlust) .	kg/h	$x_A + 15\,000$	$x_{A_1} + 15\,000$	$x_B + 15\,000$	$x_{B_1} + 15\,000$	$x_C + 15\,000$	$x_D + 15\,000$	$x_{D_1} + 15\,000$

Fall		A	A_1	B	B_1	C	D	D_1
Temperatur am Sammelbehälter	°C	36	36	36	36	36	36	36
(10 % für Leitung und Strahlung)								
Kondensat aus dem Einblasedampf für Anwärmung des gesamten Kesselspeisewassers auf . .	133°C	y_A	y_{A_1}	y_B	y_{B_1}	y_C	y_D	y_{D_1}
Gesamte Speisewassermenge	kg/h	62 900	61 900	60 000	58 400	58 000	58 400	57 500
obige Wassermengen (+ 15 000).	kg/h	47 090	46 360	47 795	46 740	47 825	48 740	48 145
restliche Wassermengen $x + y$	kg/h	15 810	15 540	12 205	11 660	10 175	9 660	9 355
Kondensat $x + 15\,000$ des Turbogenerators . . .	kg/h	**25 620**	**25 495**	**22 265**	**21 890**	**20 370**	**19 800**	**19 620**
Kondensat y aus dem Einblasedampf	kg/h	**5 190**	**5 045**	**4 940**	**4 770**	**4 805**	**4 860**	**4 725**
Anzapfdampf 3 ata insgesamt	kg/h	**16 349**	**15 981**	**16 076**	**15 563**	**15 762**	**16 051**	**15 741**

Theoretische Feuerraumtemperatur:

$$t_v = \frac{H_u + L' \cdot Cp_h \cdot (t_h - t_l)}{G' \cdot Cp'} + t_l$$

$$= \frac{5000 + 7{,}81 \cdot 0{,}314 \cdot 80 \cdot 0{,}98}{8{,}36 \cdot 0{,}37} + 20$$

$$= 1680 + 20 = 1700^0\,C$$

$$\eta_2 = 1 - \frac{9{,}72 \cdot 0{,}33 \cdot 210}{8{,}36 \cdot 0{,}37 \cdot 1700} = 0{,}872.$$

Wärmt man also die Verbrennungsluft von 20 auf 100° C vor, so führt man der Feuerung je kg Kohle zu:

$$0{,}98 \cdot 7{,}81\,(100 - 20) \cdot 0{,}314 = 192\ \text{kcal}.$$

Ausgenutzt werden davon aber nur 87,2 % und außerdem gehen durch Leitung und Strahlung noch 2 % verloren, es werden somit je kg Kohle nutzbar gemacht

$$192 \cdot 0{,}872 \cdot 0{,}98 = 164\ \text{kcal}.$$

Ermittlung der Mischtemperatur der bekannten Kesselspeisewasser-Einzelmengen im Sammelbehälter

Es ist für

Fall A:	33750 · 87	= 2940000	kcal/h
	2760 · 60	= 165600	,,
	3365 · 107	= 360200	,,
	3420 · 130	= 445000	,,
	3795 · 130	= 493000	,,
	47090	4403800	kcal/h

Mischtemperatur $t = 4403800 : 47090 =$ **93,4°** C.

Fall A_1:	33280 · 87	= 2900000	kcal/h
	2725 · 60	= 163500	,,
	3300 · 107	= 353100	,,
	3315 · 130	= 431000	,,
	3740 · 130	= 486200	,,
	46360	4333800	kcal/h

$t = 4333800 : 46360 =$ **93,4°** C.

Fall B:	34600 · 84	= 2906400	kcal/h
	2795 · 60	= 167700	,,
	3220 · 107	= 344500	,,
	3320 · 130	= 431600	,,
	3860 · 130	= 501800	,,
	47795	4352000	kcal/h

$t = 4352000 : 47795 =$ **91,1°** C.

Fall B_1:

$$\begin{aligned} 33950 \cdot 83 &= 2817850 \text{ kcal/h} \\ 2745 \cdot 60 &= 164700 \text{ ,,} \\ 3120 \cdot 107 &= 333850 \text{ ,,} \\ 3155 \cdot 130 &= 410150 \text{ ,,} \\ 3770 \cdot 130 &= 490100 \text{ ,,} \\ \hline 46740 \quad & \quad 4216650 \text{ kcal/h} \end{aligned}$$

$t = 4216650 : 46740 =$ **90,2° C.**

Fall C:

$$\begin{aligned} 34900 \cdot 81 &= 2826900 \text{ kcal/h} \\ 2785 \cdot 60 &= 167100 \text{ ,,} \\ 3100 \cdot 107 &= 331700 \text{ ,,} \\ 3200 \cdot 130 &= 416000 \text{ ,,} \\ 3840 \cdot 130 &= 499200 \text{ ,,} \\ \hline 47825 \quad & \quad 4240900 \text{ kcal/h} \end{aligned}$$

$t = 4240900 : 47825 =$ **88,7° C.**

Fall D:

$$\begin{aligned} 35580 \cdot 81 &= 2881980 \text{ kcal/h} \\ 2825 \cdot 60 &= 169500 \text{ ,,} \\ 3135 \cdot 107 &= 335450 \text{ ,,} \\ 3280 \cdot 130 &= 426400 \text{ ,,} \\ 3920 \cdot 130 &= 509600 \text{ ,,} \\ \hline 48740 \quad & \quad 4322930 \text{ kcal/h} \end{aligned}$$

$t = 4322930 : 48740 =$ **88,8° C.**

Fall D_1:

$$\begin{aligned} 35200 \cdot 81 &= 2851200 \text{ kcal/h} \\ 2800 \cdot 60 &= 168000 \text{ ,,} \\ 3080 \cdot 107 &= 329560 \text{ ,,} \\ 3195 \cdot 130 &= 415350 \text{ ,,} \\ 3870 \cdot 130 &= 503100 \text{ ,,} \\ \hline 48145 \quad & \quad 4267210 \text{ kcal/h} \end{aligned}$$

$t = 4267210 : 48145 =$ **88,5° C.**

Berechnung der Turbogenerator-Kondensatmenge $x + 15000$

Fall A:

$$\begin{aligned} 62900 \cdot 133 &= 47090 \cdot 93{,}4 + x_A \cdot 36 \\ &\quad + (15810 - x_A) \cdot 689{,}5 \\ 8360000 &= 4410000 + x_A \cdot 36 + 10900000 \\ &\quad + x_A \cdot 689{,}5 \\ x_A \cdot (689{,}5 - 36) &= 6950000 \\ x_A &= \mathbf{10620\ kg/h} \\ x + 15000 &= \mathbf{25620\ kg/h} \\ y_A &= 15810 - 10620 = \mathbf{5190\ kg/h} \end{aligned}$$

Fall A$_1$:
$$61900 \cdot 133 = 46360 \cdot 93{,}4 + x_{A_1} \cdot 36 + (15540 - x_{A_1})\, 698{,}0$$
$$8230000 = 4330000 + x_{A_1} \cdot 36 + 10847000 + x_{A_1} \cdot 698{,}0$$
$$x_{A_1}(698{,}0 - 36) = 6947000$$
$$x_{A_1} = \mathbf{10495}\ \mathrm{kg/h}$$
$$x_{A_1} + 15000 = \mathbf{25495}\ \mathrm{kg/h}$$
$$y_{A_1} = \mathbf{5045}\ \mathrm{kg/h}$$

Fall B:
$$60000 \cdot 133 = 47795 \cdot 9{,}1 + x_B \cdot 36 + (12205 - x_B)\, 681{,}0$$
$$7980000 = 4355000 + x_B \cdot 36 + 8311000 - x_B \cdot 681{,}0$$
$$x_B(681{,}0 - 36) = 4686000$$
$$x_B = \mathbf{7265}\ \mathrm{kg/h}$$
$$x_B + 15000 = \mathbf{22265}\ \mathrm{kg/h}$$
$$y_B = \mathbf{4940}\ \mathrm{kg/h}$$

Fall B$_1$:
$$58400 \cdot 133 = 46740 \cdot 90{,}2 + x_{B_1} \cdot 36 + (11660 - x_{B_1})\, 693{,}0$$
$$7760000 = 4216000 + x_{B_1} \cdot 36 + 8080000 - x_{B_1} \cdot 693{,}0$$
$$x_{B_1}(693{,}0 - 36) = 4536000$$
$$x_{B_1} = \mathbf{6890}\ \mathrm{kg/h}$$
$$x_{B_1} + 15000 = \mathbf{21890}\ \mathrm{kg/h}$$
$$y_{B_1} = \mathbf{4770}\ \mathrm{kg/h}$$

Fall C:
$$58000 \cdot 133 = 47825 \cdot 88{,}7 + x_C \cdot 36 + (10175 - x_C) \cdot 683{,}0$$
$$7714000 = 4240000 + x_C \cdot 36 + 6950000 - x_C \cdot 683{,}0$$
$$x_C(683{,}0 - 36) = 3476000$$
$$x_C = \mathbf{5370}\ \mathrm{kg/h}$$
$$x_C + 15000 = \mathbf{20370}\ \mathrm{kg/h}$$
$$y_C = \mathbf{4805}\ \mathrm{kg/h}$$

Fall D:
$$58400 \cdot 133 = 48740 \cdot 88{,}8 + x_D \cdot 36 + (9660 - x_D) \cdot 672{,}5$$
$$7760000 = 4323000 + x_D \cdot 36 + 6496000 - x_D \cdot 672{,}5$$
$$x_D(672{,}5 - 36) = 3059000$$
$$x_D = \mathbf{4800}\ \mathrm{kg/h}$$
$$x_D + 15000 = \mathbf{19800}\ \mathrm{kg/h}$$
$$y_D = \mathbf{4860}\ \mathrm{kg/h}$$

Fall D$_1$:
$$57500 \cdot 133 = 48145 \cdot 88{,}5 + x_{D_1} \cdot 36 + (9355 - x_{D_1}) \cdot 679{,}0$$
$$7648000 = 4265000 + x_{D_1} \cdot 36 + 6352000 - x_{D_1} \cdot 679{,}0$$
$$x_{D_1}(679{,}0 - 36) = 2969000$$
$$x_{D_1} = \mathbf{4620}\ \mathrm{kg/h}$$
$$x_{D_1} + 15000 = \mathbf{19620}\ \mathrm{kg/h}$$
$$y_{D_1} = \mathbf{4735}\ \mathrm{kg/h}$$

Ermittlung der Gesamt-Anzapfdampfmenge 3 ata

Fall		A	A_1	B	B_1	C	D	D_1
Dampf für Heizung und Warmwasser	kg/h	2 900	2 865	2 940	2 890	2 930	2 975	2 950
Dampf für Zusatzwasser-aufwärmung	kg/h	394	381	381	363	367	376	366
Dampf für Zusatzwasser-verdampfer	kg/h	3 600	3 490	3 495	3 320	3 365	3 455	3 360
Dampf für Entgaser (*)	kg/h	5 460	5 310	5 200	5 020	5 060	5 120	4 990
zusammen	kg/h	12 354	12 046	12 016	11 593	11 722	11 926	11 666
Dampf für Lufterhitzung	kg/h	3 995	3 935	4 060	3 970	4 040	4 125	4 075
Gesamt-Dampfbedarf	kg/h	**16 349**	**15 981**	**16 676**	**15 563**	**15 762**	**16 051**	**15 741**

(*) Da die Dampf- bzw. Wasserverluste, wie im vorliegenden Fall angenommen werden kann, erst hinter der Turbine eintreten, sind in der obigen Zusammenstellung die Bruttomengen zu ermitteln.

Der Dampfbedarf für den Entgaser ergibt sich aus $\frac{y}{0,95}$.

Ermittlung der Kraftleistung

Fall	A	A_1	B	B_1	C	D	D_1
Leistung des Turbokompressors . . . . kW	4 000	4 000	4 000	4 000	4 000	4 000	4 000
Leistung d. Turbogenerators kW							
vom Anfangsdruck p_a bis z. Kond.-druck p_0	5 070	5 180	5 300	5 280	5 230	5 155	5 200
vom Anfangsdruck p_a bis z. Anzapfdruck p_1	—	—	935	930	1 385	1 625	1 620
vom Anfangsdruck p_a bis z. Anzapfdruck p_2	1 130	1 130	1 765	1 780	2 045	2 180	2 185
insgesamt . kW	**10 200**	**10 310**	**12 000**	**11 990**	**12 660**	**12 960**	**13 005**
Leistungszuwachs gegenüber Fall A . . . . kW	—	110	1 800	1 790	2 460	2 760	2 805
%	—	1,1	17,65	17,45	24,1	27,0	27,5
Leistungsmehrbedarf der Speisepumpen . . . . . kW	—	—	66	66	138	180	180
Nutzbarer Leistungszuwachs kW	—	110	1 734	1 724	2 322	2 580	2 625
%	—	**1.1**	**17,0**	**16,9**	**22,8**	**25,3**	**25,7**

Kraftbedarf der Hilfsbetriebe

Fall		A	A_1	B	B_1	C	D	D_1
Kesseldruck	atü	16	16	40	40	64	80	80
Kraftbedarf des Wanderrostes (P. J. V.-Getriebe)	kW	6	6	6	6	6	6	6
Kraftbedarf der Luftgebläse	kW	60	60	60	60	60	60	60
Kraftbedarf für Zweitluft	kW	4	4	4	4	4	4	4
Kraftbedarf für Flugkoksrückführung	kW	2	2	2	2	2	2	2
Kraftbedarf für Entschlackung	kW	2	2	2	2	2	2	2
Kraftbedarf für Bekohlung	kW	9	9	9	9	9	9	9
zusammen	kW	83	83	83	83	83	83	83
Kraftbedarf der Speisepumpen	kW	44	44	110	110	182	224	224
insgesamt	kW	127	127	193	193	265	307	307
Mehr gegenüber Fall $A+A_1$	kW	—	—	66	66	138	180	180
bei 7 200 Betriebsstunden je Jahr	kWh	—	—	475 000	475 000	1 000 000	1 300 000	1 300 000

Der Kraftbedarf der Turbinen-Hilfsbetriebe ist hier nicht aufgeführt.
Dieser ist in dem niedrig angesetzten mechan. Turbinen-Wirkungsgrad von 95% erfaßt.

Ermittlung des Gesamtwirkungsgrades

Fall		A	A_1	B	B_1	C	D	D_1
Krafterzeugung (Klemmenleistung)	kW	10 200	10 310	12 000	11 990	12 660	12 960	13 005
Kraftbedarf der Hilfsbetriebe	kW	127	127	193	193	265	307	307
Nutzbare Krafterzeugung	kW	10 073	10 183	11 807	11 797	12 395	12 653	12 698
Dampf für Heizung und Warmwasser	kg/h	2 900	2 865	2 940	2 890	2 930	2 975	2 950
Wärmeinhalt des Dampfes	kcal/kg	689,5	698,0	681,0	693,0	683,0	672,5	679,0
Restwärmeinhalt nach Abzug von 2% Verlust für Leitg. u. Strahlg. .	kcal/kg	676	684	667	679	669	659	665
Wärmegefälle bis 65 °C	kcal/kg	611	619	602	614	604	594	600
Gesamt-Wärmeabgabe f. Heizung u. Warmwasser	kcal/h	1 772 000	1 772 000	1 770 000	1 775 000	1 770 000	1 768 000	1 770 000
Nutzbare Krafterzeug. .	kcal/h	8 662 100	8 756 700	10 153 200	10 145 420	10 658 800	10 881 580	10 920 280
Gesamte abzugebende Leistung	kcal/h	10 434 100	10 528 700	11 923 200	11 920 420	12 428 800	12 649 580	12 690 280
Kohlenwärme 10850 · 5000	kcal/h	54 250 000	54 250 000	54 250 000	54 250 000	54 250 000	54 250 000	54 250 000
Gesamtwirkungsgrad . .	%	**19,25**	**19,42**	**22,02**	**22,0**	**22,95**	**23,3**	**23,4**

Wirtschaftlichkeitsberechnung

Nimmt man an, daß für Abschreibung (Amortisation) 8 % und für Verzinsung 7 % anzusetzen sind, so beträgt der Kapitaldienst insgesamt 15 %.[1])

Die Anlagekosten belaufen sich unter bestimmten Annahmen auf:

Fall	Anlage			Kesselanlage	Maschinenanlage
A	16	atü	375° C	M 2075000,—	1500000,—
A_1	16	,,	395° C	,, 2100000,—	1500000,—
B	40	,,	450° C	,, 2460000,—	1800000,—
B_1	40	,,	480° C	,, 2540000,—	1800000,—
C	64	,,	500° C	,, 2820000,—	2000000,—
D	80	,,	500° C	,, 3200000,—	2100000,—
D_1	80	,,	515° C	,, 3300000,—	2100000,—

Bem.: Die Preise für die Kesselanlagen sind überschlägig errechnet. Sie zeigen einigermaßen richtig die Erhöhung der Kosten mit steigendem Druck und steigender Temperatur. Die Preise für die Maschinenanlage sind nur roh geschätzt, um überhaupt die Rechnung zu Ende zu bringen; denn letzten Endes ist die Höhe des Strompreises der Maßstab für die Wirtschaftlichkeit der Anlage und der Hauptzweck dieses Beispieles ist schließlich mit der Angabe des Rechnungsgangs erfüllt.

Die Betriebskosten setzen sich zusammen aus

a) den Löhnen für die Bedienung der Anlagen,

b) den Kosten für Instandsetzung und Reparaturen,

c) den Kosten für Wasser und Chemikalien,

d) den Kohlenkosten, wobei der Brennstoff von H_u = 5000 kcal/kg mit M 8,— je Tonne Kohle frei Bunker angesetzt werden soll,

e) den Kosten für das Rußblasen.

Im **Dreischichtenbetrieb** mit insgesamt 7200 Betriebsstunden im Jahr stellen sich die Betriebsunkosten a) bis d) insgesamt für die verschiedenen Fälle bei der 16-atü-Anlage auf M 677500,—, bei der 40-atü-Anlage auf M 680000,—, bei der 64-atü-Anlage auf M 685000,— und bei der 80-atü-Anlage auf M 687000,—. Nimmt man weiter an, daß die Betriebsunkosten des Maschinenhauses sich durchweg auf M 50000,—/Jahr stellen, so ergibt sich die nachstehende Berechnung des Nettostrompreises:

[1]) s. auch „Hütte" Band I, 27. Auflage, Seite 80.

Ermittlung des Nettostrompreises

Fall		A	A_1	B	B_1	C	D	D_1
1. Kesselanlage:								
Kapitaldienst pro Jahr . . .	M	311 250	315 000	369 000	381 000	423 000	480 000	495 000
Betriebsunkosten/Jahr . . .	M	677 500	677 500	680 000	680 000	685 000	687 500	687 500
zusammen . . .	M	988 750	992 500	1 049 000	1 061 000	1 108 000	1 167 500	1 182 500
2. Maschinenanlage:								
Kapitaldienst pro Jahr . . .	M	225 000	225 000	270 000	270 000	300 000	315 000	315 000
Betriebsunkosten/Jahr . . .	M	50 000	50 000	50 000	50 000	50 000	50 000	50 000
Gesamtaufwendungen bei 7 200 Betriebsstunden je Jahr	M	1 263 750	1 267 500	1 369 000	1 381 000	1 458 000	1 532 500	1 547 500
Nutzbare Krafterzeugung .	kW	10 073	10 183	11 807	11 797	12 395	12 653	12 698
Strompreis/kWh	Pf.	**1,75**	**1,73**	**1,6**	**1,615**	**1,63**	**1,68**	**1,7**

Der **Fall B**, d. h. die Anlage mit 40 atü und 450 °C, liegt somit für die angenommenen Verhältnisse am günstigsten.

IV. Teil

27. Sattdampftabelle

ata p	Grad C t_1	kcal i_1	kcal i	kcal r	v_1 1 kg = m³
0,05	32,55	611,5	32,55	578,9	28,73
0,075	39,95	614,7	39,93	574,8	19,60
0,10	45,45	617,0	45,41	571,6	14,95
0,15	53,60	620,5	53,54	567,0	10,21
0,20	59,67	623,1	59,61	563,5	7,795
0,25	64,56	625,1	64,49	560,6	6,322
0,30	68,68	626,8	68,61	558,2	5,328
0,40	75,42	629,5	75,36	554,1	4,069
0,50	80,86	631,6	80,81	550,8	3,301
1,00	99,09	638,5	99,12	539,4	1,725
2	119,62	645,8	119,87	525,9	0,9016
3	132,88	650,3	133,4	516,9	0,6166
4	142,92	653,4	143,6	509,8	0,4706
5	151,11	655,8	152,1	503,7	0,3816
6	158,08	657,8	159,3	498,5	0,3213
7	164,17	659,4	165,6	493,8	0,2778
8	169,61	660,8	171,3	489,5	0,2448
9	174,53	662,0	176,4	485,6	0,2189
10	179,04	663,0	181,2	481,8	0,1981
11	183,20	663,9	185,6	478,3	0,1808
12	187,08	664,7	189,7	475,0	0,1664
13	190,71	665,4	193,5	471,9	0,1541
14	194,13	666,0	197,1	468,9	0,1435
15	197,36	666,6	200,6	466,0	0,1343
16	200,43	667,1	203,9	463,2	0,1262
17	203,35	667,5	207,1	460,4	0,1190
18	206,14	667,9	210,1	457,8	0,1126
19	208,81	668,2	213,0	455,2	0,1068
20	211,38	668,5	215,8	452,7	0,1016
22	216,23	668,9	221,2	447,7	0,0925
24	220,75	669,3	226,1	443,2	0,0849
25	222,9	669,4	228,5	440,9	0,0816
26	224,99	669,5	230,8	438,7	0,0785
28	228,98	669,6	235,2	434,4	0,0729
30	232,76	669,7	239,5	430,2	0,068
32	236,35	669,7	243,6	426,1	0,0638
34	239,77	669,6	247,5	422,1	0,06
36	243,04	669,5	251,2	418,3	0,0566
38	246,17	669,3	254,8	414,5	0,0535
40	249,18	669,0	258,2	410,8	0,0508
42	252,07	668,8	261,6	407,2	0,0483
44	254,87	668,4	264,9	403,5	0,0460
46	257,56	668,0	268,0	400,0	0,0439
48	260,17	667,7	271,2	396,5	0,0420
50	262,7	667,3	274,2	393,1	0,0402

ata p	Grad C t_1	kcal i_1	kcal i	kcal r	v_1 1 kg = m³
55	268,69	666,2	281,4	384,8	0,0364
60	274,29	665,0	288,4	376,6	0,0331
64	278,51	663,9	293,5	370,4	0,0309
70	284,48	662,1	300,9	361,2	0,0280
80	293,62	658,9	312,6	346,3	0,0240
90	301,92	655,1	323,6	331,5	0,0210
100	309,53	651,1	334,0	317,1	0,0185
110	316,58	646,7	344,0	302,7	0,0164
125	326,26	639,3	358,5	280,8	0,0138
140	335,09	631,0	372,4	258,6	0,0118
160	345,74	618,3	390,8	227,5	0,0096
180	355,35	602,5	410,2	192,3	0,0078
200	364,08	582,3	431,5	150,8	0,0062
220	372,1	547	463,4	84	0,0045
224	373,6	532	478,0	54	0,0039
~ 226	374	500	500	0	0,0031[1]

Bemerkung: Auszug[2]) aus den „VDI Wasserdampftafeln" von Dr. Ing. We. Koch, 1937, Verlag R. Oldenbourg, München und Verlag Julius Springer, Berlin.

p = absoluter Dampfdruck.

t_1 = Sattdampftemperatur.

i_1 = Gesamtwärme je kg Sattdampf.

i = Flüssigkeitswärme je kg Sattdampf.

r = Verdampfungswärme je kg Sattdampf.

v_1 = spez. Volumen des Sattdampfes.

---

[1]) Kritischer Druck, Werte ungefähr ermittelt.

[2]) Zur allgemeinen Benutzung sind die angeführten, ausführlichen Tafeln unentbehrlich.

28. Wärmeinhalt i_2 und spez. Volumen v_2 von Heißdampf

ata	Heißdampftemperatur t_2												
p	300	320	340	360	380	400	420	440	460	480	500	520	540
2	732,9 1,342	742,5 1,39	752,2 1,437	761,9 1,485	771,7 1,532	781,5 1,58	791,4 1,627	801,4 1,674	811,5 1,722	821,7 1,769	831,9 1,816	842,2 1,864	852,7 1,911
4	731,7 0,6677	741,4 0,6918	751,2 0,7159	761,0 0,7399	770,8 0,7638	780,7 0,7877	790,7 0,8116	800,8 0,8354	810,9 0,8592	821,1 0,883	831,4 0,9068	841,7 0,9305	852,2 0,9542
6	730,5 0,4429	740,3 0,4592	750,2 0,4754	760,1 0,4915	770,0 0,5077	780,0 0,5237	790,0 0,5398	800,1 0,5558	810,3 0,5717	820,6 0,5876	830,9 0,6036	841,3 0,6194	851,8 0,6352
8	729,3 0,3305	739,2 0,3429	749,2 0,3552	759,2 0,3674	769,2 0,3796	779,2 0,3918	789,3 0,4039	799,5 0,4159	809,7 0,428	820,0 0,44	830,4 0,4519	840,8 0,4639	851,3 0,4759
10	728,1 0,2630	738,2 0,2731	748,2 0,283	758,3 0,2929	768,4 0,3028	778,4 0,3126	788,6 0,3223	798,8 0,332	809,1 0,3417	819,4 0,3514	829,8 0,361	840,3 0,3706	850,9 0,3802
12	726,8 0,2181	737,0 0,2265	747,2 0,2349	757,4 0,2433	767,5 0,2515	777,7 0,2598	787,9 0,2679	798,2 0,2761	808,5 0,2842	818,9 0,2923	829,4 0,3003	839,9 9,3084	850,5 0,3164
14	725,6 0,1859	735,9 0,1933	746,2 0,2006	756,4 0,2078	766,7 0,215	776,9 0,222	787,2 0,2291	797,6 0,2361	807,9 0,2431	818,3 0,2501	828,8 0,257	839,4 0,2639	850,0 0,2709
16	724,4 0,1618	734,8 0,1684	745,2 0,1748	755,5 0,1812	765,9 0,1875	776,2 0,1937	786,5 0,200	796,9 0,2062	807,3 0,2123	817,8 0,2184	828,3 0,2245	838,9 0,2306	849,6 0,2367
18	723,2 0,1431	733,7 0,149	744,2 0,1548	754,6 0,1605	765,0 0,1661	775,4 0,1717	785,8 0,1773	796,3 0,1829	806,7 0,1884	817,2 0,1938	827,8 0,1993	838,4 0,2047	849,1 0,2101

ata p	Heißdampftemperatur t_2 300	320	340	360	380	400	420	440	460	480	500	520	540
20	721,9	732,6	743,2	753,7	764,2	774,7	785,1	795,6	806,1	816,7	827,3	837,9	848,7
	0,1281	0,1334	0,1387	0,1439	0,1491	0,1542	0,1592	0,1642	0,1692	0,1741	0,1791	0,184	0,1888
25	718,6	729,6	740,6	751,4	762,1	772,7	783,3	794,0	804,6	815,3	826,0	836,8	847,6
	0,101	0,1055	0,1098	0,1141	0,1183	0,1225	0,1266	0,1307	0,1347	0,1387	0,1427	0,1466	0,1506
30	715,2	726,8	738,0	749,1	760,0	770,8	781,6	792,4	803,1	813,9	824,7	835,5	846,5
	0,0830	0,0868	0,0906	0,0942	0,0978	0,1013	0,1048	0,1083	0,1117	0,1151	0,1184	0,1218	0,1251
35	711,6	723,6	735,3	746,6	757,8	768,8	779,8	790,7	801,6	812,5	823,4	834,3	845,3
	0,070	0,0735	0,0768	0,080	0,0831	0,0862	0,0893	0,0923	0,0952	0,0982	0,1011	0,1039	0,1069
40	707,8	720,5	732,5	744,1	755,5	766,8	778,0	789,1	800,1	811,1	822,1	833,1	844,2
	0,0603	0,0634	0,0664	0,0693	0,0721	0,0749	0,0776	0,0803	0,0829	0,0855	0,088	0,0906	0,0932
45	703,8	717,1	729,6	741,6	753,3	764,8	776,1	787,4	798,5	809,7	820,8	831,9	843,1
	0,0526	0,0556	0,0584	0,061	0,0636	0,0661	0,0685	0,071	0,0733	0,0757	0,078	0,0803	0,0826
50	699,5	713,6	726,6	739,1	751,1	762,8	774,3	785,7	797,0	808,3	819,5	830,7	841,9
	0,0465	0,0493	0,0519	0,0544	0,0567	0,059	0,0613	0,0635	0,0657	0,0678	0,0699	0,072	0,074
55	694,0	709,2	722,9	735,9	748,3	760,3	772,1	783,7	795,2	806,6	818,0	829,2	840,6
	0,0405	0,0432	0,0456	0,0479	0,0501	0,0522	0,0543	0,0563	0,0583	0,0602	0,0621	0,064	0,0658
60	690,0	706,0	720,4	733,7	746,4	758,7	770,6	782,4	793,9	805,5	816,9	828,3	839,7
	0,0371	0,0398	0,0421	0,0443	0,0464	0,0484	0,0504	0,0523	0,0541	0,056	0,0578	0,0595	0,0613
70	679,2	697,7	713,6	728,1	741,5	754,4	766,8	778,9	790,8	802,6	814,3	825,9	837,4
	0,0303	0,0329	0,0351	0,0371	0,0391	0,0409	0,0426	0,0443	0,0459	0,0475	0,0491	0,0506	0,0522

ata	Heißdampftemperatur t_2												
p	300	320	340	360	380	400	420	440	460	480	500	520	540
80	666,8 0,025	688,3 0,0276	706,2 0,0297	722,0 0,0317	736,4 0,0335	750,0 0,0352	762,9 0,0367	775,4 0,0383	787,6 0,0397	799,7 0,0412	811,6 0,0426	823,4 0,044	835,2 0,0453
90	—	677,7 0,0233	698,1 0,0255	715,5 0,0274	730,9 0,0291	745,3 0,0307	758,8 0,0322	771,8 0,0336	784,4 0,0349	796,8 0,0362	808,9 0,0375	820,9 0,0388	832,9 0,040
100	—	666,0 0,0199	689,2 0,0221	708,4 0,024	725,2 0,0256	740,4 0,0271	754,6 0,0285	768,1 0,0298	781,1 0,0311	793,8 0,0323	806,2 0,0335	818,5 0,0346	830,6 0,0358
120	—	—	668,9 0,0167	692,7 0,0187	712,6 0,0203	730,0 0,0217	745,7 0,023	760,4 0,0242	774,3 0,0253	787,7 0,0264	800,6 0,0274	813,5 0,0284	825,9 0,0294
140	—	—	642,6 0,0125	674,3 0,0147	698,3 0,0164	718,4 0,0178	736,1 0,019	752,2 0,0201	767,1 0,0211	781,3 0,0221	794,9 0,023	808,2 0,0239	821,1 0,0248
160	—	—	—	651,8 0,0115	682,2 0,0133	705,9 0,0147	725,8 0,0159	743,4 0,017	759,5 0,018	774,7 0,0189	789,1 0,0198	802,8 0,0206	816,2 0,0214
180	—	—	—	620,2 0,0086	664,1 0,0108	692,2 0,0123	714,6 0,0135	734,1 0,0145	751,6 0,0155	767,8 0,0164	782,9 0,0172	797,4 0,018	811,2 0,0187
200	—	—	—	—	640,2 0,0087	676,6 0,0103	702,4 0,0115	724,0 0,0126	743,0 0,0135	760,5 0,0144	776,6 0,0151	791,6 0,0159	805,8 0,0166
220	—	—	—	—	606,8 0,0066	657,9 0,0086	689,3 0,0099	713,3 0,011	733,9 0,0119	752,8 0,0127	770,0 0,0134	785,7 0,0141	800,5 0,0148

i_2 = kcal/kg
v_2 = m³/kg

Bemerkung: i_2 = Gesamtwärme/kg Heißdampf v. v_2 = spez. Volumen des Heißdampfes.
Auszug aus den „VDI Wasserdampftafeln" (s. Seite 225).

29. Werte des log nat 1,0 bis 10,0

N	ln	*N*	ln	*N*	ln	*N*	ln	*N*	ln	*N*	ln
1,0	0,000	2,5	0,916	4,0	1,386	5,5	1,704	7,0	1,945	8,5	2,140
1,1	0,095	2,6	0,955	4,1	1,411	5,6	1,722	7,1	1,960	8,6	2,151
1,2	0,182	2,7	0,993	4,2	1,435	5,7	1,740	7,2	1,974	8,7	2,163
1,3	0,262	2,8	1,029	4,3	1,458	5,8	1,757	7,3	1,987	8,8	2,174
1,4	0,336	2,9	1,064	4,4	1,481	5,9	1,775	7,4	2,001	8,9	2,186
1,5	0,405	3,0	1,098	4,5	1,504	6,0	1,791	7,5	2,014	9,0	2,197
1,6	0,470	3,1	1,131	4,6	1,526	6,1	1,808	7,6	2,028	9,1	2,208
1,7	0,530	3,2	1,163	4,7	1,547	6,2	1,824	7,7	2,041	9,2	2,219
1,8	0,587	3,3	1,193	4,8	1,568	6,3	1,840	7,8	2,054	9,3	2,230
1,9	0,641	3,4	1,223	4,9	1,589	6,4	1,856	7,9	2,066	9,4	2,240
2,0	0,693	3,5	1,252	5,0	1,609	6,5	1,871	8,0	2,079	9,5	2,251
2,1	0,741	3,6	1,280	5,1	1,629	6,6	1,887	8,1	2,091	9,6	2,261
2,2	0,788	3,7	1,308	5,2	1,648	6,7	1,902	8,2	2,104	9,7	2,272
2,3	0,832	3,8	1,335	5,3	1,667	6,8	1,916	8,3	2,116	9,8	2,282
2,4	0,875	3,9	1,361	5,4	1,686	6,9	1,931	8,4	2,128	9,9	2,292
										10,0	2,302

30. Schornsteinzug-Tabelle

(Zugstärke in mm WS) bezogen auf 27 °C und 760 mm QS

Mittlere Schornsteintemp. °C	Zugstärke je m Höhe	Schornsteinhöhe (nutzbare) in m[1])									
		30	40	50	60	70	80	90	100	110	120
120	0,277	8,31	11,08	13,85	16,62	19,39	22,16	24,93	27,7	30,47	33,24
140	0,317	9,51	12,68	15,85	19,02	22,19	25,36	28,53	31,7	34,87	38,04
160	0,360	10,80	14,40	18,00	21,60	25,20	28,80	32,40	36,00	39,60	43,20
180	0,395	11,85	15,80	19,75	23,70	26,65	31,60	35,55	39,50	43,45	47,40
200	0,425	12,75	17,00	21,10	25,50	29,75	34,00	38,25	42,50	46,75	51,00
220	0,458	13,74	18,32	22,90	27,48	32,06	36,64	41,22	45,80	50,38	54.96
240	0,486	14,58	19,44	24,30	29,16	34,02	38,88	43,74	48,60	53,46	58,32
260	0,515	15,45	20,60	25,75	30,90	36,05	41,20	46,35	51,50	56,65	61,80
280	0,535	16,05	21,40	26,75	32,10	37,45	42,80	48,15	53,50	58,85	64,20
300	0,557	16,71	22,28	27,85	33,42	38,99	44,56	50,13	55,70	61,27	66,84
320	0,577	17,31	23,08	28,85	34,62	40,39	46,16	51,93	57,70	63,47	69,24
340	0,599	17,97	23,96	29,95	35,94	41,93	47,92	53,91	59,90	65,89	71,88
360	0,619	18,57	24,76	30,95	37,14	43,33	49,52	55,71	61,90	68,09	74,28
380	0,635	19,05	25,40	31,75	38,10	44,45	50,80	57,17	63,50	69,85	76,20
400	0,649	19,47	25,96	32,45	38,94	45,43	51,92	58,41	64,90	71,39	77,88

Bem.: Die Zugstärken sind nach Formel (142) S. 106 errechnet. Die tatsächlichen Zugstärken sind aus den auf S. 107 angegebenen Gründen niedriger als die Tabellenwerte.

Bei anderem Barometerstand ist die Zugstärke $= Z \cdot \frac{b}{760}$.
Sofern je m Höhe ½° C Temp.-Verlust entsteht, ist die Schornsteinfußtemperatur = mittlere Schornsteintemperatur + ¼ Schornsteinhöhe.

[1]) nutzbar, d. h. Höhe über der Feuerungsbasis, z. B. Rostfläche.

31. Dichte und Volumen von Wasser bei Temperaturen von 0° bis 320° C[1]); spez. Wärme c

(Nach Thiesen, Scheel, Diesselhorst, Hirn, Ramsay und Young, Waterston u. a.).

Temp. t	Dichte	Volumen	Temp. t	Dichte	Volumen	Temp. t	Dichte	Volumen	Temp. t	Dichte	Volumen
0°	0,99987	1,00013	90°	0,9653	1,0359	190°	0,8750	1,1429	290°	0,72	1,38
4°	1,00000	1,00000	100°	0,9584	1,0434	200°	0,8628	1,1590	300°	0,70	1,42
10°	0,99973	1,00027	110°	0,9510	1,0516	210°	0,850	1,177	310°	0,68	1,46
20°	0,99823	1,00177	120°	0,9435	1,0600	220°	0,837	1,195	320°	0,66	1,51
30°	0,99567	1,00435	130°	0,9351	1,0694	230°	0,823	1,215			
40°	0,99224	1,00782	140°	0,9263	1,0795	240°	0,809	1,236			
50°	0,9881	1,0121	150°	0,9172	1,0903	250°	0,794	1,259			
60°	0,9832	1,0171	160°	0,9076	1,1018	260°	0,779	1,283			
70°	0,9778	1,0227	170°	0,8973	1,1145	270°	0,765	1,308			
80°	0,9718	1,0290	180°	0,8866	1,1279	280°	0,75	1,34			

Beispiel: Bei 230° C haben 1000 kg Wasser ein Volumen von 1,215 m³, und 1 m³ Wasser wiegt bei dieser Temp. 823 kg.

Spez. Wärme c nach Dieterici: bei 20° = 1,001; bei 60° = 0,9976; bei 100° = 1,000;
,, 140° = 1,0046; ,, 220° = 1,0203; ,, 300° = 1,0449.

[1]) Hütte I, 26. Auflage. I S. 485/486; $c = 0{,}9983 - 0{,}005184 \cdot \frac{t}{100} + 0{,}006912 \cdot \left(\frac{t}{100}\right)^2$

32. Mittlere spezifische Wärme für Gase und Wasserdampf bei konstantem Druck für 1 Nm³ und 1 kg zwischen 0° und t° C

Temp. t°	C_p für 1 Nm³					c_p für 1 kg						
	Luft, N_2, O_2, CO. H_2	CH_4	C_2H_4	H_2O	CO_2, SO_2	O_2	Luft	N_2, CO	H_2	SO_2	CO_2	H_2O
0	0,312	0,343	0,420	0,372	0,397	0,218	0,241	0,249	3,445	0,139	0,202	0,462
100	0,314	0,379	0,469	0,373	0,410	0,219	0,243	0,251	3,467	0,144	0,209	0,464
200	0,316	0,414	0,518	0,375	0,426	0,221	0,244	0,252	3,490	0,149	0,217	0,466
300	0,318	0,450	0,567	0,376	0,442	0,222	0,246	0,254	3,512	0,155	0,225	0,468
400	0,320	0,486	0,616	0,378	0,456	0,224	0,247	0,255	3,534	0,159	0,232	0,470
500	0,322	0,522	0,666	0,380	0,467	0,225	0,249	0,257	3,557	0,164	0,238	0,473
600	0,324	0,557	0,715	0,383	0,477	0,226	0,250	0,259	3,579	0,167	0,243	0,476
700	0,326	0,593	0,764	0,385	0,487	0,228	0,252	0,261	3,601	0,170	0,248	0,479
800	0,328	0,629	0,813	0,389	0,497	0,229	0,253	0,262	3,624	0,174	0,253	0,484
900	0,330	0,664	0,862	0,394	0,505	0,231	0,255	0,264	3,646	0,177	0,257	0,490
1000	0,332	0,700	0,911	0,398	0,511	0,232	0,256	0,266	3,668	0,179	0,260	0,495
1100	0,334	0,736	0,960	0,402	0,517	0,233	0,258	0,267	3,690	0,181	0,263	0,500
1200	0,336	0,771	1,009	0,407	0,521	0,235	0,260	0,269	3,713	0,182	0,265	0,506
1300	0,338	0,807	1,058	0,413	0,526	0,236	0,261	0,271	3,735	0,184	0,268	0,513
1400	0,340	0,843	1,107	0,418	0,530	0,238	0,263	0,272	3,758	0,186	0,270	0,520
1500	0,342	0,879	1,157	0,424	0,536	0,239	0,264	0,274	3,780	0,188	0,273	0,527
1600	0,344	—	—	0,430	0,541	0,240	0,266	0,276	3,802	0,189	0,275	0,535
1800	0,348	—	—	0,446	0,550	0,243	0,269	0,279	3,847	0,192	0,280	0,554
2000	0,352	—	—	0,465	0,556	0,246	0,272	0,282	3,891	0,194	0,283	0,578

(Nach Mitteilungen Nr. 62 der Wärmestelle Düsseldorf.)

33. Mittlere spez. Wärme von Körpern und Flüssigkeiten

zwischen 0° und 100° (Hütte, 26. Aufl. I/488) je kg.

Eisen = 0,115	Ziegelsteine = 0,220	Koks = 0,200
Asche = 0,200	Steinkohle = 0,310	Gips = 0,200
Schlacke = 0,180	Benzol = 0,440	Eiche = 0,570
Beton = 0,210	Petroleum = 0,500	Fichte = 0,650

und für Eisen, zwischen 0° und t° ist c:

300° = 0,126	700° = 0,159	1000° = 0,168
500° = 0,137	900° = 0,170	1200° = 0,167

34. Wärmeleitzahl λ kcal/m²h °C

Temperatur	100	200	400	600	800	1000	1200	1400
Kieselgurstein . .	0,12	0,14	0,16	0,18	0,21	0,24	—	—
Ziegelstein. . . .	0,48	0,52	0,60	0,70	—	—	—	—
Schamottestein .	0,63	0,69	0,78	0,85	0,92	1,01	1,1	1,19

35. Wärmeausdehnung

in Prozenten der ursprünglichen Länge

Temperatur	100	200	300	400	500	600	700	800	1000	1200	1400
Eisen.	0,10	0,25	0,46	0,55	0,70	0,88	1,06	—	—	—	—
Ziegelstein . .	0,08	0,15	0,23	0,31	0,40	0,50	0,60	—	—	—	—
Schamottestein	0,07	0,13	0,19	0,25	0,31	0,38	0,43	0,48	0,58	0,65	0,64

36. Raumgewichte je 1 m³

Steinkohle	geschüttet	...... 720 — 870	kg
Zechenkoks	,,	...... 450 — 550	,,
Koksgrus	,,	1000	,,
Gaskoks	,,	...... 360 — 470	,,
Torf (lufttrocken)	,,	...... 330 — 410	,,
Torf (feucht)	,,	...... 550 — 650	,,
Holz-Scheite	,,	...... 320 — 400	,,
Ziegelsteine	,,	......1380 —1500	,,
Braunkohle	,,	...... 650 — 780	,,
Holzkohle	,,	...... 150 — 220	,,

37. Bestimmung der mittleren log. Temperaturdifferenz

(Nach Gröber-Hausbrand; s. Gröber „Wärmeübertragung", 1926, S. 108.)

Bezeichnet t_d die gesuchte, mittlere Temperaturdifferenz, t_{gr} die größte Temperaturdifferenz **auf der Ein- oder Austrittsseite** und t_{kl} die kleinste Temperaturdifferenz, so ist

$$t_d = t_{gr} \cdot f \cdot \left(\frac{t_{kl}}{t_{gr}}\right) \ldots {}^\circ C \quad \ldots \ldots \ldots (168)$$

Der Wert $f \cdot \left(\frac{t_{kl}}{t_{gr}}\right)$ wird der nachstehenden Zahlentafel entnommen.

$\frac{t_{kl}}{t_{gr}}$	$f \cdot \frac{t_{kl}}{t_{gr}}$	$\frac{t_{kl}}{t_{gr}}$	$f \cdot \frac{t_{kl}}{t_{gr}}$	$\frac{t_{kl}}{t_{gr}}$	$f \cdot \frac{t_{kl}}{t_{gr}}$	$\frac{t_{kl}}{t_{gr}}$	$f \cdot \frac{t_{kl}}{t_{gr}}$
0,05	0,317	0,30	0,581	0,55	0,753	0,80	0,896
0,10	0,391	0,35	0,619	0,60	0,783	0,85	0,923
0,15	0,448	0,40	0,655	0,65	0,812	0,90	0,949
0,20	0,497	0,45	0,689	0,70	0,841	0,95	0,975
0,25	0,541	0,50	0,721	0,75	0,869	1,00	1,00

Beispiel 62: Gastemperatur 450° C gegenüber Wasser 250° C
und „ 200° C „ „ 110° C

$t_{gr} = 450 - 250 = 200$ und $t_{kl} = 200 - 110 = 90$° C.

$\frac{t_{kl}}{t_{gr}} = \frac{90}{200}$ 0,45 und $t_d = 200 \cdot 0{,}689 = 137{,}8$° C.

Bem.: Die mittlere, arithmetische Temperaturdifferenz wäre für diesen Fall $= \frac{450 + 200}{2} - \frac{250 + 110}{2} = 145$° C, also sehr ungenau.

38. Kessel-Entsalzung

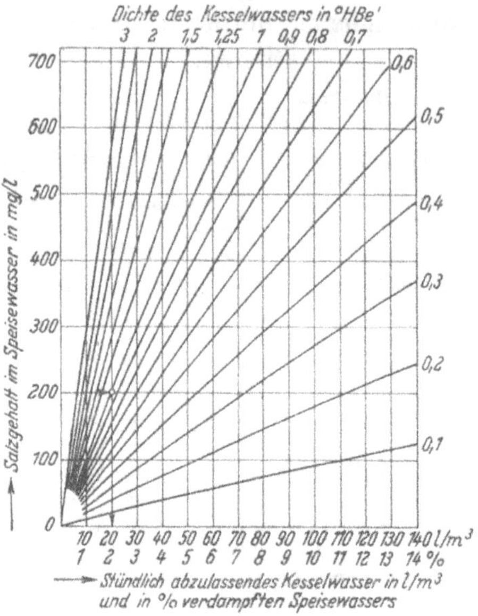

Bild 39.[1])

Beispiel 63: Salzgehalt 200 mg/l, Dichte 1° Bé, somit bei 20 m³ Speisewassermenge/Stunde 20 · 20 = 400 l, d. h. 2 %. (Bé = Beaumé.)

39. Natronzahl

Das Kesselwasser, das infolge Eindampfung erheblich salzreicher ist als das eingespeiste Wasser, muß alkalisch sein, damit Korrosionen sicher vermieden werden. Der Maßstab für die notwendige Alkalität ist die

$$\text{Natronzahl} = \frac{\text{Gehalt an } Na_2CO_3}{4{,}5} + \text{Gehalt an NaOH}$$

alles in mg/l.

Die Natronzahl sollte im allgemeinen zwischen 50 und 500 mg/l liegen; von etwa 80 at ab gilt der untere Wert, da bei hohen Drucken andernfalls der Salzgehalt des Dampfes zu hoch ansteigt (s. auch S. 166).

Die Einstellung der Natronzahl erfolgt durch entsprechend starkes Ablassen von Kesselschlammwasser.

[1]) Nach R. Klein. „Wärme" 1930 S. 398.

40. Graphische Bestimmung der mittleren Feuerraumtemperatur t_f

Kennt man die Größe der projizierten Strahlungsheizfläche F_s, berechnet man die theoretische Verbrennungstemperatur t_v nach den Formeln (56), (58), (59), S. 39, nimmt man ferner für die Wärmestrahlung die Strahlungszahl 4 und damit die Tabelle für S auf S. 41 als ein Mittel richtig an, so läßt sich die mittlere Feuerraumtemperatur t_f auch graphisch bestimmen.

Es ist nämlich bei Vernachlässigung des Unterschieds in der spezifischen Wärme C_p

$$Q_s = F_s \cdot S = (t_v - t_f)\ B \cdot G \cdot C_p \text{ kcal/h.}$$

Da F_s, t_v, B, G und C_p für einen bestimmten Betriebszustand feststehende Werte sind, also als konstant angesehen werden können, und S von t_f abhängig ist, hat man zwei nur von t_f abhängige Gleichungen mit Q_s als gemeinsamer Größe, die nach Bild 40 in Kurvenform aufgetragen werden können. t_f ist durch den Schnittpunkt der beiden Kurven gegeben und kann auf diese Weise einfach und mit ausreichender Genauigkeit ermittelt werden.

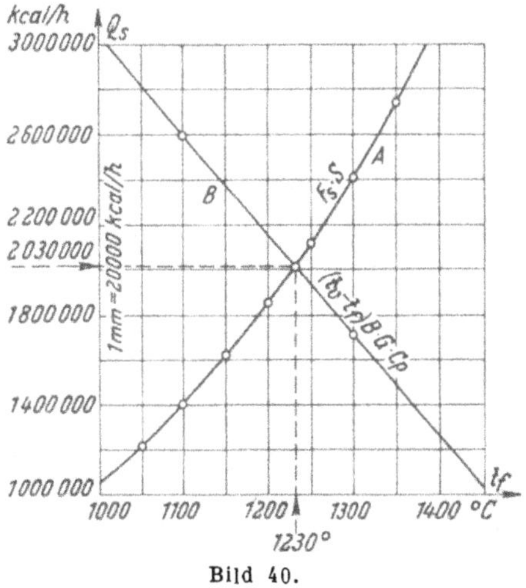

Bild 40.

Beispiel: $F_s = 10\ \text{m}^2$; $H_u = 7500$ kcal/kg; $G = 12{,}4\ \text{Nm}^3$/kg; $C_p = 0{,}36$; $B = 1000$ kg/h; $t_v = \dfrac{7500}{12{,}4 \cdot 0{,}36} = 1680°$ C.

Man trägt auf den Senkrechten der Temperaturen t_f die Werte für $F_s \cdot S$ ab und erhält so die Linie A, die leicht gekrümmt ist; es müssen daher mehrere Punkte ermittelt werden. Sodann trägt man auf 2 Temperatursenkrechten die Werte für $(t_v - t_f)$ $B \cdot G \cdot C_p$ ab und verbindet diese beiden Punkte durch eine Gerade B miteinander. Der Schnittpunkt der Linien A und B ergibt die Feuerraumtemperatur oder den zugehörigen Wert für $F_s \cdot S = Q_s$, ausgehend von 0° C Kesselhaustemperatur. Hat man eine höhere Kesselhaustemperatur, ist diese zu t_v zu addieren. (Vorschlag Walz.)

41. Ausführliche Studienwerke

neueren Datums (ab 1933) sind z. B. folgende:

Gumz, W., „Die Luftvorwärmung im Dampfkesselbetrieb", 2. Auflage, O. Spamer, Leipzig 1933.
Haeder, H., „Die Dampfkessel", 8. Auflage, R. C. Schmidt & Co., Berlin 1934.
Loschge, „Die Dampfkessel", J. Springer, Berlin 1937.
Münzinger, Friedrich, „Dampfkraft", 2. Auflage, J. Springer, Berlin 1933.
—, „Leichte Dampfantriebe", J. Springer, Berlin 1937.
Netz, H., „Die Dampfkessel", B. G. Teubner, Leipzig und Berlin 1934.
Spalckhaver, R., Schneiders, F., und Rüsters, A., „Die Dampfkessel nebst ihren Zubehörteilen und Hilfseinrichtungen". J. Springer, Berlin 1924, mit Ergänzungsband von Spalkhaver-Rüster 1934.
Marcard, W., „Rostfeuerungen". VDI-Verlag, Berlin 1934.
Wesche, H., „Die Brennstoffe". F. Enke, Stuttgart 1936.
Ruhrkohlen-Handbuch ,3. Auflage. J. Springer, Berlin 1937.
ten Bosch, M., „Die Wärmeübertragung", 3. Auflage, J. Springer, Berlin 1936.
Schmidt, E., „Einführung in die technische Thermodynamik, J. Springer, Berlin 1936.
Koch, W., „VDI-Wasserdampftafeln". R. Oldenbourg, München, u. J. Springer, Berlin 1937.
Vereinigung der Großkesselbesitzer, „Richtlinien für Wasseraufbereitungsanlagen", III. Ausgabe 1940, Beuth-Vertrieb G. m. b. H., Berlin.
„Eignung von Rohrleitungen im Kraft- und Wärmebetrieb" 1938, VDI-Verlag G. m. b. H., Berlin NW 7.
„Eignung von Vorwärmern und Kühlern im Kraft- und Wärmebetrieb" 1938, ebenda.
„Eignung von Speisewasseraufbereitungsanlagen im Dampfkesselbetrieb" 1940, ebenda.
Gröber-Erk, „Die Grundgesetze der Wärmeübertragung", II. Aufl. 1933, Verlag Julius Springer, Berlin.
Gumz, W., „Kurzes Handbuch der Brennstoff- u. Feuerungstechnik", J. Springer, Berlin 1942.
Gumz, W., „Theorie und Berechnung der Kohlenstaubfeuerungen", 1939, ebenda.
Münzinger, F., „*Jt*-Tafel zur schnellen Ermittlung der Rauchgastemperatur in Dampfkesselanlagen", 1939, ebenda.

„Regeln für Abnahmeversuche an Dampfkesseln", 1937 (Din VDI 1942) VDI-Verlag G. m. b. H., Berlin.
U. a. m.
Reinhard, H., „Praktische Anleitung zur Selbstdurchführung von Berechnungen und Verdampfungsversuchen an Flammrohrkesseln", Verlag Franz Neupert G.m.b.H., Plauen i.V., 1941.
Rosahl, O., „Belastungsstöße u. Speicherfähigkeit in Dampfkraftbetrieben", Vulkanverlag Dr. W. Classen, Essen 1942.

Bemerkung. Die „Rechentafeln für den Dampfkesselbetrieb", Verlag R. Oldenbourg, München, und die „Wärmetechnische Arbeitsmappe des Archiv für Wärmewirtschaft und Dampfkesselwesens", VDI-Verlag, Berlin, sind wertvolle Hilfsmittel für die vereinfachte und rasche Durchführung wärmetechnischer Berechnungen.

42. Verzeichnis der Rechnungsbeispiele

43. Temperatursäule

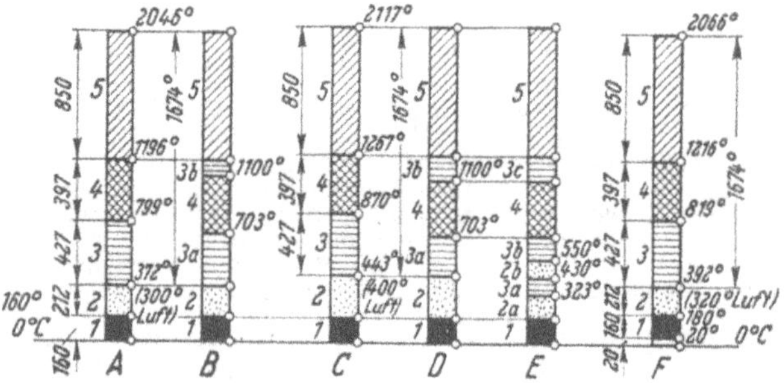

Bild 41.

44. Sachverzeichnis

www.ingramcontent.com/pod-product-compliance
Lightning Source LLC
Chambersburg PA
CBHW030123240326
41458CB00121B/347
* 9 7 8 3 4 8 6 7 7 6 3 8 6 *